"十二五"国家重点图书出版规划项目

CHINA WETLANDS RESOURCES
Shandong Volume

中国湿地资源

山东卷

◎ 国家林业局组织编写

中国林业出版社

图书在版编目（CIP）数据

中国湿地资源·山东卷／国家林业局组织编写；孙玉刚分册主编．－北京：中国林业出版社，2015.12

“十二五”国家重点图书出版规划项目

ISBN 978-7-5038-8302-6

Ⅰ.①中… Ⅱ.①国… ②孙… Ⅲ.①湿地资源－研究－山东省 Ⅳ.①P942.078

中国版本图书馆CIP数据核字（2015）第296654号

总 策 划：金 旻

策划编辑：徐小英

主要编辑：徐小英 刘香瑞 李 伟

何 鹏 于界芬

美术编辑：赵 芳

出版发行 中国林业出版社（100009 北京西城区刘海胡同7号）

http://lycb.forestry.gov.cn

E-mail:forestbook@163.com 电话：(010)83143515、83143543

设计制作 北京天放自动化技术开发公司

北京捷艺轩彩印制版有限公司

印刷装订 北京中科印刷有限公司

版　　次 2015年12月第1版

印　　次 2015年12月第1次

开　　本 787mm×1092mm 1/16

字　　数 396千字

印　　张 15.5

定　　价 110.00元

中国湿地资源系列图书
编撰工作领导小组

中国湿地资源系列图书
编撰工作领导小组办公室

《中国湿地资源·山东卷》
编辑委员会

《中国湿地资源·山东卷》
编写组

主　　编：孙玉刚

副 主 编：闫理钦　房　用　张治国　付荣恕　孟振农　耿德江

编 著 者：孙玉刚　马洪兵　韩云池　闫理钦　房　用　张治国
付荣恕　孟振农　梁　玉　范小莉　耿德江　乔显娟
王金秀　杨海棠　王卫东　王　侠　李树伟　谢　磊
周　琦　隋　群　郭宪友　王伟连

主　　审：王仁卿

地图绘制：范小莉

地图编绘：范小莉　梁　玉　周　琦　郭宪友

照片摄影：闫理钦　孟振农

总 序

湿地是地球表层系统的重要组成部分，是自然界最具生产力的生态系统和人类文明的发祥地之一。在联合国环境规划署（UNEP）委托世界自然保护联盟（IUCN）编制的《世界自然资源保护大纲》中，湿地与森林和海洋一起并称为全球三大生态系统。湿地具有类型多样、分布广泛的特点；湿地更重要的是还具有多种供给、调节、支持与文化服务功能，是人类重要的生存环境和资源资本。湿地与人类生产生活和社会经济发展息息相关。湿地的重要性受到世界各国和国际社会的普遍关注。早在 1971 年，国际社会就建立了全球第一个政府间多边环境公约，即《关于特别是作为水禽栖息地的国际重要湿地公约》（简称《湿地公约》）。同时，该公约也是全球最早针对单一生态系统保护的国际公约。1992 年中国加入《湿地公约》，自此我国湿地保护事业进入了新的发展时期。

我国加入《湿地公约》后，在国家林业局设立了专门的湿地保护和履约机构，对内负责组织、协调、指导和监督全国湿地保护工作，对外负责《湿地公约》的履约工作。近年来，中国各级政府在湿地保护方面开展了大量卓有成效的工作，采取了一系列保护和合理利用湿地资源的措施，在湿地保护规划和重点工程建设、财政补贴政策制定实施、法规制度建设、保护体系建设、科研监测、宣传教育和国际合作等方面取得了长足进步。但我国湿地生态系统仍然面临着盲目围垦与改造、污染、水土流失、泥沙淤积、生物资源过度利用等多种因素的破坏和威胁，导致面积减少，生态功能下降，生物多样性丧失。因此，切实保护和合理利用湿地资源，既是保障生态安全和国土安全的当务之急，更是中国实施可持续发展战略势在必行的要务。

开展湿地资源调查，摸清湿地资源家底，把握湿地资源动态，是所有湿地保护工作的基础，也是履行《湿地公约》各项工作的根基。2009 ~ 2013 年，在中央财政的支持下，国家林业局组织开展了第二次全国湿地资源调查工作。在此期间，我有幸作为第二次全国湿地资源调查专家技术委员会的主任委员，和其他专家一起全程参与了此次湿地资源调查的主要技术环节和成果鉴定。

我认为此次调查具有以下几个特点：一是，此次调查的湿地分类、界定标准、调查方法基本与《湿地公约》规定相接轨，使得调查数据符合《湿地公约》的要求，调查成果易于被国际认可，便于国际间的对比和交流。二是，制定了内容全面、方法科学、符合国际标准的统一技术规程《全国湿地资源调查技术规程（试行）》，进行了同标准、同口径的分期分批调查。三是，本次调查利用“3S”技术与现地验证相结合的技术方法，查清了全国范围内（未包括香港、澳门、台湾）8 公顷以上的湿地资源基本情况。四是，湿地调查分为一般调查和重点调查。重点调查包括，国际重要湿地、国家重要湿地、自然保护区（含自然保护小区）和湿地公园内的湿地以及其他特有、分布濒危物种和红树林等具有特殊保护价值的湿地。五是，组织保障有力。国家层面上，成立了第二次全国湿地资源调查领导小组、专家技术委员会、中央技术支撑单位和国家质量检查组；省级层面上，分别成立了湿地调查专职机构，组建了省级专业调查队伍。

需要指出的是，第二次全国湿地资源调查期间，我国湿地保护事业发展迅速。2009 年，中央启动了“湿地生态效益补偿试点”工作；2010 年开始，中央财政设立了湿地保护补助专项资金；2012 年，党的十八大将建设生态文明纳入中国特色社会主义事业“五位一体”总体布局，提出要“扩大森林、湖泊、湿地面积，保护生物多样性”。期间，国家林业局会同相关部门认真实施了《全国湿地保护工程实施规划 (2005 ～ 2010 年)》和《全国湿地保护工程“十二五”实施规划》。2013 年，国家林业局出台的《推进生态文明建设规划纲要》划定了湿地保护红线，到 2020 年中国湿地面积不少于 8 亿亩。2013 年，国家林业局出台了第一部国家层面的湿地保护部门规章《湿地保护管理规定》。应该说，历时 5 年的湿地资源调查与同期湿地保护事业的发展，是休戚相关，相互促进的。

第二次全国湿地资源调查取得了丰硕成果。在全球范围内，我国率先完成了《湿地公约》倡导的国家湿地资源调查，首次科学、系统地查明了《湿地公约》所定义的我国湿地资源情况。建立了完整的全国湿地资源空间数据库和属性数据库，掌握了近 10 年来湿地资源动态变化情况，建立了稳定的湿地资源调查专业队伍和专家团队，形成了较为完整的湿地资源调查监测技术规范，完成了全国湿地资源总报告、分省报告和多个专题报告，编制了系列成果图。调查成果达到国际先进水平。

党的十八大对建设生态文明作出了全面部署，强调把生态文明建设放在突出地位，融入经济建设、政治建设、文化建设、社会建设各方面和全过程。在全国第二次湿地资源调查成果的基础上，系统编著形成了中国湿地资源系列图书，为新时期我国湿地保护事业奠定了坚实基础。希望本系列图书能够为我国湿地工作者在开展湿地研究、保护与合理利用工作时提供参考和借鉴。

中国科学院院士 陈宜瑜

2015 年 9 月

前 言

湿地是重要的自然资源，与森林、海洋并称为地球三大生态系统，有“地球之肾”之美誉，具有不可替代的生态、经济、科学、文化等多重功能，是维系经济社会可持续发展的重要载体。对湿地资源实行保护优先、科学修复、合理利用、持续发展，是生态文明建设的重要内容，已成为全社会的广泛共识。

山东省是我国湿地资源较为丰富的省份之一，现有湿地面积 173.75 万公顷，占全省国土面积的 11.09%，具有类型多样、区位独特、生物多样性丰富等特点，是全省重要的淡水贮存库、物种基因库和贮碳库。山东省湿地广泛分布于沿海、内陆、山区、平原、城市、乡村，与人民群众的生产生活和生态环境息息相关。近年来，山东省高度重视湿地恢复与保护工作，制定了《山东省湿地保护工程规划（2006~2020 年）》，出台了《山东省湿地保护办法》，实施了一大批湿地生态修复工程，建立湿地公园 187 处，全省湿地保护、生态修复、开发利用、科研监测等工作取得了明显成效。黄河三角洲湿地被纳入国际重要湿地，微山湖湿地被评为“中国十大魅力湿地”。

为促进湿地保护工作更好地开展，山东省林业厅确定 2012 年为山东省湿地年，通过举办各项活动进一步提高全社会的湿地保护意识，引导公众自觉加入到湿地保护的行动中，推动湿地保护事业的健康发展，促进生态文明建设。同时按照国家林业局的统一安排，山东省启动了第二次湿地资源调查，目标是查清湿地资源现状，掌握其演变和动态消长规律，进行全面、客观地分析评价，从而科学有效地保护湿地生态系统和物种多样性，为提高公众对湿地的认识和政府有关决策提供科学支撑。

近年来，附着人口持续增长、工业化快速推进和城镇化进程加快，一些地方对湿地资源保护重视不够、过度使用湿地，由此造成自然湿地减少、资源衰退严重，部分湿地功能退化、生物多样性下降，对湿地资源的保护和可持续发展构成了严重威胁。因此，加强湿地保护、实现可持续发展任重而道远。

在此背景下，2012 年 4 月，山东省湿地资源调查工作全面启动，成立了湿地资源调查工作领导小组、领导小组办公室和专家技术委员会，各市根据省林业厅安排成立了相应的组织机构，并分别组建了省级和市级调查队伍。依据《全国湿地资源调查技术规程（试行）》和《全国湿地资源调查方案》，结合山东省实际情况，编制了《山东省湿地资源调查实施细则》和《山东省湿地资源调查工作方案》。2012 年 4 月举办了全省湿地资源调查培训班，对参加全省湿地调查的业务骨干共 260 多人进行了培训。湿地资源调查工作启动后，外业调查全面展开，至 2012 年 9 月 20

日外业调查结束，工作重点随即转入内业汇总、数据库建立和调查报告编写。2013年3月，第二次湿地调查成果顺利通过国家现场验收；2013年4月，国家林业局第二次湿地资源调查领导小组在北京组织的专家鉴定会，项目调查成果顺利通过鉴定，获得与会专家的一致好评。

调查结果显示，山东省湿地面积1737499.68公顷，区划斑块6700块，近海与海岸湿地面积728508.30公顷，占全部湿地面积的41.93%；河流湿地面积257795.20公顷，占全部湿地面积的14.84%；湖泊湿地面积62628.82公顷，占全部湿地面积的3.60%；沼泽湿地面积54112.50公顷，占全部湿地面积的3.11%；人工湿地面积634454.86公顷，占全部湿地面积的36.52%。此外根据农业部门统计，山东省水稻田面积131750.57公顷。

本次调查完成了山东湿地植物资源和湿地动物资源调查，完成了国家重要湿地、自然保护区、湿地公园以及其他重点湿地的保护与利用情况调查，全面系统地建立了山东湿地资源信息库，编写了山东湿地资源调查报告，编绘了山东湿地资源分布图与重点调查湿地分布图。通过本次调查，更加准确地掌握了山东湿地资源的分布、类型、数量以及主要生态特征，这些成果的取得为湿地资源科研监测、湿地自然保护区建设、湿地公园建设、湿地保护与恢复工程建设以及湿地野生动植物资源保护和合理利用提供了科学依据，为山东湿地保护、管理与合理利用提供了翔实的本底资料，对今后加强湿地保护工作产生了重要作用。

湿地资源调查的整个过程都是严格按照国家林业局湿地保护管理中心的统一要求进行的。在山东省林业厅的领导下，由山东省野生动植物保护站具体组织实施，以清华大学3S研究中心为国家级技术支撑单位，由山东省林业科学研究院、山东大学、山东师范大学作为省级技术支撑单位，各设区市、县（市、区）、具有独立管理机构的湿地公园与湿地自然保护区（市级）成立由相关人员组成的调查队伍，开展了扎实有效的工作，保障湿地调查工作科学高效地进行。

在对山东省第二次湿地资源调查成果和山东省湿地保护成果总结的基础上，组织撰写了《中国湿地资源·山东卷》，对山东省湿地资源分布、面积、类型、生物资源、湿地资源利用情况等进行了全面、细致的分析，并对全省湿地资源及管理的现状进行了系统评价，分析湿地资源变化的原因，是一本较为系统地体现山东省湿地现状及特点的专著，具有很强的科学性和实用性。它的出版将为山东省湿地的深入研究和可持续利用奠定良好基础，有助于人们全面了解和认识湿地及其生物多样性，也是对我国区域湿地研究的一项重要贡献。

《中国湿地资源·山东卷》编辑委员会

2015年6月

目　录

第一章 基本情况

第一节 自然概况

1 地理位置及行政区划

山东省位于中国东部沿海，古代为齐鲁之地，地处黄河下游、京杭大运河的中北段，省会济南。介于东经114°19′53″~122°43′46″，北纬34°22′52″~38°15′02″(岛屿达38°23′N)之间。位于北半球中纬度地带，计跨经度8°23′53″、纬度3°52′10″。南北最宽处距离约420公里，东西最长处距离约700公里，使山东自然地理的东西差异远比南北差异明显。山东省陆地国土总面积15.67万平方公里，约占中国陆地国土面积的1.6%，位列全国第19位。

山东东临海洋，西靠大陆，水平地形分为半岛和大陆两部分。东部的山东半岛突出于黄海、渤海之间，隔渤海海峡与辽东半岛遥遥相对，东南则临靠较宽阔的黄海、遥望东海及日本南部列岛。庙岛群岛屹立在渤海海峡，是渤海与黄海的分界处，扼海峡咽喉，成为拱卫首都北京的重要海防门户。西部大陆部分自北向南依次与河北、河南、安徽、江苏4省接壤。

至2012年年底，全省划分为济南、青岛、淄博、枣庄、东营、烟台、潍坊、济宁、泰安、威海、日照、莱芜、临沂、德州、聊城、滨州、菏泽17个地级市，县级单位138个(市辖区48个、县级市30个、县60个)，乡镇级单位1824个（街道617个、乡113个、镇1094个)，见表1-1。

2 地质地貌

山东省地形，中部突起，为鲁中南山地丘陵区；东部半岛大都是起伏和缓的波状丘陵区；西部、北部是黄河冲积而成的鲁西北平原区，是华北大平原的一部分。境内山地约占陆地总面积的15.5%，丘陵占13.2%，洼地占4.1%，湖沼占4.4%，平原占55%，其他占7.8%，山地加丘陵为28.7%。山东地貌可划分为鲁中南山地丘陵区、山东半岛丘陵区和鲁西、鲁北平原区三个区。鲁中南山地丘陵区地势在全省最高，切割强烈，地貌类型较复杂。区内大部分地面海拔500米左右，仅有泰山(1545米)、沂山(1032米)、蒙山(1155米)、鲁山(1108米)等，少数中山兀立于群山之上，形成鲁南山地的中脊，山区主要出露太古宙的老变质岩和中生代的岩浆岩，丘陵区以寒

表 1-1 山东省行政区划

地级市	县级行政单位
济南市	历下区、市中区、槐荫区、天桥区、历城区、长清区、章丘市、平阴县、济阳县、商河县
青岛市	市南区、市北区、黄岛区、崂山区、李沧区、城阳区、胶州市、即墨市、平度市、莱西市
淄博市	淄川区、张店区、博山区、临淄区、周村区、桓台县、高青县、沂源县
枣庄市	市中区、薛城区、峄城区、台儿庄区、山亭区、滕州市
东营市	东营区、河口区、垦利县、利津县、广饶县
烟台市	芝罘区、福山区、牟平区、莱山区、龙口市、莱阳市、莱州市、蓬莱市、招远市、栖霞市、海阳市、长岛县
潍坊市	潍城区、寒亭区、坊子区、奎文区、青州市、诸城市、寿光市、安丘市、高密市、昌邑市、临朐县、昌乐县
济宁市	市中区、任城区、曲阜市、兖州市、邹城市、微山县、鱼台县、金乡县、嘉祥县、汶上县、泗水县、梁山县
泰安市	泰山区、岱岳区、新泰市、肥城市、宁阳县、东平县
威海市	环翠区、文登市、荣成市、乳山市
日照市	东港区、岚山区、五莲县、莒县
莱芜市	莱城区、钢城区
临沂市	兰山区、罗庄区、河东区、沂南县、郯城县、沂水县、苍山县、费县、平邑县、莒南县、蒙阴县、临沭县
德州市	德城区、乐陵市、禹城市、陵县、宁津县、庆云县、临邑县、齐河县、平原县、夏津县、武城县
聊城市	东昌府区、临清市、阳谷县、莘县、茌平县、东阿县、冠县、高唐县
滨州市	滨城区、惠民县、阳信县、无棣县、沾化县、博兴县、邹平县
菏泽市	牡丹区、曹县、单县、成武县、巨野县、郓城县、鄄城县、定陶县、东明县

武系沉积岩为主。山东半岛丘陵区位于胶河以东，包括沭东丘陵和胶东丘陵，由古老的变质岩组成，海拔多 200 ~ 300 米，是典型的丘陵区。仅有崂山(1133 米)、昆嵛山(923 米)等少数中低山突出于群丘之上，构成山东半岛的中脊，这些中低山多由花岗岩或片麻岩组成。鲁北、鲁西平原为全省地势最低处，主要为新近系的冲积物，系由黄河冲积而成，海拔一般在 50 米以下。除黄河三角洲尚有一定面积的天然灌丛和草地外，其余地区多是农田。山东的地形较复杂，东部是半岛、西部及北部属黄泛平原，中南部为山地丘陵。地貌类型包括中山、低山、丘陵、台地、盆地、平原、湖泊等多种类型。境内中部山地突出，西南、西北低洼平坦，东部缓丘起伏，形成以山地丘陵为骨架，平原盆地交错环列其间的地貌大势。泰山山脉雄踞中部，海拔 1545 米，为全省最高点。黄河三角洲一般海拔 2 ~ 10 米，为全省陆地最低处。

3 气　候

山东省气候属于暖温带季风气候类型。夏季多偏南风，炎热多雨；冬季多偏北风，寒冷干燥；春季干旱少雨而多风沙；秋季云雨较少，常出现“秋高气爽”的天气。一年之中雨量集中于夏季，年变率较大，旱涝灾害经常出现。胶东半岛和东南沿海与鲁西北地区有较大的差别，前者为海洋性气候，后者近大陆性气候。

全省年平均气温在 11～14℃，由南向北和自西向东递减。鲁西南、鲁西北平原的平均气温多在 13℃以上，胶东半岛和黄河三角洲多在 12℃以下。冬季南部的气温高于北部，沿海的气温高于内陆。冬季以 1 月份为最低，平均气温在 -4～-1℃之间，极端最低气温 -20～-11℃。夏季以 7 月份为最高，平均在 24～27℃，胶东半岛东端气温在 24℃以下，由胶东半岛东部向西温度逐渐增高。

全省无霜期一般为 180～220 天，以鲁南和鲁西南平原无霜期较长，鲁北、泰沂山区和胶东半岛较短。如以日平均气温≥5℃以上的时期作为植物生长期，省内的植物生长期为 260 天左右。热量资源丰富。

全省年平均降水量在 550～950 毫米，降水量分布由东南向西北逐渐减少，以鲁东南和鲁南降水量最大，一般在 800～900 毫米以上；以鲁西北和黄河三角洲降水量最少，一般在 600 毫米以下；其他地区一般在 600～800 毫米。全年各月的降水量分配极不均匀，以 6～8 月份的降水量最大，一般在 300～600 毫米，约占全年降水量的 60%～70%。3～5 月份的降水量一般在 50～120 毫米，约占全年降水量的 13%～15%。

降水过于集中，且经常出现暴雨。鲁中南山地和胶东丘陵区最大日降水量均在 150 毫米以上，甚至更大。各年的降水量也有较大的差异，多雨年的降水量和少雨年的降水量相差 1～3 倍。

4 水　文

山东省降水量自东南部向西北部递减，而蒸发量具有由东南向西北递增的趋势。多年平均降水量从东南的 850 毫米向西北递减到 550 毫米，多年平均水面蒸发量从东南的 1050 毫米向西北增加到 1400 毫米。大气降水是地表水、地下水的补给来源。全省多年平均年水资源总量 308 亿立方米，人均仅为全国平均数的 1/6。

山东省降水量和水资源量年内分布不均。一年内 3/4 的降水和 4/5 的径流集中在汛期(6～9 月)，甚至集中在 1～2 次暴雨洪水之中，其他季节干旱少雨。降水量和水资源量的年际变化幅度大，最大与最小年降水量的比值为 3～6 倍，最大与最小年径流量相差 10 多倍，甚至数十倍，而且降水量与水资源量的年际变化过程存在着明显的丰枯水年交替或连丰、连枯现象。

山东省河流、湖泊的发育、形成与地形有着密切的关系。山东的河流分属黄河、海河、淮河三大流域或独流入海。鲁中南山地丘陵区地势中间高、边缘低，以泰-沂山脉为中心，形成辐射状水系向四周分流，有沂、沭、大汶、泗、淄等主要河流；在胶东半岛，由大泽山、艾山、昆嵛山、伟德山构成西南—东北向分水岭，形成南北分流入海诸河，如大沽、五龙、黄水河等；鲁西、鲁北平原的河流，多随地势自西向东流，成平行水系，属坡水性河流，如洙赵、徒骇、马颊等主要河流，鲁北河流大都平行独流入海，鲁西南的河流都注入运河湖带，属淮河水系。山东的湖泊主要分布于鲁中南山地丘陵区的西侧和北侧山前冲积平原与黄河冲积平原的交接地带，主要有京杭运河沿线的南四湖、东平湖和小清河沿线的白云湖、马踏湖等，水域面积共约1600平方公里。

山东省的降水和地形条件，有利于水系的发育。全省除黄河横亘东西、京杭运河纵贯南北外，有流域面积超过1000平方公里的河流46条，300~1000平方公里的河流107条。河网密度为0.24公里/平方，大多为雨源型间歇性河流。山丘区河流源短流急，汛期洪水暴涨暴落，枯水期基流很小，往往断流；平原地区地势低平，河道坡度缓，汇流速度慢，洪水持续时间长，排水不畅，汛期洪水宣泄不及，枯水期断流。山东的河流状况和径流特点是造成洪涝频繁和水资源贫乏的主要原因。

山东省的湖泊主要分布在鲁中南山丘区与鲁西平原的接触带上，总面积1496.6平方公里，蓄水量23.53亿立方米。较大的湖泊有南四湖(由南而北依次为微山湖、昭阳湖、独山湖、南阳湖)和东平湖。

山东半岛三面环海，大陆海岸线北自无棣县的大口河河口，南至日照市的绣针河口，全长3345公里，约占全国大陆海岸线的1/6。全省近海海域17万平方公里，占渤海、黄海总面积的37%。近海海域中，散布着290多个岛屿，岸线总长688.6公里。其中最大的是庙岛群岛由32个岛屿组成，面积52.5平方公里，其中的南长山岛，面积12平方公里。

5 土 壤

山东省的地带性土壤，从东向西有规律地分布着棕壤和褐土两个类型。棕壤主要分部于胶东和沭东丘陵区及鲁中南山区，土壤中易溶性盐类和碳酸盐淋失较强，全剖面无石灰反应，呈微酸性(pH为6左右)。褐土主要分布于省内沿胶济、京沪铁路两侧的山前平原地带和鲁中山地中下部的梯田河谷阶地上。成土母质多为石灰岩、钙质沙页岩，或富含钙质的厚层黄土及黄土堆积物上。土壤的特征是：在腐殖质层之下，黏化层呈棕色，在较紧实的钙积层中，钙质新生体多呈白色假菌体或结核存在。褐土多具壤质和重壤质的性质，自然肥力较高，是省内的肥沃土壤之一。

山东省的非地带性土壤，主要有山地草甸型土、潮土、盐碱土及砂姜黑土等四个类型。山地草甸型土，主要分布在省内海拔800米以上的山顶坡；这里有多雨、低温、相对湿度大及多风等气候特点。潮土广泛分布于鲁西北黄河冲积平原区。潮土分布区地下水位普遍较高，土体下部湿润，故名潮土。盐碱土主要分布于鲁西北平原的洼地边缘，河间洼地及黄河沿岸。盐类组成以氯化物、硫酸盐为主，土壤含盐量0.2%~0.5%。在渤海湾沿岸，还分布有滨海盐碱土，构成距海约20公里宽的狭带。盐荒地土壤含盐量一般在0.5%左右，重者可达1%~2%。主要盐类为氯化钠，约占全盐量的80%~90%。砂姜黑土仅见于滨湖地区及鲁南、胶东的低洼地带。这类土壤，土质黏重，湿时泥泞，干时坚硬。

6 动植物概况

6.1 植 物

根据《山东植物志》(上、下)记载，山东共有维管植物183科925属2119种及353种下单位

(包括14亚种、263变种、49变型、27栽培变种)。其中被子植物148科856属2293种及种下单位，裸子植物10科28属59种13变种，蕨类植物25科41属98种9变种。其中包括了1996年之前的多数引种栽培及外来种，约300余种。根据《山东苔藓植物志》(赵遵田等，1998)记载，山东有苔藓植物55科145属368种3亚种12变种(表1-2)。

根据过去的调查资料，记录了山东的湿地高等植物有60余科150余属330余种。经过本次调查，发现各门类植物的实际种类数量与记载都有相当大的区别(表1-2、图1-1)，其中裸子植物和被子植物种类有大幅增加，蕨类植物、苔藓植物种类数量则少于过去记载。

表1-2　山东湿地植物资源与区域植物资源本底对照表

植物门类	全省植物种类			原有湿地植物资料*			本次调查资料		
	科　数	属　数	种和种下单位	科　数	属　数	种和种下单位	科　数	属　数	种和种下单位
被子植物	148	856	2293	36	126	284	103	372	660
裸子植物	10	28	72	2	3	5	4	10	17
蕨类植物	25	41	107	11	14	22	4	4	5
苔藓植物	55	145	383	12	15	24	4	4	5
合　计	238	1070	2855	61	158	335	115	390	687

*据葛秀丽等(2002)。

6.2　动　物

根据以往资料统计，山东省境内共有湿地脊椎动物46目158科818种或亚种，其中鱼类18目74科345种或亚种，两栖类1目4科8种，爬行类3目7科19种，鸟类19目60科406种或亚种，哺乳类5目13科40种。

本次调查现场观察到的脊椎动物共309种，隶属于5纲37目95科。与记录相比，鱼类仅发现58种，略多于总数量的1/6；鸟类发现202种，约为总数量的1/2，这种结果与调查季节有关；其他三纲(两栖纲、爬行纲和哺乳纲)与记录相差不多。本次调查在枣庄发现无斑雨蛙，两栖动物的山东省记录增至9种。

第二节　社会经济状况

1　人口和民族

2012年年末，全省常住人口9684.87万人。其中，城镇人口4020.72万人，占总人口的41.97%；农村人口5559万人，占总人口的58.03%。男性为4867.79万人，占50.81%；女性为4711.92万人，占49.19%。出生率11.90‰，死亡率6.95‰，自然增长率4.95‰。

山东省 17 个市的人口情况见表 1-3。

表 1-3 山东省各市 2012 年人口数和总户数

地 区	年末总人口（万人）	按性别分(万人)		按农村、城镇分(万人)		年末总户数（万户）
		男	女	农村人口	城镇人口	
全省总计	9684.87(9579.72)	(4867.79)	(4711.92)	(5559.00)	(4020.72)	(3045.54)
济南市	694.96(609.21)	(303.30)	(305.91)	(173.09)	(436.13)	(195.79)
青岛市	886.85(769.56)	(383.82)	(385.74)	(283.60)	(485.96)	(249.27)
淄博市	457.93(423.67)	(211.39)	(212.28)	(226.20)	(197.47)	(145.88)
枣庄市	377.20(394.83)	(205.89)	(188.93)	(257.82)	(137.01)	(117.11)
东营市	207.26(185.45)	(93.00)	(92.45)	(105.08)	(80.38)	(62.79)
烟台市	698.29(650.29)	(325.28)	(325.01)	(324.44)	(325.85)	(233.83)
潍坊市	921.61(878.87)	(443.95)	(434.92)	(418.63)	(460.25)	(278.19)
济宁市	815.81(847.08)	(435.91)	(411.17)	(543.79)	(303.30)	(251.49)
泰安市	552.89(558.87)	(282.86)	(276.01)	(352.28)	(206.60)	(187.53)
威海市	279.75(253.57)	(126.69)	(126.88)	(123.32)	(130.25)	(92.02)
日照市	283.43(288.10)	(146.49)	(141.61)	(184.88)	(103.22)	(100.59)
莱芜市	131.35(126.30)	(64.00)	(62.30)	(61.65)	(64.65)	(47.54)
临沂市	1012.44(1083.77)	(558.12)	(525.65)	(719.59)	(364.17)	(331.33)
德州市	563.10(577.52)	(293.31)	(284.22)	(400.39)	(177.14)	(175.65)
聊城市	589.33(594.45)	(303.64)	(290.81)	(396.50)	(197.95)	(187.49)
滨州市	378.87(380.90)	(192.16)	(188.74)	(237.40)	(143.50)	(120.66)
菏泽市	833.81(957.27)	(497.98)	(459.29)	(750.37)	(206.90)	(268.37)

注：年末总人口根据人口普查数据推算，括号内为公安户籍统计数字。

山东省属于少数民族杂居、散居省份。全省 56 个民族齐全，有 55 个少数民族成分，少数民族人口 72.59 万人(截至 2010 年 11 月 1 日)，占全省总人口的 0.76%。其中，回族人口达到 53.57 万人，占少数民族总人口的 73.8%；朝鲜族、满族、蒙古族、苗族、彝族、壮族、土家族、佤族 8 个少数民族人口超过 5000 人。济南、青岛、济宁、德州、泰安、菏泽、聊城市少数民族人口超过 5 万人。全省少数民族分布相对集中。在过万人的少数民族中，回族分布以济南、德州、泰安、菏泽、聊城五市为主，共占全省回族总数的 67.67%；朝鲜族分布以青岛、威海、烟台三市为主，占全省 94.50%；满族中，青岛、济南、潍坊、威海、烟台五市占 72.93%；蒙古族中，青岛、济南、烟台、威海、淄博五市占 75.26%。

2 经济发展及工农业生产情况[①]

2.1 经济发展

2012 年，全省实现生产总值(GDP)54684.3 亿元，按可比价格计算，比上年增长 9.6%。其中，第一产业增加值 4742.6 亿元，增长 3.8%；第二产业增加值 27422.5 亿元，增长 10.7%；第三产业增加值 22519.2 亿元，增长 9.2%。产业结构调整稳步推进，三次产业比例由上年的 8.6∶51.4∶40.0 调整为 8.7∶50.1∶41.2。人均生产总值 56323 元，增长 9.0%，按年均汇率折算为 9094 美元。

2.2 工农业发展

工业生产平稳增长。规模以上工业企业 38654 家，比上年末净增 1796 家。全部工业增加值 24222.2 亿元，比上年增长 10.9%。其中，规模以上工业增加值增长 11.3%。在规模以上工业中，非公有企业增长 13.2%，私营企业增长 14.9%。

农林牧渔业平稳发展。农业增加值 2649.0 亿元，比上年增长 4.3%；林业增加值 84.8 亿元，增长 8.8%；牧业增加值 975.1 亿元，增长 1.9%；渔业增加值 857.1 亿元，增长 3.0%。

主要种植业产品质量提升。粮食总产量 4528.2 万吨，比上年增长 0.4%，连续 11 年增产。果、菜标准化基地总面积 148.4 万公顷，无公害产地认定面积 113.7 万公顷。绿色食品原料产地环境监测面积 68.3 万公顷，增长 9.3%。“三品一标”(无公害农产品、绿色食品、有机农产品和农产品地理标志)产品 6100 个，新认证登记 835 个。

林业生产稳固发展。林地面积 331.3 万公顷，林木绿化率为 22.78%，活立木总蓄积 12360.7 万立方米。新增造林面积 22.0 万公顷，比上年增长 11.1%。完成水系绿化 12.6 万公顷。木材产量 464.0 万立方米。

畜牧业生产基本稳定。生猪存栏 2931.4 万头，增长 1.0%；生猪出栏 4797.7 万头，增长 4.3%；家禽存栏 62103.9 万只，下降 2.7%；家禽出栏 183726.7 万只，下降 2.5%。猪牛羊禽肉产量 763.3 万吨，增长 1.4%；禽蛋产量 396.2 万吨，下降 1.4%；牛奶产量 271.4 万吨，下降 4.4%。创建国家级、省级示范场分别为 24 个和 276 个。主要畜产品抽检合格率在 99% 以上。

渔业生产稳步增长。水产品总产量(不含远洋渔业产量)851.9 万吨，比上年增长 2.8%。其中，海水产品产量 688.2 万吨，增长 2.3%；淡水产品产量 163.7 万吨，增长 5.1%。渔业资源修复养护力度加大，投放苗种 50.0 亿单位，建设人工鱼礁区 42 处，新建国家级水产种质资源保护区 5 处，省级水产种质资源保护区 10 处。远洋渔业快速发展，拥有专业远洋渔船 402 艘，总功率 39.0 万千瓦。

---

① 材料引自《2013 年山东省国民经济和社会发展统计公报》。

第二章 湿地类型

本次调查结果显示，山东省湿地分为近海与海岸湿地、河流湿地、湖泊湿地、沼泽湿地和人工湿地 5 类，18 个湿地型，总面积 1737499. 68 公顷。此外根据农业部门统计，山东省还有水稻田 131750. 57 公顷，含水稻田山东湿地总面积为 1869250. 25 公顷。

山东省湿地资源分布图，如图 2-1。

山东省重点湿地调查资源分布图，如图 2-2。

第一节 湿地类型与面积

1 概 述

1.1 湿地自然概况

山东省位于黄河下游，东临渤海、黄海，地貌由山地丘陵和平原两部分组成，气候属暖温带大陆性季风气候，全年平均降水量多在 550 ~ 950 米，由东南向西北递减，湿地类型齐全，数量丰富。全省湿地多年平均淡水保有量为 222. 9 亿立方米，占全省淡水总资源量的 69. 7% 。山东省海岸线总长度 3345 公里，占全国的 1/6，近海岸湿地年渔获量达 100 余万吨；沿海滩涂面积 3300 多平方公里，是我国最大的海盐、盐化工、氯碱和纯碱原料基地，其中海盐产量占全国的 1/3。黄河三角洲及毗连的莱州湾地下卤水资源达 130 亿立方米；石油地质储量达 60 亿 ~ 65 亿吨；分布芦苇 3. 8 万公顷、柽柳 4. 3 万公顷、野大豆 5000 公顷、天然草地 5. 5 万公顷。

1.2 各湿地型的湿地面积

根据本次调查结果，山东省湿地分为 5 类 18 型，面积 1737499. 68 公顷。其中，近海与海岸湿地面积 728508. 30 公顷，占全部湿地面积的 41. 93%；河流湿地面积 257795. 20 公顷，占全部湿地的 14. 84%；湖泊湿地面积 62628. 82 公顷，占全部湿地面积的 3. 60%；沼泽湿地面积 54112. 50 公顷，占全部湿地面积的 3. 11%；人工湿地面积 634454. 86 公顷，占全部湿地面积的 36. 52%。山东各类湿地面积比例如图 2-3。

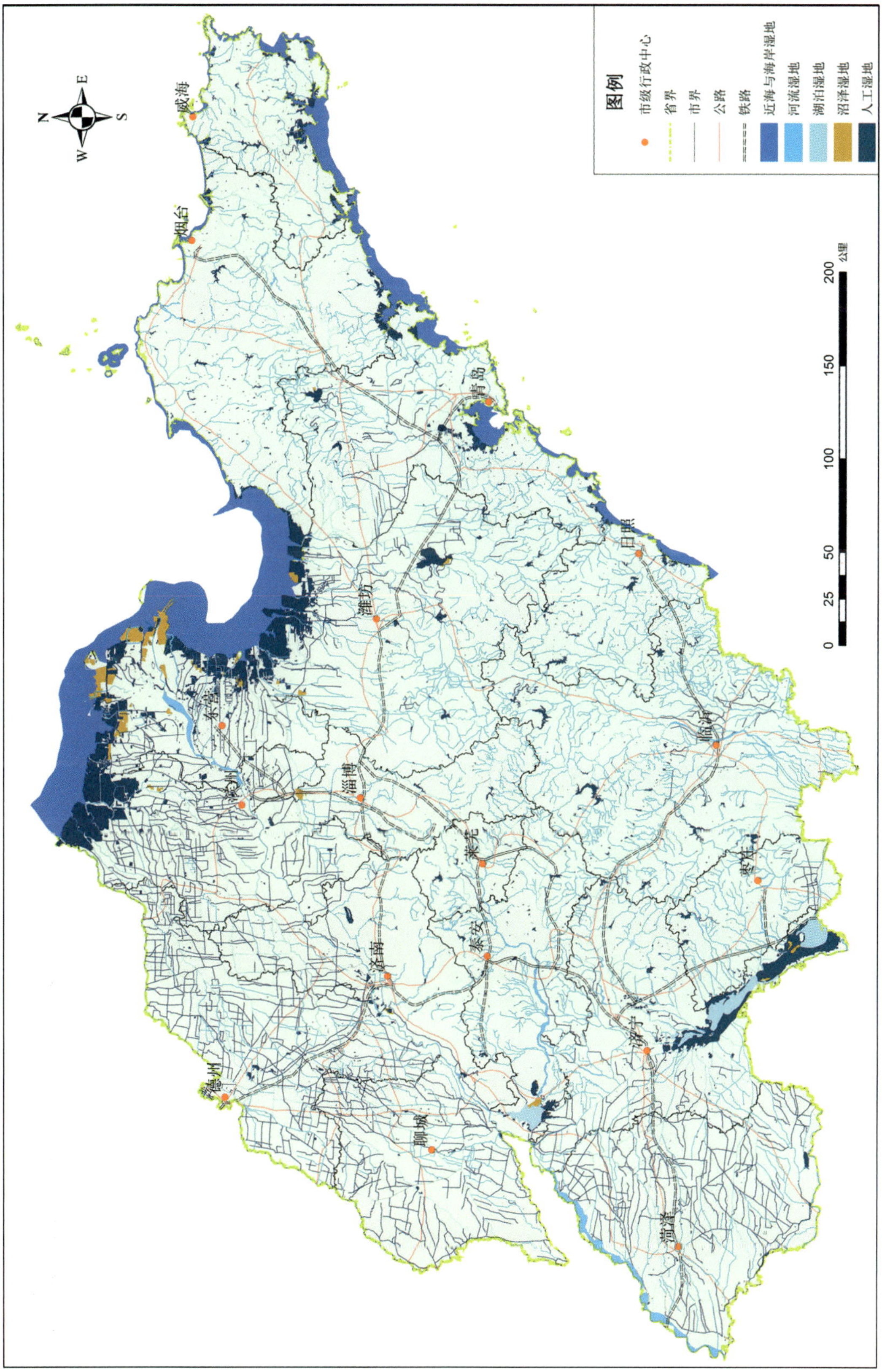

图 2-1　山东省湿地资源分布图

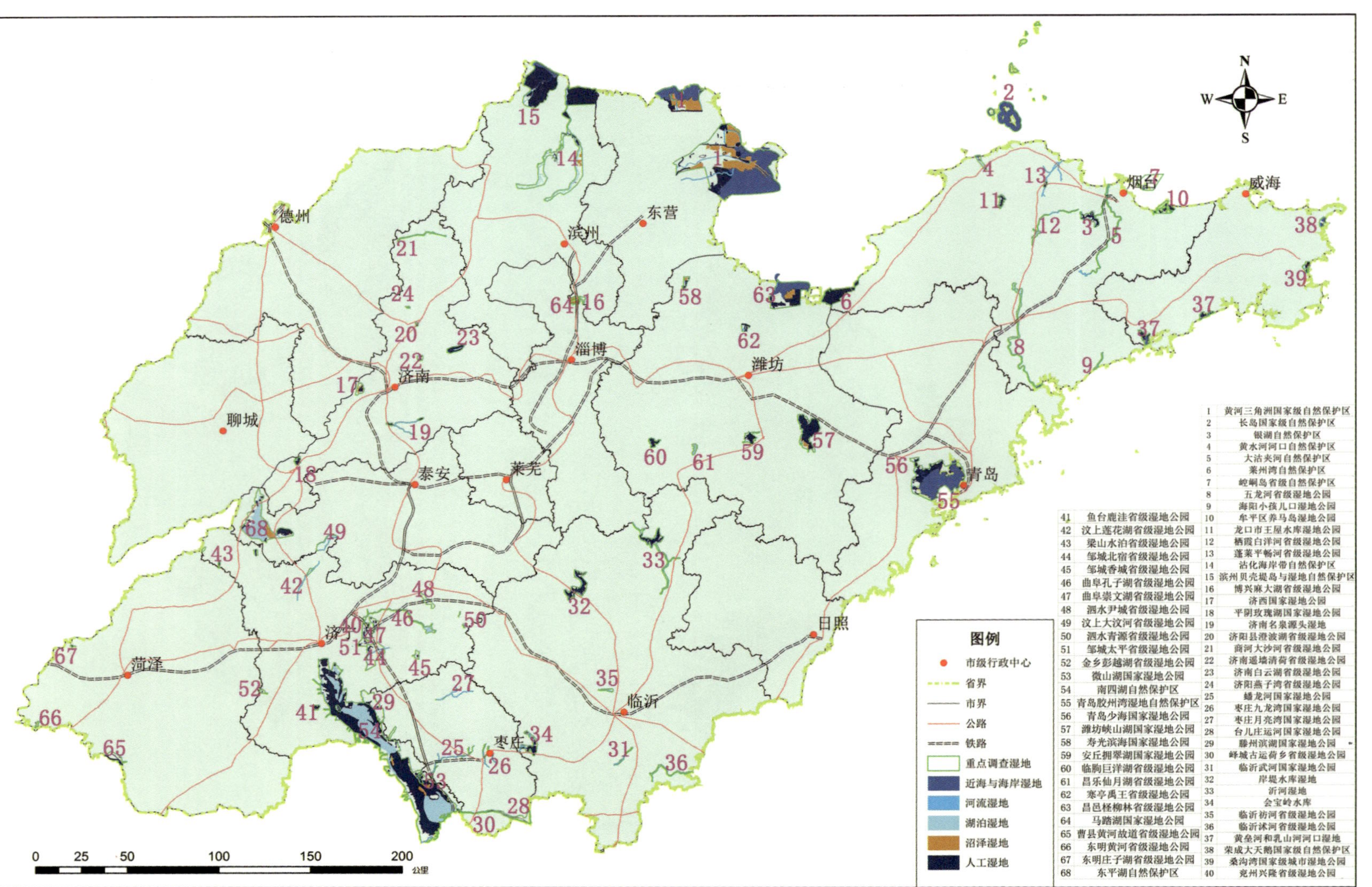

图 2-2 山东省重点调查湿地资源分布图

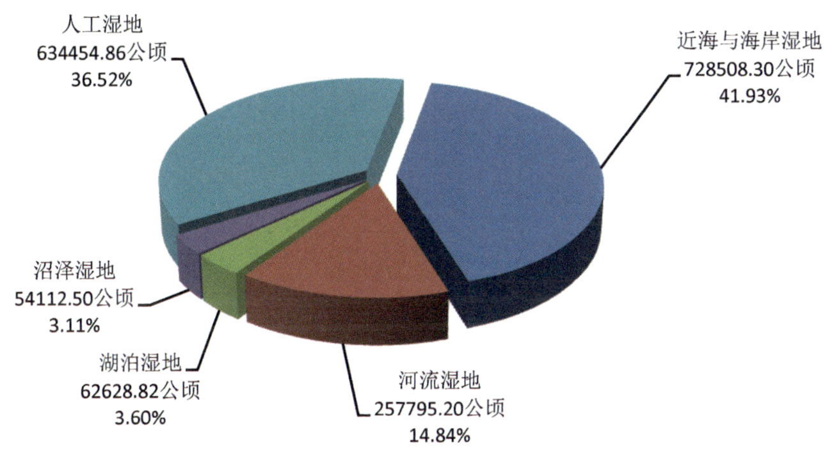

图 **2-3** 山东省各类湿地面积比例

近海与海岸湿地面积 728508.3 公顷，其中浅海水域湿地 538220.51 公顷，岩石海岸 5073.22 公顷，沙石海滩 16365.22 公顷，淤泥质海滩 126267.63 公顷，潮间盐水沼泽 6009.83 公顷，河口水域 32267.48 公顷，三角洲 2848.38 公顷，海岸性咸水湖 1456.03 公顷。

河流湿地面积 257795.20 公顷，其中永久性河流 205303.54 公顷，季节性河流 3815.95 公顷，洪泛平原湿地 48675.71 公顷。

湖泊湿地面积 62628.82 公顷，全部为永久性淡水湖。

沼泽湿地 54112.50 公顷，其中草本沼泽 48893.92 公顷，灌丛沼泽 5218.58 公顷。

人工湿地 634454.86 公顷，其中库塘 177401.99 公顷，运河/输水河 44021.32 公顷，水产养殖场 294122.04 公顷，盐田 118909.51 公顷。

山东省各类湿地型面积见表 2-1。

表 2-1 山东省湿地型面积

湿地类	湿地型	湿地型		湿地类	
		面积(公顷)	比例(%)	面积(公顷)	比例(%)
近海与海岸湿地	浅海水域	538220.51	30.98	728508.30	41.93
	岩石海岸	5073.22	0.29		
	沙石海滩	16365.22	0.94		
	淤泥质海滩	126267.63	7.27		
	潮间盐水沼泽	6009.83	0.35		
	河口水域	32267.48	1.86		
	三角洲/沙洲/沙岛	2848.38	0.16		
	海岸性咸水湖	1456.03	0.08		

（续）

湿地类	湿地型	湿地型		湿地类	
		面积(公顷)	比例(%)	面积(公顷)	比例(%)
河流湿地	永久性河流	205303. 54	11. 82	257795. 20	14. 84
	季节性或间歇性河流	3815. 95	0. 22		
	洪泛平原湿地	48675. 71	2. 80		
湖泊湿地	永久性淡水湖	62628. 82	3. 61	62628. 82	3. 60
沼泽湿地	草本沼泽	48893. 92	2. 81	54112. 50	3. 11
	灌丛沼泽	5218. 58	0. 30		
人工湿地	库　塘	177401. 99	10. 20	634454. 86	36. 52
	运河/输水河	44021. 32	2. 53		
	水产养殖场	294122. 04	16. 94		
	盐　田	118909. 51	6. 84		
总　计		1737499. 68	100	1737499. 68	100

1. 3　各湿地区的湿地类及面积

山东省在本次调查中，将全省分为 139 个零星湿地区和 9 个单独区划湿地区，共 148 个湿地区。山东 9 个单独区划湿地区湿地面积见表 2-2，零星湿地区湿地面积见表 2-3。

表 2-2　山东省单独区划湿地区湿地面积(公顷)

湿地区名称	近海与海岸湿地	河流湿地	湖泊湿地	沼泽湿地	人工湿地	合　计
滨海湿地区	650366. 70	169. 65	0	0	4601. 74	655138. 09
大沽夹河湿地区	0	1381. 83	0	0	34. 88	1416. 71
黄河三角洲湿地区	65160. 02	2841. 69	0	27788. 92	15933. 94	111724. 57
黄河湿地区	0	59750. 75	0	459. 41	2450. 4	62660. 56
胶州湾湿地区	161. 35	103. 37	0	0	7535. 84	7800. 56
马踏湖湿地区	0	38. 72	0	1889. 53	0	1928. 25
南四湖湿地区	0	1112. 16	44551. 18	2033. 13	71585. 00	119281. 47
峡山湖湿地区	0	91. 67	0	803. 61	10295. 33	11190. 61
长岛湿地区	12820. 23	0	0	0	0	12820. 23
总　计	728508. 30	65489. 84	44551. 18	32974. 60	112437. 13	983961. 05

表 2-3　山东省零星湿地区湿地面积(公顷)

湿地区名称	近海与海岸湿地	河流湿地	湖泊湿地	沼泽湿地	人工湿地	合　计
历下区零星湿地区	0	8.60	0	0	63.83	72.43
济南市中区零星湿地区	0	81.85	0	0	0	81.85
槐荫区零星湿地区	0	702.47	0	0	893.51	1595.98
天桥区零星湿地区	0	113.82	0	64.17	1463.92	1641.91
历城区零星湿地区	0	626.54	0	0	1310.83	1937.37
长清区零星湿地区	0	227.07	0	0	357.81	584.88
章丘市零星湿地区	0	647.25	254.81	0	2629.28	3531.34
平阴县零星湿地区	0	387.97	0	0	38.35	426.32
济阳县零星湿地区	0	809.70	0	0	1189.30	1999.00
商河县零星湿地区	0	1575.07	0	0	649.66	2224.73
市南区零星湿地区	0	0	0	0	0	0
市北区零星湿地区	0	9.70	0	0	0	9.70
四方区零星湿地区	0	40.88	0	0	0	40.88
黄岛区零星湿地区	0	216.85	0	0	302.04	518.89
崂山区零星湿地区	0	332.43	0	0	355.79	688.22
李沧区零星湿地区	0	0	0	0	0	0
城阳区零星湿地区	0	1243.56	0	0	3227.10	4470.66
胶州市零星湿地区	0	2351.12	0	0	2777.11	5128.23
即墨市零星湿地区	0	1906.76	0	0	9025.40	10932.16
平度市零星湿地区	0	6190.76	0	0	3314.74	9505.50
胶南市零星湿地区	0	1995.00	0	0	5466.15	7461.15
莱西市零星湿地区	0	3548.77	0	308.82	4885.52	8743.11
淄川区零星湿地区	0	763.04	0	0	1423.75	2186.79
张店区零星湿地区	0	252.40	0	0	72.96	325.36
博山区零星湿地区	0	479.60	0	0	220.39	699.99
临淄区零星湿地区	0	1295.18	0	0	72.51	1367.69
周村区零星湿地区	0	171.57	0	0	418.08	589.65
桓台县零星湿地区	0	383.91	0	79.15	297.44	760.50
高青县零星湿地区	0	367.16	0	0	1810.02	2177.18
沂源县零星湿地区	0	1479.73	0	0	1704.10	3183.83
枣庄市中区零星湿地区	0	597.72	0	0	360.42	958.14
薛城区零星湿地区	0	1028.28	0	0	89.32	1117.60

（续）

湿地区名称	近海与海岸湿地	河流湿地	湖泊湿地	沼泽湿地	人工湿地	合 计
峄城区零星湿地区	0	1021.31	0	0	1066.88	2088.19
台儿庄零星湿地区	0	555.07	0	0	865.18	1420.25
山亭区零星湿地区	0	1363.30	0	0	2107.89	3471.19
滕州市零星湿地区	0	4407.23	0	0	1761.37	6168.60
东营区零星湿地区	0	1325.46	0	1621.78	22619.84	25567.08
河口区零星湿地区	0	916.82	0	11019.86	49161.11	61097.79
垦利县零星湿地区	0	285.87	73.80	833.42	17869.38	19062.47
利津县零星湿地区	0	0	0	590.44	3646.77	4237.21
广饶县零星湿地区	0	1301.76	0	0	7333.90	8635.66
芝罘区零星湿地区	0	0	0	0	107.59	107.59
福山区零星湿地区	0	270.00	0	0	1951.07	2221.07
牟平区零星湿地区	0	1700.14	0	0	3636.74	5336.88
莱山区零星湿地区	0	201.38	0	0	153.03	354.41
龙口市零星湿地区	0	996.62	0	0	1729.75	2726.37
莱阳市零星湿地区	0	3488.03	0	0	3351.69	6839.72
莱州市零星湿地区	0	1319.73	0	53.52	13257.63	14630.88
蓬莱市零星湿地区	0	584.94	0	0	924.56	1509.50
招远市零星湿地区	0	508.09	0	0	2181.55	2689.64
栖霞市零星湿地区	0	1874.17	467.38	0	1193.66	3535.21
海阳市零星湿地区	0	755.95	176.84	0	7745.78	8678.57
潍城区零星湿地区	0	523.08	0	0	829.32	1352.40
寒亭区零星湿地区	0	542.85	0	0	19484.90	20027.75
坊子区零星湿地区	0	739.62	0	0	517.50	1257.12
奎文区零星湿地区	0	178.53	0	0	0	178.53
临朐县零星湿地区	0	2242.27	0	0	2156.30	4398.57
昌乐县零星湿地区	0	981.07	798.88	0	926.16	2706.11
青州市零星湿地区	0	1514.58	0	0	381.43	1896.01
诸城市零星湿地区	0	3187.75	0	0	2651.77	5839.52
寿光市零星湿地区	0	2177.51	0	1201.14	46011.24	49389.89
安丘市零星湿地区	0	3664.13	0	0	3541.10	7205.23
高密市零星湿地区	0	2143.92	0	0	1189.81	3333.73
昌邑市零星湿地区	0	2539.28	0	1878.95	19503.24	23921.47
济宁市中区零星湿地区	0	6.32	0	0	14.62	20.94

（续）

湿地区名称	近海与海岸湿地	河流湿地	湖泊湿地	沼泽湿地	人工湿地	合　计
任城区零星湿地区	0	1538.77	0	0	1506.57	3045.34
微山县零星湿地区	0	1018.86	0	0	94.77	1113.63
鱼台县零星湿地区	0	1972.44	0	0	885.81	2858.25
金乡县零星湿地区	0	934.56	0	0	1011.41	1945.97
嘉祥县零星湿地区	0	1451.85	0	0	844.49	2296.34
汶上县零星湿地区	0	2180.94	149.99	0	445.57	2776.50
泗水县零星湿地区	0	1722.50	139.82	0	2084.18	3946.50
梁山县零星湿地区	0	1018.45	0	56.26	1538.19	2612.90
曲阜市零星湿地区	0	3492.93	894.78	0	951.58	5339.29
兖州市零星湿地区	0	801.39	0	0	1195.27	1996.66
邹城市零星湿地区	0	2021.13	0	0	2982.61	5003.74
泰山区零星湿地区	0	571.89	0	0	82.08	653.97
岱岳区零星湿地区	0	5905.69	0	0	2408.06	8313.75
宁阳县零星湿地区	0	4039.96	0	0	805.66	4845.62
东平县零星湿地区	0	3422.22	13898.30	1940.60	7864.10	27125.22
新泰市零星湿地区	0	1430.59	790.08	0	2186.29	4406.96
肥城市零星湿地区	0	3293.76	0	0	1236.49	4530.25
环翠区零星湿地区	0	443.79	0	0	941.50	1385.29
文登市零星湿地区	0	1969.17	0	0	12558.56	14527.73
荣成市零星湿地区	0	1637.04	0	167.00	8958.27	10762.31
乳山市零星湿地区	0	2195.16	0	0	5592.54	7787.70
东港区零星湿地区	0	1474.75	0	0	5914.85	7389.60
岚山区零星湿地区	0	955.16	0	0	924.45	1879.61
五莲县零星湿地区	0	588.10	0	0	2805.80	3393.90
莒县零星湿地区	0	2828.04	0	0	4039.83	6867.87
莱城区零星湿地区	0	2545.46	0	0	2456.54	5002.00
钢城区零星湿地区	0	416.42	0	0	283.27	699.69
兰山区零星湿地区	0	2930.11	0	0	472.21	3402.32
罗庄区零星湿地区	0	601.52	0	0	210.50	812.02
河东区零星湿地区	0	3168.97	0	0	414.87	3583.84
沂南县零星湿地区	0	3207.94	0	0	682.85	3890.79
郯城县零星湿地区	0	5311.11	0	0	535.54	5846.65
沂水县零星湿地区	0	2779.43	0	0	4172.46	6951.89

（续）

湿地区名称	近海与海岸湿地	河流湿地	湖泊湿地	沼泽湿地	人工湿地	合 计
苍山县零星湿地区	0	3738.07	0	0	2632.46	6370.53
费县零星湿地区	0	2729.18	0	0	3874.34	6603.52
平邑县零星湿地区	0	1608.02	0	0	2527.72	4135.74
莒南县零星湿地区	0	1924.48	0	0	2884.53	4809.01
蒙阴县零星湿地区	0	1545.88	0	0	5701.66	7247.54
临沭县零星湿地区	0	3112.87	0	0	874.05	3986.92
德城区零星湿地区	0	1017.70	0	0	455.53	1473.23
陵县零星湿地区	0	1265.69	0	0	2355.58	3621.27
宁津县零星湿地区	0	458.86	0	0	792.43	1251.29
庆云县零星湿地区	0	908.72	0	0	878.80	1787.52
临邑县零星湿地区	0	1029.46	0	0	1031.61	2061.07
齐河县零星湿地区	0	806.12	0	0	2504.20	3310.32
平原县零星湿地区	0	1037.62	0	0	1581.70	2619.32
夏津县零星湿地区	0	718.62	0	0	770.64	1489.26
武城县零星湿地区	0	783.31	0	0	306.75	1090.06
乐陵市零星湿地区	0	954.54	0	0	1488.82	2443.36
禹城市零星湿地区	0	1110.62	0	0	2278.63	3389.25
东昌府区零星湿地区	0	1089.99	298.02	0	1468.75	2856.76
阳谷县零星湿地区	0	552.44	0	0	916.27	1468.71
莘县零星湿地区	0	814.41	0	0	583.85	1398.26
茌平县零星湿地区	0	937.39	0	0	1432.23	2369.62
东阿县零星湿地区	0	365.14	0	0	1007.83	1372.97
冠县零星湿地区	0	314.58	0	0	662.24	976.82
高唐县零星湿地区	0	527.50	122.73	0	1042.75	1692.98
临清市零星湿地区	0	511.79	0	0	1087.45	1599.24
滨城区零星湿地区	0	381.24	0	0	2882.22	3263.46
惠民县零星湿地区	0	1011.09	0	0	1115.42	2126.51
阳信县零星湿地区	0	488.88	0	0	1127.35	1616.23
无棣县零星湿地区	0	3527.38	0	11.18	54517.58	58056.14
沾化县零星湿地区	0	2047.93	0	1114.59	40299.85	43462.37
博兴县零星湿地区	0	970.51	0	0	3078.62	4049.13
邹平县零星湿地区	0	536.91	0	0	1002.51	1539.42
牡丹区零星湿地区	0	1304.50	0	0	1123.36	2427.86

（续）

湿地区名称	近海与海岸湿地	河流湿地	湖泊湿地	沼泽湿地	人工湿地	合　计
曹县零星湿地区	0	2320.07	0	0	2713.20	5033.27
单县零星湿地区	0	1886.04	0	0	2593.39	4479.43
成武县零星湿地区	0	551.55	0	0	1904.45	2456.00
巨野县零星湿地区	0	1135.59	0	0	1688.48	2824.07
郓城县零星湿地区	0	1370.89	0	0	1025.19	2396.08
鄄城县零星湿地区	0	995.46	0	0	548.20	1543.66
定陶县零星湿地区	0	461.81	0	0	692.94	1154.75
东明县零星湿地区	0	430.87	12.21	197.02	1184.89	1824.99
总　计	0	192305.36	18077.64	21137.90	522017.73	753538.63

1.4　各流域的湿地类及面积

根据水利部全国一、二、三级流域分类规定，此次山东省湿地资源调查涉及 4 个一级流域，5 个二级流域，12 个三级流域。各级流域湿地面积见表 2-4。

表 2-4　山东省各流域不同湿地类面积（公顷）

一级流域	二级流域	三级流域	近海与海岸湿地	河流湿地	湖泊湿地	沼泽湿地	人工湿地	合计
淮河区	山东半岛沿海诸河	胶东诸河	4331.36	57687.92	1443.10	3211.90	173976.57	240650.85
		小清河	925.88	13181.99	328.61	7005.74	111037.29	132479.51
		小　计	5257.24	70869.91	1771.71	10217.64	285013.86	373130.36
	沂沭泗河	沂沭河区	0	31610.21	0	61.18	26521.46	58192.85
		湖东区	0	18203.42	2064.38	0	17383.55	37651.35
		湖西区	0	17230.13	43683.60	2154.81	87083.48	150152.02
		日赣区	0	2606.31	0	0	7437.37	10043.68
		中运河区	0	7151.36	0	0	5510.74	12662.10
		小　计	0	76801.43	45747.98	2215.99	143936.60	268702.00
	合　计		5257.24	147671.34	47519.69	12433.63	428950.46	641832.36
黄河区	花园口以下	花园口以下干流区间	1483.71	60706.67	0	19647.71	8965.61	90803.7
		大汶河	0	22580.29	14688.38	1879.42	16174.82	55322.91
		金堤河和天然文岩渠	0	26.91	0	0	0	26.91
	合　计		1483.71	83313.87	14688.38	21527.13	25140.43	146153.52
海河区	徒骇马颊河	徒骇马颊河	1331.01	26506.08	420.75	20151.74	157285.03	205694.61
滨海湿地	滨海湿地	滨海湿地	720436.34	303.91	0	0	23078.94	743819.19
总　计			728508.30	257795.20	62628.82	54112.50	634454.86	1737499.68

1.4.1 一级流域

山东省湿地资源调查涉及的一级流域为淮河区、黄河区、海河区和滨海湿地。山东省一级流域湿地面积如图 2-4 和图 2-5。

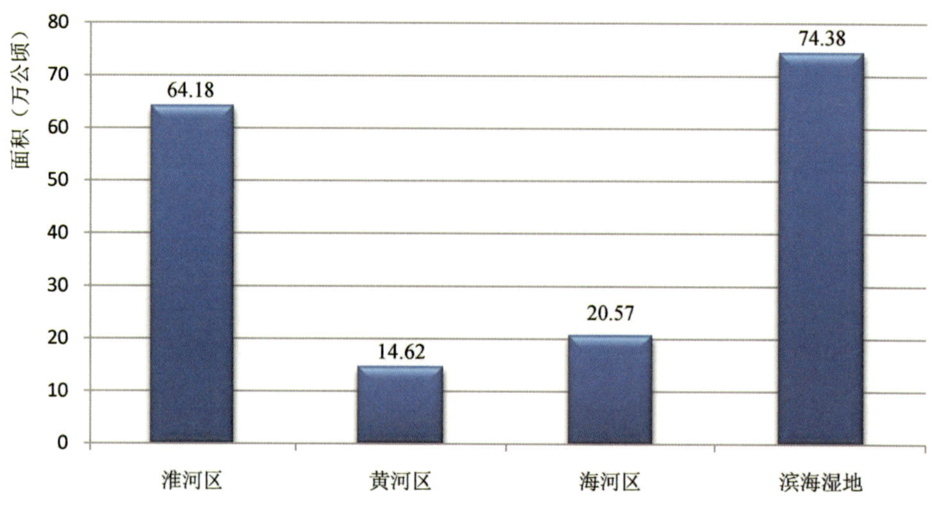

图 2-4 山东省一级流域湿地面积

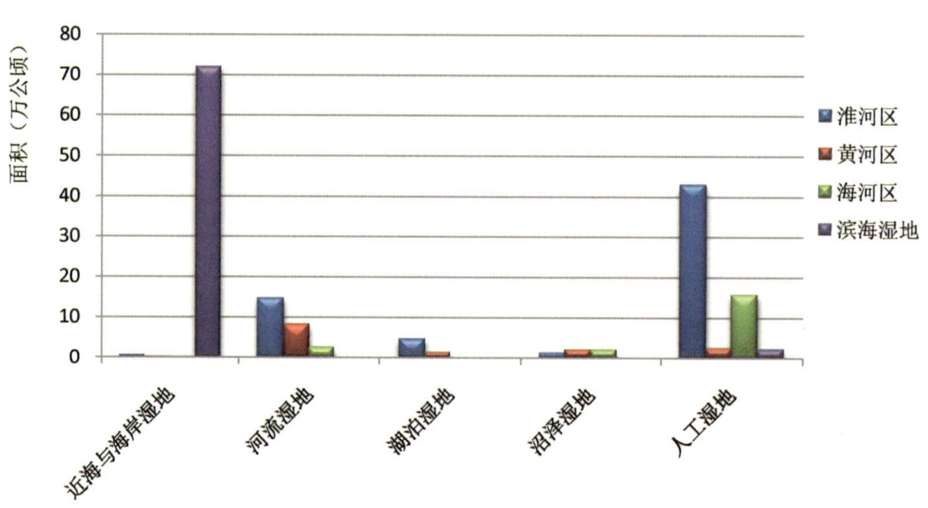

图 2-5 山东省一级流域各湿地类面积

1.4.2 二级流域

山东省湿地资源调查涉及 5 个二级流域，分别为山东半岛沿海诸河、沂沭泗河、花园口以下、徒骇马颊河和滨海湿地。山东省各二级流域湿地面积如图 2-6、图 2-7。

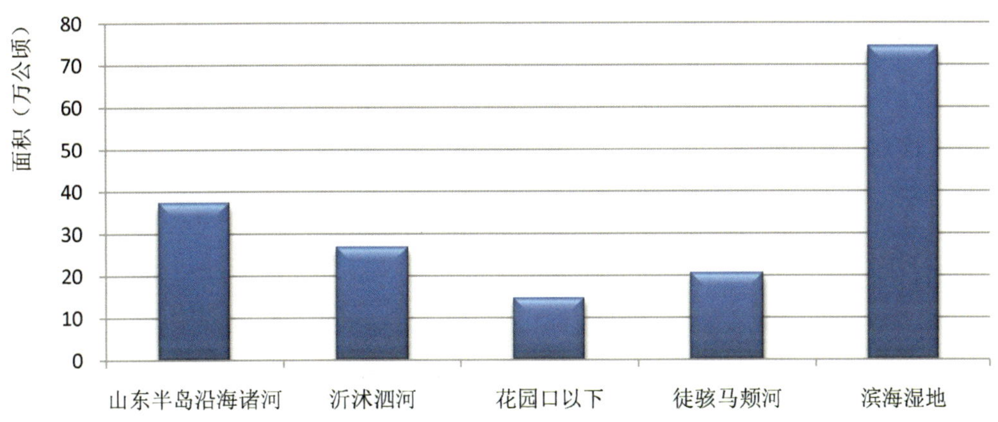

图 **2-6** 山东省二级流域湿地面积

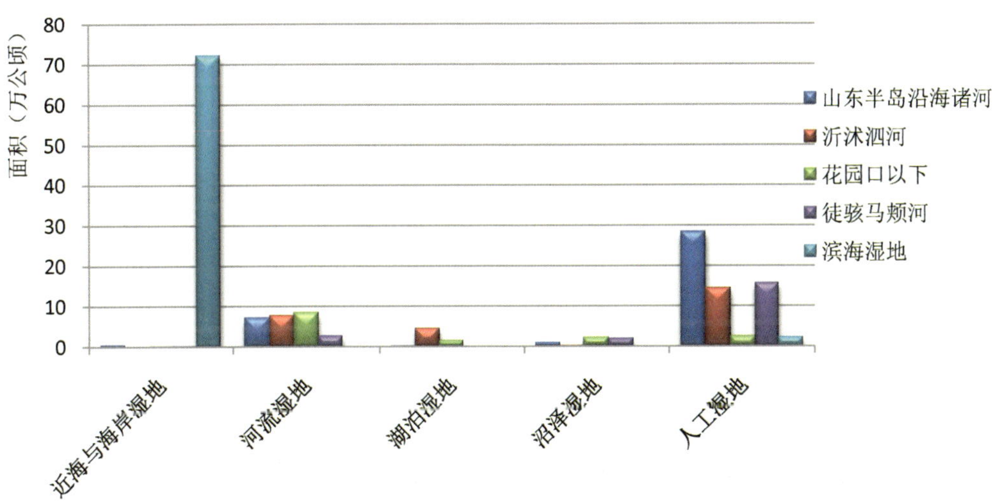

图 **2-7** 山东省二级流域各湿地类面积

1.4.3 三级流域

山东省湿地资源调查涉及 12 个三级流域，分别为徒骇马颊河、胶东诸河、小清河、沂沭河区、湖东区、湖西区、日赣区、中运河区、花园口以下干流区间、大汶河、金堤河和天然文岩渠、滨海湿地。三级流域湿地面积，如图 2-8、图 2-9。

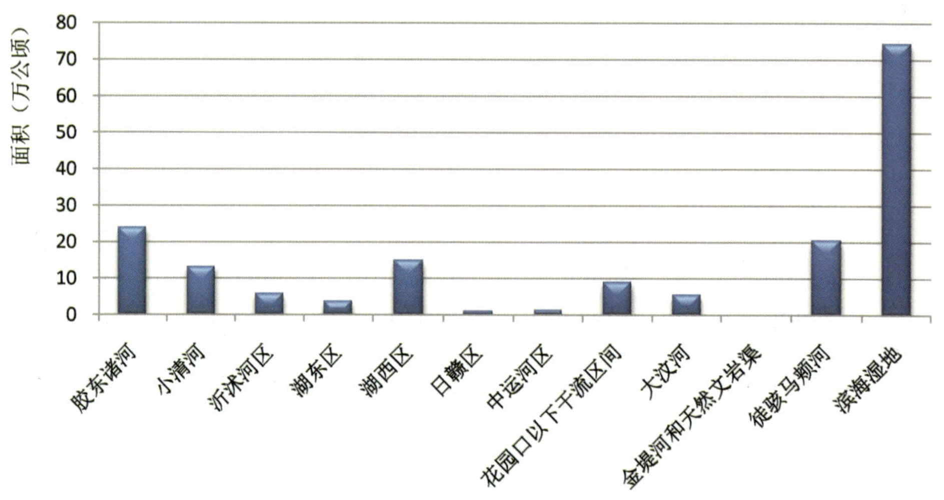

图 **2-8** 山东省三级流域湿地面积

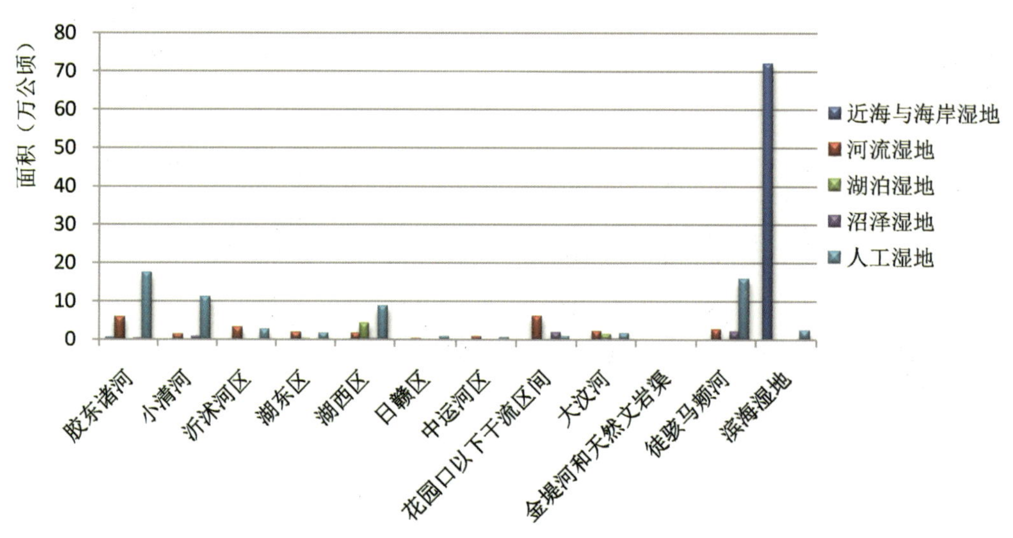

图 **2-9** 山东省三级流域各湿地类面积

1.5 各行政区的湿地类及面积

山东省 17 市各类湿地分布情况见表 2-5。

表 2-5　山东省 17 市各类湿地分布情况

市	近海与海岸湿地（公顷）	河流湿地（公顷）	湖泊湿地（公顷）	沼泽湿地（公顷）	人工湿地（公顷）	湿地总面积（公顷）	占全省湿地面积比例(%)
济南市	0	10444.55	254.81	523.58	10788.86	22011.80	1.27
青岛市	84621.23	17939.2	0	308.82	37099.11	139968.36	8.05
淄博市	0	6283.07	0	1276.64	6019.25	13578.96	0.78
枣庄市	0	8972.91	0	0	6891.76	15864.67	0.91
东营市	277448.18	20586.26	73.8	41854.42	116810.26	456772.92	26.29
烟台市	127697.58	13250.53	644.22	53.52	37106.23	178752.08	10.29
潍坊市	80918.60	20526.26	798.88	3883.70	109821.80	215949.24	12.43
济宁市	0	20039.13	45735.77	2089.39	84499.37	152363.66	8.77
泰安市	0	19506.97	14688.38	1940.60	14582.68	50718.63	2.92
威海市	79027.78	6245.16	0	167.00	29133.30	114573.24	6.59
日照市	19681.58	5846.05	0	0	13684.93	39212.56	2.26
莱芜市	0	2961.88	0	0	2739.81	5701.69	0.33
临沂市	0	32657.58	0	0	24983.19	57640.77	3.32
德州市	0	11465.03	0	0	14470.69	25935.72	1.49
聊城市	0	6692.29	420.75	0	8201.37	15314.41	0.88
滨州市	59113.35	11254.94	0	1817.81	104131.09	176317.19	10.15
菏泽市	0	43123.39	12.21	197.02	13491.16	56823.78	3.27
总　计	728508.30	257795.20	62628.82	54112.50	634454.86	1737499.68	100

山东 17 个市湿地类型和面积如图 2-10 至图 2-15。

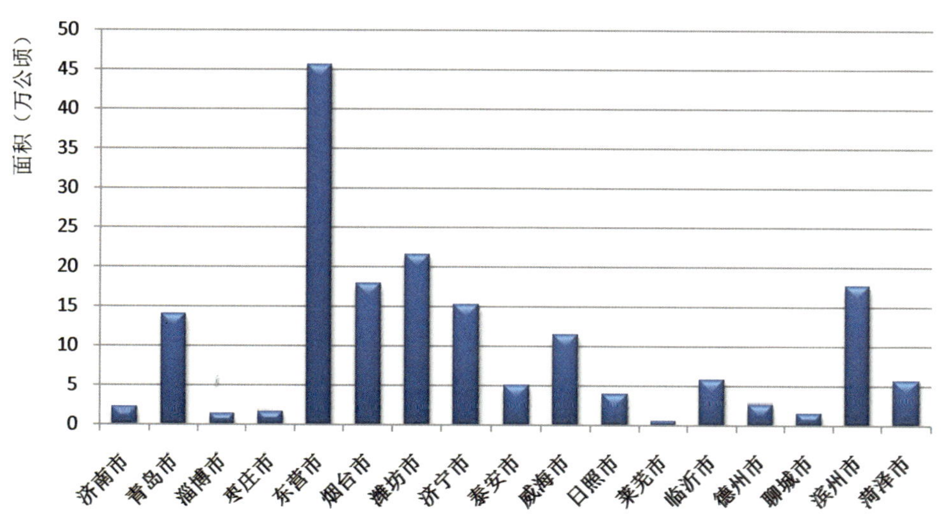

图 **2-10**　山东省 **17** 市湿地面积

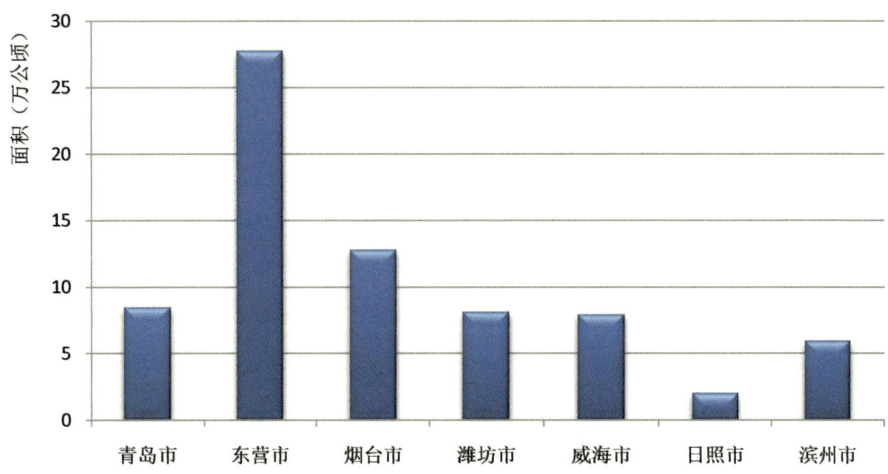

图 **2-11** 山东省各市近海与海岸湿地面积

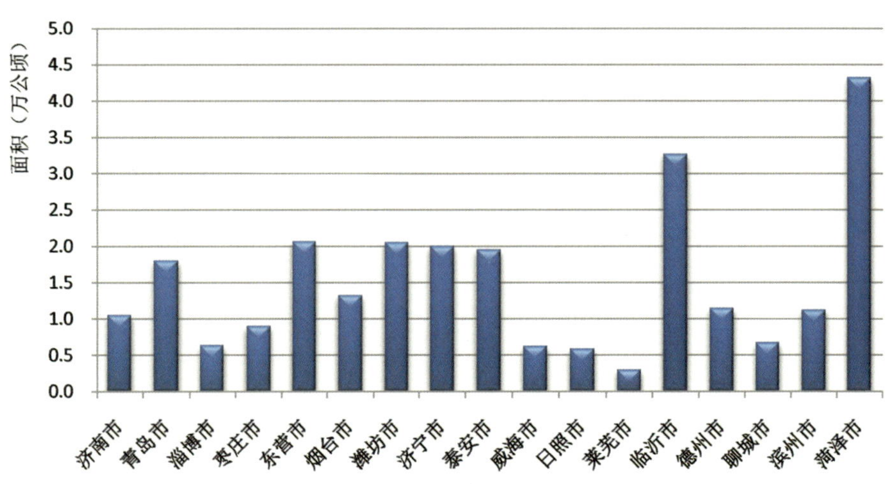

图 **2-12** 山东省各市河流湿地面积

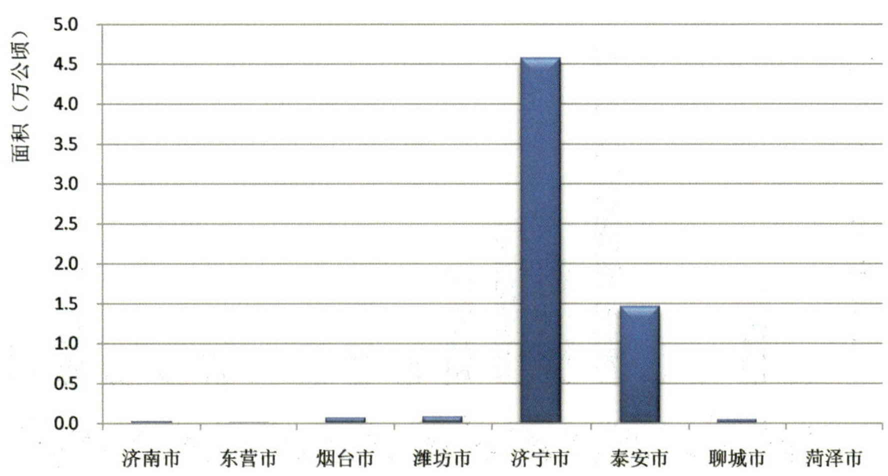

图 **2-13** 山东省各市湖泊湿地面积

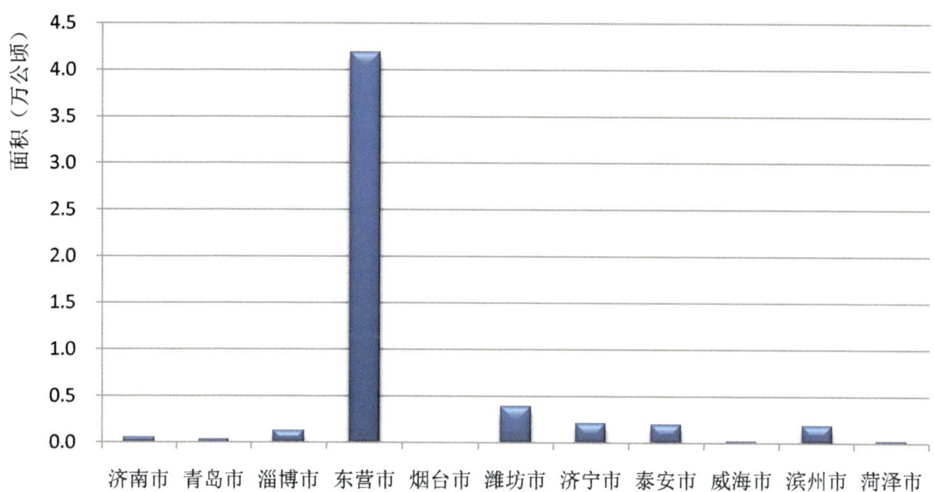

图 2-14 山东省各市沼泽湿地面积

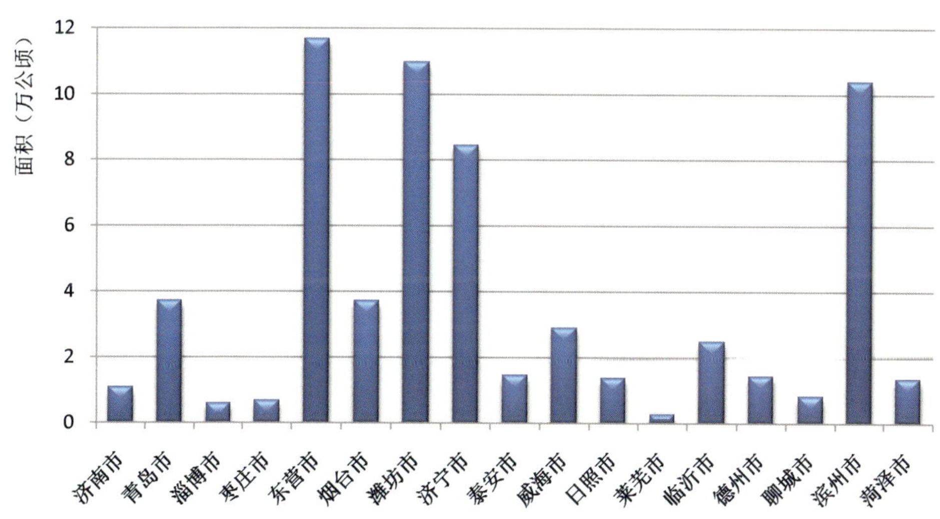

图 2-15 山东省各市人工湿地面积

1.5.1 济南市

济南市第二次湿地资源调查涉及单独区划湿地区 1 个，零星湿地区 10 个，分布有重点调查湿地 8 个，分别为济南白云湖省级湿地公园、济南名泉源头湿地、济南遥墙清荷省级湿地公园、济西湿地、济阳澄波湖省级湿地公园、济阳燕子湾省级湿地公园、平阴玫瑰湖湿地、商河大沙河省级湿地公园。根据调查，济南市湿地总面积为 22011.80 公顷，其中河流湿地 10444.55 公顷，湖泊湿地 254.81 公顷，沼泽湿地 523.58 公顷，人工湿地 10788.86 公顷。济南市湿地资源分布情况见表 2-6。

表 2-6 济南市湿地资源分布情况(公顷)

湿地区类别	湿地区名称	河流湿地	湖泊湿地	沼泽湿地	人工湿地	合 计
单独区划湿地区	黄河湿地区	5264.21	0	459.41	2192.37	7915.99
零星湿地区	历下区零星湿地区	8.60	0	0	63.83	72.43
	济南市中区零星湿地区	81.85	0	0	0	81.85
	槐荫区零星湿地区	702.47	0	0	893.51	1595.98
	天桥区零星湿地区	113.82	0	64.17	1463.92	1641.91
	历城区零星湿地区	626.54	0	0	1310.83	1937.37
	长清区零星湿地区	227.07	0	0	357.81	584.88
	章丘市零星湿地区	647.25	254.81	0	2629.28	3531.34
	平阴县零星湿地区	387.97	0	0	38.35	426.32
	济阳县零星湿地区	809.70	0	0	1189.30	1999.00
	商河县零星湿地区	1575.07	0	0	649.66	2224.73
总 计		10444.55	254.81	523.58	10788.86	22011.80

1.5.2 青岛市

青岛市第二次湿地资源调查涉及单独区划湿地区 2 个，零星湿地区 12 个，分布有重点调查湿地 2 个，为青岛少海国家湿地公园和青岛胶州湾湿地自然保护区。根据调查结果，青岛市湿地总面积为 139968.36 公顷，其中近海与海岸湿地面积 84621.23 公顷，河流湿地 17939.2 公顷，沼泽湿地 308.82 公顷，人工湿地 37099.11 公顷。青岛市湿地资源分布情况见表 2-7。

表 2-7 青岛市湿地资源分布情况(公顷)

湿地区类别	湿地区名称	近海与海岸湿地	河流湿地	沼泽湿地	人工湿地	合 计
单独区划湿地区	滨海湿地区	84459.88	0	0	209.42	84669.30
	胶州湾湿地区	161.35	103.37	0	7535.84	7800.56
零星湿地区	市南区零星湿地区	0	0	0	0	0
	市北区零星湿地区	0	9.70	0	0	9.70
	四方区零星湿地区	0	40.88	0	0	40.88
	黄岛区零星湿地区	0	216.85	0	302.04	518.89
	崂山区零星湿地区	0	332.43	0	355.79	688.22
	李沧区零星湿地区	0	0	0	0	0
	城阳区零星湿地区	0	1243.56	0	3227.10	4470.66
	胶州市零星湿地区	0	2351.12	0	2777.11	5128.23
	即墨市零星湿地区	0	1906.76	0	9025.40	10932.16
	平度市零星湿地区	0	6190.76	0	3314.74	9505.50
	胶南市零星湿地区	0	1995.00	0	5466.15	7461.15
	莱西市零星湿地区	0	3548.77	308.82	4885.52	8743.11
总 计		84621.23	17939.20	308.82	37099.11	139968.36

1.5.3　淄博市

淄博市第二次湿地资源调查涉及单独区划湿地区 2 个，零星湿地区 8 个，分布有重点调查湿地 1 个，马踏湖湿地。根据调查结果，淄博市湿地总面积为 13578.96 公顷，其中河流湿地 6283.07 公顷，沼泽湿地 1276.64 公顷，人工湿地 6019.25 公顷。淄博市湿地资源分布情况见表 2-8。

表 2-8　淄博市湿地资源分布情况(公顷)

湿地区类别	湿地区名称	河流湿地	沼泽湿地	人工湿地	合　计
单独区划湿地区	黄河湿地区	1051.76	0	0	1051.76
	马踏湖湿地区	38.72	1197.49	0	1236.21
零星湿地区	高青县零星湿地区	367.16	0	1810.02	2177.18
	桓台县零星湿地区	383.91	79.15	297.44	760.50
	博山区零星湿地区	479.60	0	220.39	699.99
	临淄区零星湿地区	1295.18	0	72.51	1367.69
	沂源县零星湿地区	1479.73	0	1704.10	3183.83
	张店区零星湿地区	252.40	0	72.96	325.36
	周村区零星湿地区	171.57	0	418.08	589.65
	淄川区零星湿地区	763.04	0	1423.75	2186.79
总　计		6283.07	1276.64	6019.25	13578.96

1.5.4　枣庄市

枣庄市第二次湿地资源调查涉及单独区划湿地区 1 个，零星湿地区 6 个，分布有重点调查湿地 7 个，分别为滕州滨湖国家湿地公园、枣庄月亮湾国家湿地公园、蟠龙河国家湿地公园、峄城古运荷乡省级湿地公园、枣庄九龙湾国家湿地公园、台儿庄运河国家湿地公园。根据调查结果，枣庄市湿地面积为 15864.67 公顷，其中河流湿地 8972.91 公顷，人工湿地 6891.76 公顷，枣庄市湿地资源分布情况见表 2-9。

表 2-9　枣庄市湿地资源分布情况(公顷)

湿地区类别	湿地区名称	河流湿地	人工湿地	合　计
单独区划湿地区	南四湖湿地区	0	640.70	640.70
零星湿地区	枣庄市中区零星湿地区	597.72	360.42	958.14
	薛城区零星湿地区	1028.28	89.32	1117.60
	峄城区零星湿地区	1021.31	1066.88	2088.19
	台儿庄零星湿地区	555.07	865.18	1420.25
	山亭区零星湿地区	1363.30	2107.89	3471.19
	滕州市零星湿地区	4407.23	1761.37	6168.60
总　计		8972.91	6891.76	15864.67

1.5.5　东营市

东营市第二次湿地资源涉及单独区划湿地区 3 个，零星湿地区 5 个，涉及重点调查湿地 1 个，即黄河三角洲国家级自然保护区。根据调查结果，东营市湿地总面积 456772. 92 公顷，其中近海与海岸湿地 277448. 18 公顷，河流湿地 20586. 26 公顷，湖泊湿地 73. 8 公顷，沼泽湿地 41854. 42 公顷，人工湿地 116810. 26 公顷。东营市湿地资源分布情况见表 2-10。

表 2-10 东营市湿地资源分布情况(公顷)

湿地区类别	湿地区名称	近海与海岸湿地	河流湿地	湖泊湿地	沼泽湿地	人工湿地	合 计
单独区划湿地区	黄河三角洲湿地区	65160. 02	2841. 69	0	27788. 92	15933. 94	111724. 57
单独区划湿地区	黄河湿地区	0	13914. 66	0	0	107. 43	14022. 09
单独区划湿地区	滨海湿地区	212288. 16	0	0	0	137. 89	212426. 05
零星湿地区	东营区零星湿地区	0	1325. 46	0	1621. 78	22619. 84	25567. 08
零星湿地区	河口区零星湿地区	0	916. 82	0	11019. 86	49161. 11	61097. 79
零星湿地区	垦利县零星湿地区	0	285. 87	73. 80	833. 42	17869. 38	19062. 47
零星湿地区	利津县零星湿地区	0	0	0	590. 44	3646. 77	4237. 21
零星湿地区	广饶县零星湿地区	0	1301. 76	0	0	7333. 90	8635. 66
总 计		277448. 18	20586. 26	73. 80	41854. 42	116810. 26	456772. 92

1. 5. 6 烟台市

烟台市第二次湿地资源调查涉及单独区划湿地区 3 个，零星湿地区 11 个，分布有重点调查湿地 12 个，分别为崆峒岛省级自然保护区、银湖自然保护区、长岛国家级自然保护区、牟平区养马岛湿地公园、五龙河省级湿地公园、海阳小孩儿口省级湿地公园、大沽夹河自然保护区、黄水河河口自然保护区、莱州湾自然保护区、龙口市王屋水库湿地公园、蓬莱平畅河省级湿地公园、栖霞白洋河省级湿地公园。根据调查结果，烟台市湿地面积为 178752. 08 公顷，其中近海与海岸湿地 127697. 58 公顷，河流湿地 13250. 53 公顷，湖泊湿地 644. 22 公顷，沼泽湿地 53. 52 公顷，人工湿地 37106. 23 公顷。烟台市湿地资源分布情况见表 2-11。

表 2-11 烟台市湿地资源分布情况(公顷)

湿地区类别	湿地区名称	近海与海岸湿地	河流湿地	湖泊湿地	沼泽湿地	人工湿地	合 计
单独区划湿地区	滨海湿地区	114877. 35	169. 65	0	0	838. 30	115885. 30
单独区划湿地区	大沽夹河湿地区	0	1381. 83	0	0	34. 88	1416. 71
单独区划湿地区	长岛湿地区	12820. 23	0	0	0	0	12820. 23
零星湿地区	芝罘区零星湿地区	0	0	0	0	107. 59	107. 59
零星湿地区	福山区零星湿地区	0	270. 00	0	0	1951. 07	2221. 07
零星湿地区	牟平区零星湿地区	0	1700. 14	0	0	3636. 74	5336. 88
零星湿地区	莱山区零星湿地区	0	201. 38	0	0	153. 03	354. 41
零星湿地区	龙口市零星湿地区	0	996. 62	0	0	1729. 75	2726. 37
零星湿地区	莱阳市零星湿地区	0	3488. 03	0	0	3351. 69	6839. 72

（续）

湿地区类别	湿地区名称	近海与海岸湿地	河流湿地	湖泊湿地	沼泽湿地	人工湿地	合　计
零星湿地区	莱州市零星湿地区	0	1319. 73	0	53. 52	13257. 63	14630. 88
	蓬莱市零星湿地区	0	584. 94	0	0	924. 56	1509. 50
	招远市零星湿地区	0	508. 09	0	0	2181. 55	2689. 64
	栖霞市零星湿地区	0	1874. 17	467. 38	0	1193. 66	3535. 21
	海阳市零星湿地区	0	755. 95	176. 84	0	7745. 78	8678. 57
总　计		127697. 58	13250. 53	644. 22	53. 52	37106. 23	178752. 08

1.5.7 潍坊市

潍坊市第二次湿地资源调查涉及单独区划湿地区 2 个，零星湿地区 12 个，分布有重点调查湿地 7 个，分别为安丘拥翠湖国家湿地公园、潍坊峡山湖国家湿地公园、临朐巨洋湖省级湿地公园、寒亭禹王省级湿地公园、寿光滨海公园、昌邑柽柳林省级湿地公园、昌乐仙月湖省级湿地公园。根据调查结果，潍坊市湿地面积为 215949. 24 公顷，其中近海与海岸湿地 80918. 60 公顷，河流湿地 20526. 26 公顷，湖泊湿地 798. 88 公顷，沼泽湿地 3883. 70 公顷，人工湿地 109821. 80 公顷。潍坊市湿地资源分布情况见表 2-12。

表 2-12　潍坊市湿地资源分布情况（公顷）

湿地区类别	湿地区名称	近海与海岸湿地	河流湿地	湖泊湿地	沼泽湿地	人工湿地	合　计
单独区划湿地区	滨海湿地区	80918. 60	0	0	0	2333. 70	83252. 30
	峡山湖湿地区	0	91. 67	0	803. 61	10295. 33	11190. 61
零星湿地区	潍城区零星湿地区	0	523. 08	0	0	829. 32	1352. 40
	寒亭区零星湿地区	0	542. 85	0	0	19484. 90	20027. 75
	坊子区零星湿地区	0	739. 62	0	0	517. 50	1257. 12
	奎文区零星湿地区	0	178. 53	0	0	0	178. 53
	临朐县零星湿地区	0	2242. 27	0	0	2156. 30	4398. 57
	昌乐县零星湿地区	0	981. 07	798. 88	0	926. 16	2706. 11
	青州市零星湿地区	0	1514. 58	0	0	381. 43	1896. 01
	诸城市零星湿地区	0	3187. 75	0	0	2651. 77	5839. 52
	寿光市零星湿地区	0	2177. 51	0	1201. 14	46011. 24	49389. 89
	安丘市零星湿地区	0	3664. 13	0	0	3541. 10	7205. 23
	高密市零星湿地区	0	2143. 92	0	0	1189. 81	3333. 73
	昌邑市零星湿地区	0	2539. 28	0	1878. 95	19503. 24	23921. 47
总　计		80918. 60	20526. 26	798. 88	3883. 70	109821. 80	215949. 24

1.5.8 济宁市

济宁市第二次湿地资源调查涉及单独区划湿地区 2 个，零星湿地区 12 个，分布有重点调查湿地15个，分别为南四湖自然保护区、微山湖国家湿地公园、汶上大汶河省级湿地公园、汶上莲花湖省级湿地公园、梁山水泊省级湿地公园、金乡彭越湖省级湿地公园、邹城北宿省级湿地公园、邹城太平省级湿地公园、邹城香城省级湿地公园、泗水青源省级湿地公园、泗水尹城省级湿地公园、兖州兴隆省级湿地公园、鱼台鹿洼省级湿地公园、曲阜崇文湖省级湿地公园、曲阜孔子湖省级湿地公园。根据调查结果，济宁市总湿地面积152363.66公顷，其中河流湿地20039.13公顷，湖泊湿地45735.77公顷，沼泽湿地2089.39公顷，人工湿地84499.37公顷。济宁市湿地资源分布情况见表2-13。

表2-13 济宁市湿地资源分布情况(公顷)

湿地区类别	湿地区名称	河流湿地	湖泊湿地	沼泽湿地	人工湿地	合 计
单独区划湿地区	黄河湿地区	766.83	0	0	0	766.83
	南四湖湿地区	1112.16	44551.18	2033.13	70944.30	118640.77
零星湿地区	济宁市中区零星湿地区	6.32	0	0	14.62	20.94
	任城区零星湿地区	1538.77	0	0	1506.57	3045.34
	微山县零星湿地区	1018.86	0	0	94.77	1113.63
	鱼台县零星湿地区	1972.44	0	0	885.81	2858.25
	金乡县零星湿地区	934.56	0	0	1011.41	1945.97
	嘉祥县零星湿地区	1451.85	0	0	844.49	2296.34
	汶上县零星湿地区	2180.94	149.99	0	445.57	2776.50
	泗水县零星湿地区	1722.50	139.82	0	2084.18	3946.50
	梁山县零星湿地区	1018.45	0	56.26	1538.19	2612.90
	曲阜市零星湿地区	3492.93	894.78	0	951.58	5339.29
	兖州市零星湿地区	801.39	0	0	1195.27	1996.66
	邹城市零星湿地区	2021.13	0	0	2982.61	5003.74
总 计		20039.13	45735.77	2089.39	84499.37	152363.66

1.5.9 泰安市

泰安市第二次湿地资源调查涉及单独区划湿地区1个，零星湿地区6个，分布有重点调查湿地1个，为东平湖自然保护区。根据调查结果，泰安市湿地面积为50718.63公顷，其中河流湿地19506.97公顷，湖泊湿地14688.38公顷，沼泽湿地1940.60公顷，人工湿地14582.68公顷。泰安市湿地资源分布情况见表2-14。

表2-14 泰安市湿地资源分布情况(公顷)

湿地区类别	湿地区名称	河流湿地	湖泊湿地	沼泽湿地	人工湿地	合 计
单独区划湿地区	黄河湿地区	842.86	0	0	0	842.86
零星湿地区	泰山区零星湿地区	571.89	0	0	82.08	653.97
	岱岳区零星湿地区	5905.69	0	0	2408.06	8313.75
	宁阳县零星湿地区	4039.96	0	0	805.66	4845.62

（续）

湿地区类别	湿地区名称	河流湿地	湖泊湿地	沼泽湿地	人工湿地	合　计
零星湿地区	东平县零星湿地区	3422.22	13898.30	1940.60	7864.10	27125.22
	新泰市零星湿地区	1430.59	790.08	0	2186.29	4406.96
	肥城市零星湿地区	3293.76	0	0	1236.49	4530.25
总　计		19506.97	14688.38	1940.60	14582.68	50718.63

1.5.10　威海市

威海市第二次湿地资源调查涉及单独区划湿地地区1个，零星湿地区4个，分布重点调查湿地3个，分别为黄垒河和乳山河河口、荣成大天鹅自然保护区、桑沟湾国家城市湿地公园。根据调查结果，威海市湿地面积114573.24公顷，其中近海与海岸湿地79027.78公顷，河流湿地6245.16公顷，沼泽湿地167.00公顷，人工湿地29133.3公顷。威海市湿地资源分布情况见表2-15。

表2-15　威海市湿地资源分布情况（公顷）

湿地区类别	湿地区名称	近海与海岸湿地	河流湿地	沼泽湿地	人工湿地	合　计
单独区划湿地区	滨海湿地区	79027.78	0	0	1082.43	80110.21
零星湿地区	环翠区零星湿地区	0	443.79	0	941.50	1385.29
	荣成市零星湿地区	0	1637.04	167.00	8958.27	10762.31
	乳山市零星湿地区	0	2195.16	0	5592.54	7787.70
	文登市零星湿地区	0	1969.17	0	12558.56	14527.73
总　计		79027.78	6245.16	167.00	29133.30	114573.24

1.5.11　日照市

日照市第二次湿地资源调查涉及单独区划湿地区1个，零星湿地区4个，无重点调查。根据调查结果，日照市湿地面积39212.56公顷，其中近海与海岸湿地19681.58公顷，河流湿地5846.05公顷，人工湿地13684.93公顷。日照市湿地资源分布情况见表2-16。

表2-16　日照市湿地资源分布情况（公顷）

湿地区类别	湿地区名称	近海与海岸湿地	河流湿地	人工湿地	合　计
单独区划湿地区	滨海湿地区	19681.58	0	0	19681.58
零星湿地区	东港区零星湿地区	0	1474.75	5914.85	7389.60
	岚山区零星湿地区	0	955.16	924.45	1879.61
	五莲县零星湿地区	0	588.10	2805.80	3393.90
	莒县零星湿地区	0	2828.04	4039.83	6867.87
总　计		19681.58	5846.05	13684.93	39212.56

1.5.12 莱芜市

莱芜市第二次湿地资源调查不涉及单独区划的湿地区，涉及零星湿地区 2 个，无重点调查湿地。根据调查结果，莱芜市湿地面积 5701.69 公顷，其中河流湿地 2961.88 公顷，人工湿地 2739.81 公顷。莱芜市湿地资源分布情况见表 2-17。

表 2-17 莱芜市湿地资源分布情况(公顷)

湿地区名称	河流湿地	人工湿地	合 计
莱城区零星湿地区	2545.46	2456.54	5002.00
钢城区零星湿地区	416.42	283.27	699.69
总 计	2961.88	2739.81	5701.69

1.5.13 临沂市

临沂市第二次湿地资源调查不涉及单独区划的湿地区，只涉及零星湿地区 12 个，分布有重点调查湿地 6 个，分别为临沂武河国家湿地公园、临沂祊河省级湿地公园、临沂沭河省级湿地公园、沂河湿地、会宝岭水库、岸堤水库。根据调查结果，临沂市湿地面积为 57640.77 公顷，其中河流湿地 32657.58 公顷，人工湿地 24983.19 公顷。临沂市湿地资源分布情况见表 2-18。

表 2-18 临沂市湿地资源分布情况(公顷)

湿地区名称	河流湿地	人工湿地	合 计
兰山区零星湿地区	2930.11	472.21	3402.32
罗庄区零星湿地区	601.52	210.5	812.02
河东区零星湿地区	3168.97	414.87	3583.84
沂南县零星湿地区	3207.94	682.85	3890.79
郯城县零星湿地区	5311.11	535.54	5846.65
沂水县零星湿地区	2779.43	4172.46	6951.89
苍山县零星湿地区	3738.07	2632.46	6370.53
费县零星湿地区	2729.18	3874.34	6603.52
平邑县零星湿地区	1608.02	2527.72	4135.74
莒南县零星湿地区	1924.48	2884.53	4809.01
蒙阴县零星湿地区	1545.88	5701.66	7247.54
临沭县零星湿地区	3112.87	874.05	3986.92
总 计	32657.58	24983.19	57640.77

1.5.14 德州市

德州市第二次湿地资源调查涉及单独区划湿地区 1 个，零星湿地区 11 个，无重点调查湿地。根据调查，德州市湿地总面积 25935.72 公顷，其中河流湿地面积 11465.03 公顷，人工湿地 14470.69 公顷。德州市湿地资源分布情况见表 2-19。

表 2-19 德州市湿地资源分布情况(公顷)

湿地区类别	湿地区名称	河流湿地	人工湿地	合 计
单独区划湿地区	黄河湿地区	1373.77	26	1399.77
零星湿地区	德城区零星湿地区	1017.70	455.53	1473.23
	乐陵市零星湿地区	954.54	1488.82	2443.36
	临邑县零星湿地区	1029.46	1031.61	2061.07
	陵县零星湿地区	1265.69	2355.58	3553.59
	宁津县零星湿地区	458.86	792.43	1251.29
	平原县零星湿地区	1037.62	1581.70	2619.32
	齐河县零星湿地区	806.12	2504.20	2361.82
	庆云县零星湿地区	908.72	878.80	1787.52
	武城县零星湿地区	783.31	306.75	1090.06
	夏津县零星湿地区	718.62	770.64	1489.26
	禹城市零星湿地区	1110.62	2278.63	3389.25
总 计		11465.03	14470.69	25935.72

1.5.15 聊城市

聊城市第二次湿地资源调查涉及单独区划湿地区 1 个，零星湿地区 8 个，无重点调查湿地。根据调查结果，聊城市湿地面积为 15314.41 公顷，其中河流湿地 6692.29 公顷，湖泊湿地 420.75 公顷，人工湿地 8201.37 公顷。聊城市湿地资源分布情况见表 2-20。

表 2-20 聊城市湿地资源分布情况(公顷)

湿地区类别	湿地区名称	河流湿地	湖泊湿地	人工湿地	合 计
单独区划湿地区	黄河湿地区	1579.05	0	0	1579.05
零星湿地区	东昌府区零星湿地区	1089.99	298.02	1468.75	2856.76
	阳谷县零星湿地区	552.44	0	916.27	1468.71
	莘县零星湿地区	814.41	0	583.85	1398.26
	茌平县零星湿地区	937.39	0	1432.23	2369.62
	东阿县零星湿地区	365.14	0	1007.83	1372.97
	冠县零星湿地区	314.58	0	662.24	976.82
	高唐县零星湿地区	527.50	122.73	1042.75	1692.98
	临清市零星湿地区	511.79	0	1087.45	1599.24
总 计		6692.29	420.75	8201.37	15314.41

1.5.16 滨州市

滨州市第二次湿地资源调查涉及单独区划湿地区 3 个，零星湿地区 7 个；重点调查湿地 3 个，即博兴麻大湖省级湿地公园、沾化海岸带自然保护区、滨州贝壳堤岛与湿地自然保护区，其余为一般调查。据调查，滨州市各类湿地面积为 176317.19 公顷，其中近海与海岸湿地 59113.35 公顷，河流湿地 11254.94 公顷，沼泽湿地 1817.81 公顷，人工湿地 104131.09 公顷。滨州市湿地资源情况见表2-21。

表2-21 滨州市湿地资源分布情况(公顷)

湿地区类别	湿地区名称	近海与海岸湿地	河流湿地	沼泽湿地	人工湿地	合 计
单独区划湿地区	黄河湿地区	0	2291.00	0	107.54	2398.54
	滨海湿地区	59113.35	0	0	0	59113.35
	马踏湖湿地区	0	0	692.04	0	692.04
零星湿地区	滨城区零星湿地区	0	381.24	0	2882.22	3263.46
	惠民县零星湿地区	0	1011.09	0	1115.42	2126.51
	阳信县零星湿地区	0	488.88	0	1127.35	1616.23
	无棣县零星湿地区	0	3527.38	11.18	54517.58	58056.14
	沾化县零星湿地区	0	2047.93	1114.59	40299.85	43462.37
	博兴县零星湿地区	0	970.51	0	3078.62	4049.13
	邹平县零星湿地区	0	536.91	0	1002.51	1539.42
总 计		59113.35	11254.94	1817.81	104131.09	176317.19

1.5.17 菏泽市

菏泽市第二次湿地资源调查涉及单独区划湿地区1个，零星湿地区9个，分布有重点调查湿地3个，即曹县黄河故道省级湿地公园、东明黄河省级湿地公园、东明庄子湖省级湿地公园。根据调查，菏泽市湿地总面积56823.78公顷，其中河流湿地43123.39公顷，湖泊湿地12.21公顷，沼泽湿地197.02公顷，人工湿地13491.16公顷。菏泽市湿地分布情况见表2-22。

表2-22 菏泽市湿地资源分布情况(公顷)

湿地区类别	湿地区名称	河流湿地	湖泊湿地	沼泽湿地	人工湿地	合 计
单独区划湿地区	黄河湿地区	32666.61	0	0	17.06	32683.67
零星湿地区	牡丹区零星湿地区	1304.50	0	0	1123.36	2427.86
	曹县零星湿地区	2320.07	0	0	2713.20	5033.27
	单县零星湿地区	1886.04	0	0	2593.39	4479.43
	成武县零星湿地区	551.55	0	0	1904.45	2456.00
	巨野县零星湿地区	1135.59	0	0	1688.48	2824.07
	郓城县零星湿地区	1370.89	0	0	1025.19	2396.08
	鄄城县零星湿地区	995.46	0	0	548.20	1543.66
	定陶县零星湿地区	461.81	0	0	692.94	1154.75
	东明县零星湿地区	430.87	12.21	197.02	1184.89	1824.99
总 计		43123.39	12.21	197.02	13491.16	56823.78

2 近海与海岸湿地

2.1 近海与海岸湿地各湿地型及面积

山东省近海与海岸湿地(图2-16)包括8个湿地型，分别为浅海水域、岩石海岸、沙石海滩、淤泥质海滩、潮间盐水沼泽、河口水域、三角洲/沙洲/沙岛、海岸性咸水湖，总面积728508.3公顷。其中浅海水域面积538220.51公顷，占近海与海岸湿地面积的73.88%；岩石海岸面积5073.22公顷，占近海与海岸湿地面积的0.7%；沙石海滩面积16365.22公顷，占近海与海岸湿地面积的2.25%；淤泥质海滩面积126267.63公顷，占近海与海岸湿地面积的17.33%；潮间盐水沼泽面积6009.83公顷，占近海与海岸湿地面积的0.82%；河口水域面积32267.48公顷，占近海与海岸湿地面积的4.43%；三角洲/沙洲/沙岛湿地面积2848.38公顷，占近海与海岸湿地面积的0.39%；海岸性咸水湖面积1456.03公顷，占近海与海岸湿地面积的0.20%。山东省近海与海岸湿地分布及面积组成情况如图2-17、表2-23与图2-18。

图2-16 近海与海岸湿地——渤海

表2-23 山东省近海与海岸湿地各湿地型面积

湿地型	面积(公顷)	比例(%)
浅海水域	538220.51	73.88
岩石海岸	5073.22	0.70
沙石海滩	16365.22	2.25
淤泥质海滩	126267.63	17.33
潮间盐水沼泽	6009.83	0.82
河口水域	32267.48	4.43
三角洲/沙洲/沙岛	2848.38	0.39
海岸性咸水湖	1456.03	0.20
合 计	728508.30	100

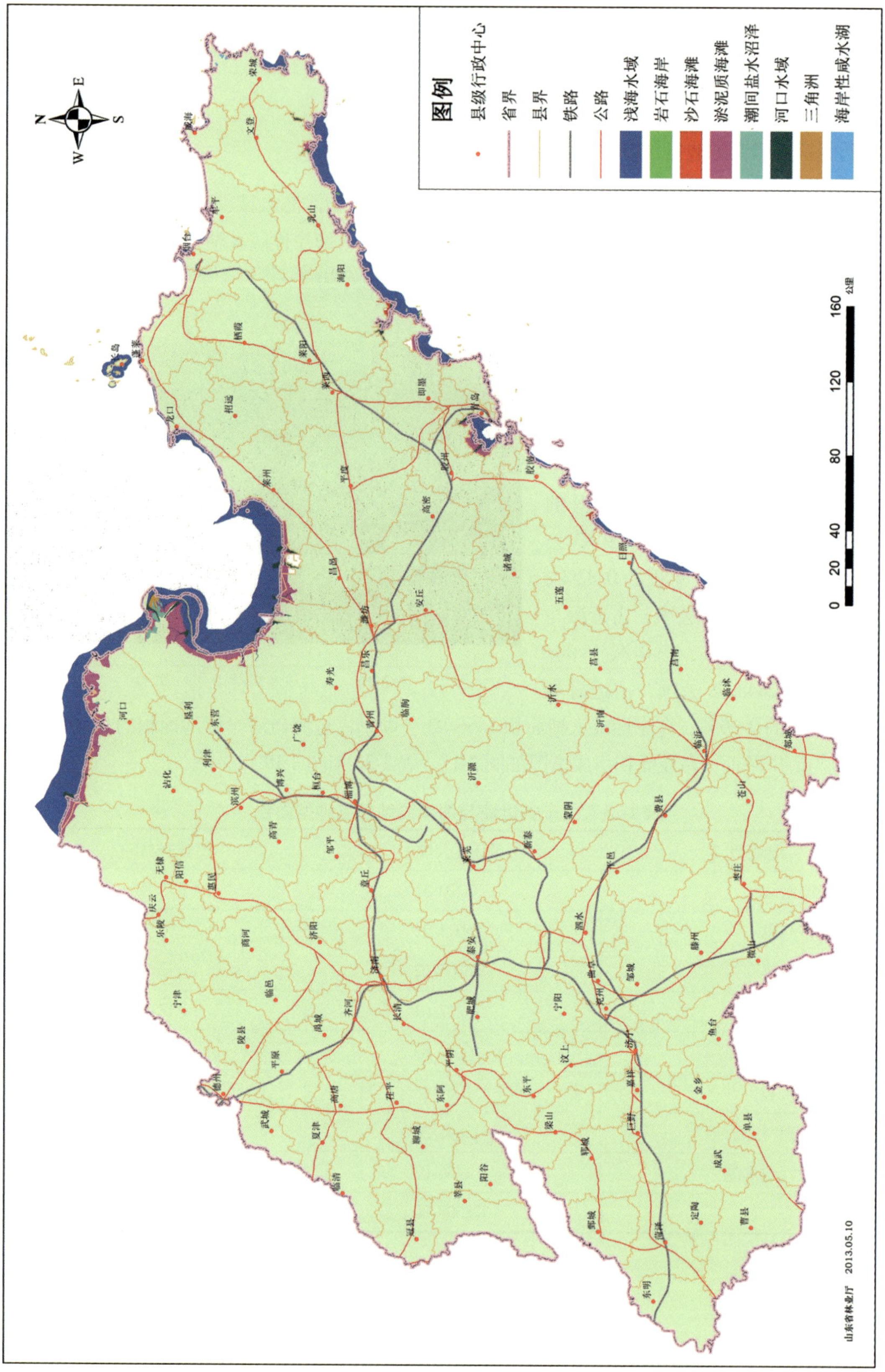

图 2-17 山东省近海与海岸湿地资源分布图

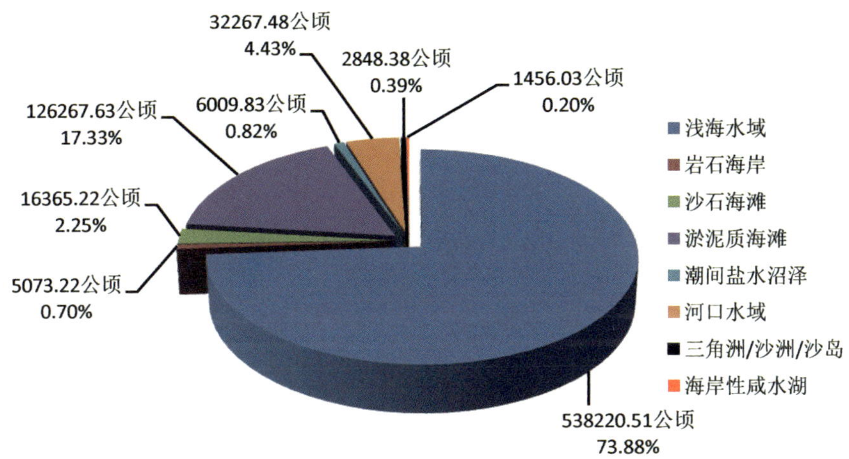

图 **2-18**　山东省近海与海岸湿地各湿地型面积比例构成图

2.2　各湿地区的近海与海岸湿地湿地型及面积

山东省近海与海岸湿地涉及单独区划湿地区 4 个，分别为滨海湿地区、胶州湾湿地区、黄河三角洲湿地区和长岛湿地区，不涉及零星湿地区。各湿地区近海与海岸湿地分布情况见表 2-24。

表 2-24　山东省各湿地区近海与海岸湿地分布情况(公顷)

湿地区名称	浅海水域	岩石海岸	沙石海滩	淤泥质海滩	潮间盐水沼泽	河口水域	三角洲/沙洲/沙岛	海岸性咸水湖	合　计
滨海湿地区	511340.23	5073.22	16346.29	87811.04	0	28339.89	0	1456.03	650366.70
黄河三角洲湿地区	14964.18	0	0	37571.39	6009.83	3766.24	2848.38	0	65160.02
胶州湾湿地区	0	0	0	0	0	161.35	0	0	161.35
长岛湿地区	11916.10	0	18.93	885.20	0	0	0	0	12820.23
总　计	538220.51	5073.22	16365.22	126267.63	6009.83	32267.48	2848.38	1456.03	728508.30

2.3　各流域的近海与海岸湿地湿地型及面积

山东省近海与海岸湿地涉及 4 个一级流域，4 个二级流域，5 个三级流域，各流域近海与海岸湿地分布情况见表 2-25。

表 2-25　山东省各流域近海与海岸湿地分布情况(公顷)

一级流域	二级流域	三级流域	浅海水域	岩石海岸	沙石海滩	淤泥质海滩	潮间盐水沼泽	河口水域	三角洲/沙洲/沙岛	海岸性咸水湖	合计
淮河区	山东半岛沿海诸河	胶东诸河						4331.36			4331.36
		小清河						925.88			925.88

（续）

一级流域	二级流域	三级流域	浅海水域	岩石海岸	沙石海滩	淤泥质海滩	潮间盐水沼泽	河口水域	三角洲/沙洲/沙岛	海岸性咸水湖	合计
黄河区	花园口以下	花园口以下干流区间						1483.71			1483.71
海河区	徒骇马颊河	徒骇马颊河						1331.01			1331.01
滨海湿地	滨海湿地	滨海湿地	538220.51	5073.22	16365.22	126267.6	6009.83	24195.52	2848.38	1456.03	720436.30
总 计			538220.51	5073.22	16365.22	126267.6	6009.83	32267.48	2848.38	1456.03	728508.26

2.4 各行政区的近海与海岸湿地湿地型及面积

山东省近海与海岸湿地涉及7市，分别是滨州市、东营市、烟台市、威海市、潍坊市、青岛市、日照市，其中东营市近海与海岸湿地面积最大，占全省近海与海岸湿地面积的38.08%；其次为烟台市，占全省近海与海岸湿地面积的17.53%。山东省近海与海岸湿地面积分布情况见表2-26和图2-19。

表2-26 山东省各市近海与海岸湿地分布情况

市	浅海水域（公顷）	岩石海岸（公顷）	沙石海滩（公顷）	淤泥质海滩（公顷）	潮间盐水沼泽（公顷）	河口水域（公顷）	三角洲/沙洲/沙岛（公顷）	海岸性咸水湖（公顷）	合计（公顷）	比例（%）
青岛市	54019.20	1740.89	4699.39	15041.40	0	9120.35	0	0	84621.23	11.62
东营市	197706.25	0	0	65793.66	6009.830	5090.06	2848.38	0	277448.18	38.08
烟台市	111566.73	918.40	7119.70	5482.70	0	2610.05	0	0	127697.58	17.53
潍坊市	52439.65	0	0	20241.86	0	8237.09	0	0	80918.60	11.11
威海市	63268.29	2224.32	3085.87	4821.13	0	4355.41	0	1272.76	79027.78	10.85
日照市	16083.15	189.61	1460.26	1580.11	0	185.18	0	183.27	19681.58	2.70
滨州市	43137.24	0	0	13306.77	0	2669.34	0	0	59113.35	8.11
总 计	538220.51	5073.22	16365.22	126267.63	6009.83	32267.48	2848.38	1456.03	728508.30	100.00

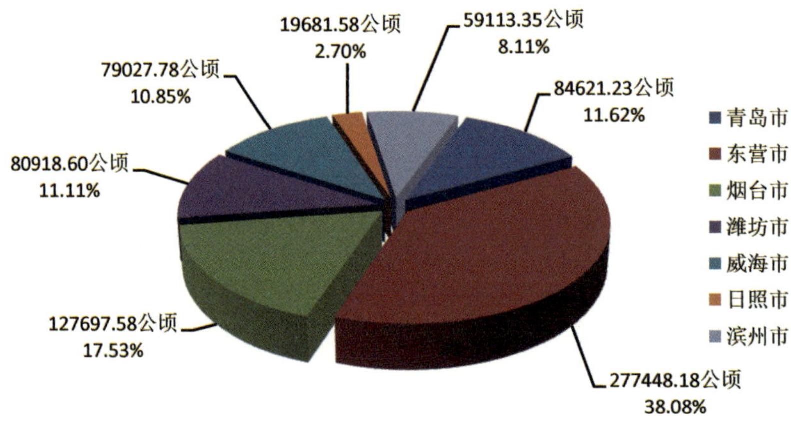

图2-19 山东省各市近海与海岸湿地面积比例

3 河流湿地

3.1 河流湿地各湿地型及面积

山东省河流湿地(图 2-20)包括 3 个湿地型，分别为永久性河流、季节性或间歇性河流和洪泛平原湿地。山东省河流湿地总面积为 257795.20 公顷。其中永久性河流 205303.54 公顷，季节性或间歇性河流为 3815.95 公顷，洪泛平原湿地为 48675.71 公顷。山东省河流湿地分布及各湿地型面积分别如图 2-21、表 2-27 和图 2-22。

图 **2-20** 河流湿地——涛沟河

表 2-27 山东河流湿地各湿地型面积

湿地型	面积(公顷)	比例(%)
永久性河流	205303.54	79.64
季节性或间歇性河流	3815.95	1.48
洪泛平原湿地	48675.71	18.88
合 计	257795.20	100

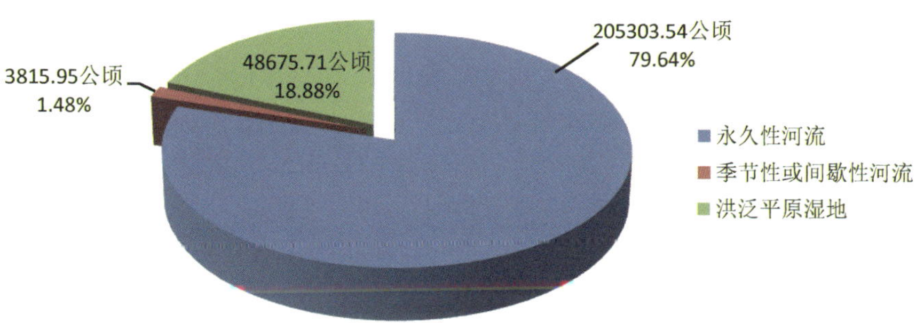

图 **2-22** 山东省河流湿地各湿地型面积比例构成图

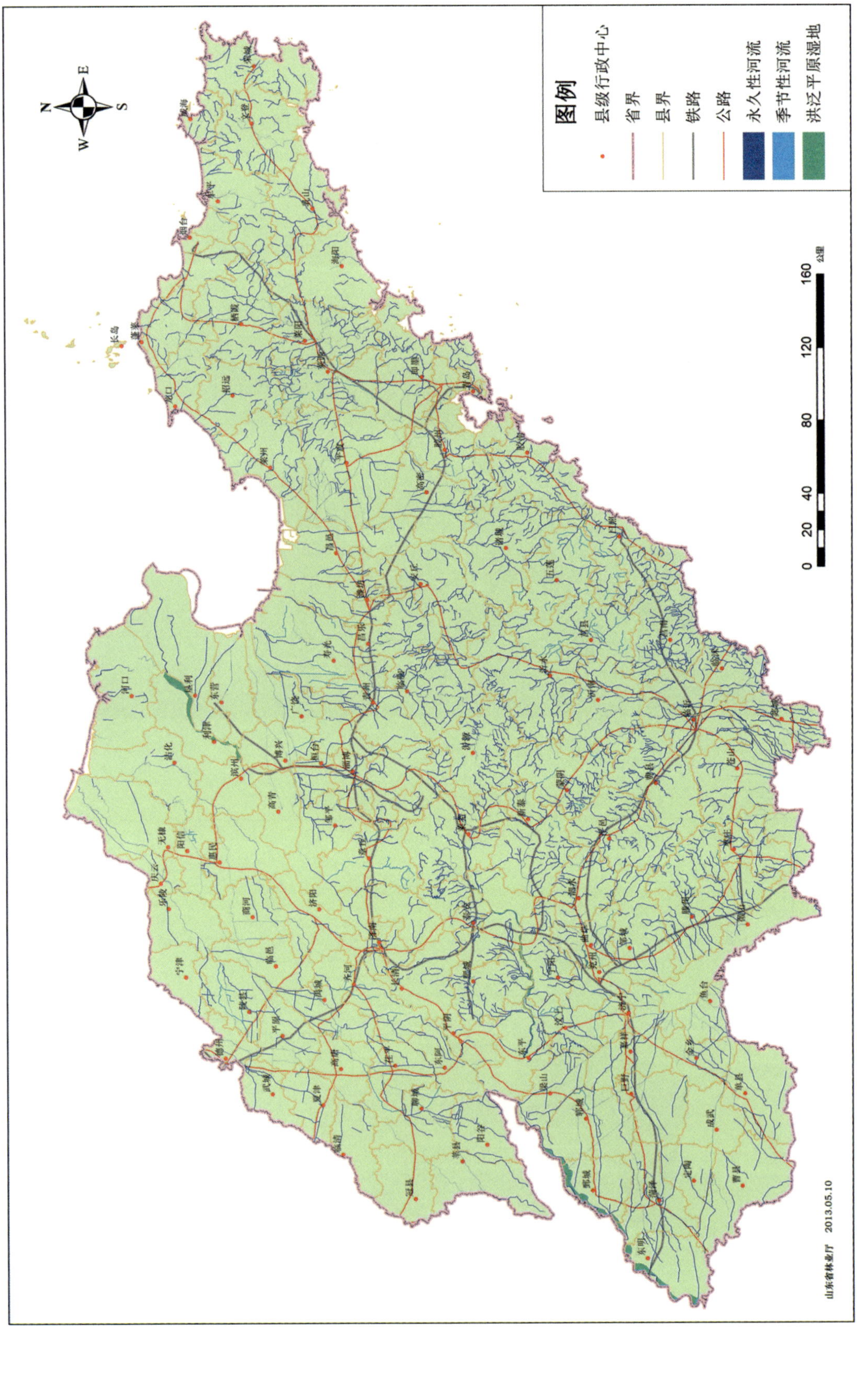

图 2-21 山东省河流湿地资源分布图

3.2　各流域的河流湿地湿地型及面积

山东省河流湿地涉及12个三级流域，5个二级流域，4个一级流域，各流域河流湿地分布情况见表2-28与图2-23。

表2-28　山东省各流域河流湿地分布情况(公顷)

一级流域	二级流域	三级流域	永久性河流湿地	季节性或间歇性河流湿地	洪泛平原湿地	合　计
滨海湿地	滨海湿地	滨海湿地	303.91	0	0	303.91
海河区	徒骇马颊河	徒骇马颊河	25815.37	690.71	0	26506.08
黄河区	花园口以下	大汶河	14343.52	27.96	8208.81	22580.29
		花园口以下干流区间	21946.79	0	38759.88	60706.67
		金堤河和天然文岩渠	26.91	0	0	26.91
淮河区	沂沭泗河	湖东区	16371.97	988.99	842.46	18203.42
		湖西区	16869.02	110.67	250.44	17230.13
		沂沭河区	30912.63	697.58	0	31610.21
		日赣区	2472.07	134.24	0	2606.31
		中运河区	7017.30	53.69	80.37	7151.36
	山东半岛沿海诸河	胶东诸河	57173.27	514.65	0	57687.92
		小清河	12050.78	597.46	533.75	13181.99
总　计			205303.54	3815.95	48675.71	257795.20

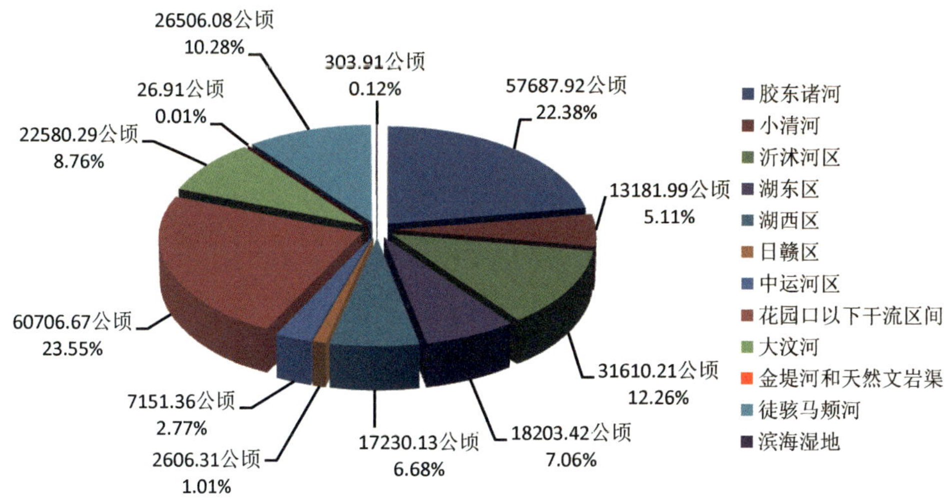

图2-23　山东省河流湿地在各三级流域分布情况

3.3　各湿地区的河流湿地湿地型及面积

山东省河流湿地分布于8个单独区划湿地区和135个零星湿地区，共143个湿地区。其中黄河湿地区河流湿地面积最大，为 59750. 75 公顷。各湿地区河流湿地分布情况见表 2-29。

3.4　各行政区的河流湿地湿地型及面积

山东省 17 市都有河流湿地分布，河流湿地面积最大的市为菏泽市，占全省河流湿地面积的 16. 73%；其次为临沂市，占全省河流湿地面积的 12. 48%。山东各市河流湿地分布情况见表 2-29 和图 2-24。

表 2-29　山东省各湿地区河流湿地分布情况（公顷）

湿地区类别	湿地区	永久性河流湿地	季节性或间歇性河流湿地	洪泛平原湿地	合　计
单独区划湿地区	滨海湿地区	169. 65	0	0	169. 65
	大沽夹河湿地区	1381. 83	0	0	1381. 83
	黄河三角洲湿地区	2841. 69	0	0	2841. 69
	胶州湾湿地区	103. 37	0	0	103. 37
	马踏湖湿地区	38. 72	0	0	38. 72
	南四湖湿地区	1112. 16	0	0	1112. 16
	黄河湿地区	21000. 73	0	38750. 02	59750. 75
	峡山湖湿地区	91. 67	0	0	91. 67
零星湿地区	历下区零星湿地区	8. 60	0	0	8. 60
	济南市中区零星湿地区	81. 85	0	0	81. 85
	槐荫区零星湿地区	702. 47	0	0	702. 47
	天桥区零星湿地区	113. 82	0	0	113. 82
	历城区零星湿地区	626. 54	0	0	626. 54
	长清区零星湿地区	227. 07	0	0	227. 07
	章丘市零星湿地区	275. 29	371. 96	0	647. 25
	平阴县零星湿地区	387. 97	0	0	387. 97
	济阳县零星湿地区	809. 70	0	0	809. 70
	商河县零星湿地区	1575. 07	0	0	1575. 07
	市北区零星湿地区	9. 70	0	0	9. 70
	四方区零星湿地区	40. 88	0	0	40. 88
	黄岛区零星湿地区	216. 85	0	0	216. 85
	崂山区零星湿地区	332. 43	0	0	332. 43
	城阳区零星湿地区	1243. 56	0	0	1243. 56
	胶州市零星湿地区	2332. 90	18. 22	0	2351. 12
	即墨市零星湿地区	1906. 76	0	0	1906. 76
	平度市零星湿地区	6190. 76	0	0	6190. 76
	胶南市零星湿地区	1991. 35	3. 65	0	1995. 00
	莱西市零星湿地区	3383. 42	165. 35	0	3548. 77
	淄川区零星湿地区	758. 36	4. 68	0	763. 04

（续）

湿地区类别	湿地区	永久性河流湿地	季节性或间歇性河流湿地	洪泛平原湿地	合　计
零星湿地区	张店区零星湿地区	252.40	0	0	252.40
	博山区零星湿地区	479.60	0	0	479.60
	临淄区零星湿地区	1295.18	0	0	1295.18
	周村区零星湿地区	169.19	2.38	0	171.57
	桓台县零星湿地区	383.91	0	0	383.91
	高青县零星湿地区	367.16	0	0	367.16
	沂源县零星湿地区	1479.73	0	0	1479.73
	枣庄市中区零星湿地区	597.72	0	0	597.72
	薛城区零星湿地区	1028.28	0	0	1028.28
	峄城区零星湿地区	1021.31	0	0	1021.31
	台儿庄零星湿地区	474.70	0	80.37	555.07
	山亭区零星湿地区	1237.44	125.86	0	1363.30
	滕州市零星湿地区	4407.23	0	0	4407.23
	东营区零星湿地区	890.52	0	434.94	1325.46
	河口区零星湿地区	916.82	0	0	916.82
	垦利县零星湿地区	274.32	0	11.55	285.87
	利津县零星湿地区	0	0	0	0
	广饶县零星湿地区	1301.76	0	0	1301.76
	福山区零星湿地区	270.00	0	0	270
	牟平区零星湿地区	1700.14	0	0	1700.14
	莱山区零星湿地区	201.38	0	0	201.38
	龙口市零星湿地区	996.62	0	0	996.62
	莱阳市零星湿地区	3483.71	4.32	0	3488.03
	莱州市零星湿地区	1301.83	17.90	0	1319.73
	蓬莱市零星湿地区	584.94	0	0	584.94
	招远市零星湿地区	471.67	36.42	0	508.09
	栖霞市零星湿地区	1874.17	0	0	1874.17
	海阳市零星湿地区	755.95	0	0	755.95
	潍城区零星湿地区	508.89	14.19	0	523.08
	寒亭区零星湿地区	540.15	2.7	0	542.85
	坊子区零星湿地区	739.62	0	0	739.62
	奎文区零星湿地区	178.53	0	0	178.53
	临朐县零星湿地区	2242.27	0	0	2242.27
	昌乐县零星湿地区	981.07	0	0	981.07
	青州市零星湿地区	1484.21	30.37	0	1514.58
	诸城市零星湿地区	3183.75	4	0	3187.75
	寿光市零星湿地区	1937.31	240.2	0	2177.51
	安丘市零星湿地区	3664.13	0	0	3664.13
	高密市零星湿地区	2137.18	6.74	0	2143.92
	昌邑市零星湿地区	2539.28	0	0	2539.28
	济宁市中区零星湿地区	6.32	0	0	6.32

（续）

湿地区类别	湿地区	永久性河流湿地	季节性或间歇性河流湿地	洪泛平原湿地	合 计
零星湿地区	任城区零星湿地区	1511.20	27.57	0	1538.77
	微山县零星湿地区	917.33	101.53	0	1018.86
	鱼台县零星湿地区	1972.44	0	0	1972.44
	金乡县零星湿地区	934.56	0	0	934.56
	嘉祥县零星湿地区	1272.48	0	179.37	1451.85
	汶上县零星湿地区	1512.60	144.19	524.15	2180.94
	泗水县零星湿地区	1722.50	0	0	1722.50
	梁山县零星湿地区	944.04	3.34	71.07	1018.45
	曲阜市零星湿地区	2025.46	625.01	842.46	3492.93
	兖州市零星湿地区	801.39	0	0	801.39
	邹城市零星湿地区	2015.03	6.10	0	2021.13
	泰山区零星湿地区	372.15	0	199.74	571.89
	岱岳区零星湿地区	3552.46	0	2353.23	5905.69
	宁阳县零星湿地区	1927.51	0	2112.45	4039.96
	东平县零星湿地区	1874.64	0	1547.58	3422.22
	新泰市零星湿地区	1402.63	27.96	0	1430.59
	肥城市零星湿地区	1838.74	0	1455.02	3293.76
	环翠区零星湿地区	443.79	0	0	443.79
	文登市零星湿地区	1969.17	0	0	1969.17
	荣成市零星湿地区	1624.14	12.9	0	1637.04
	乳山市零星湿地区	2195.16	0	0	2195.16
	东港区零星湿地区	1368.99	105.76	0	1474.75
	岚山区零星湿地区	937.93	17.23	0	955.16
	五莲县零星湿地区	379.12	208.98	0	588.10
	莒县零星湿地区	2267.99	560.05	0	2828.04
	莱城区零星湿地区	2528.82	0	16.64	2545.46
	钢城区零星湿地区	416.42	0	0	416.42
	兰山区零星湿地区	2930.11	0	0	2930.11
	罗庄区零星湿地区	601.52	0	0	601.52
	河东区零星湿地区	3168.97	0	0	3168.97
	沂南县零星湿地区	3196.02	11.92	0	3207.94
	郯城县零星湿地区	5311.11	0	0	5311.11
	沂水县零星湿地区	2779.43	0	0	2779.43
	苍山县零星湿地区	3725.65	12.42	0	3738.07
	费县零星湿地区	2729.18	0	0	2729.18
	平邑县零星湿地区	1608.02	0	0	1608.02
	莒南县零星湿地区	1924.48	0	0	1924.48

（续）

湿地区类别	湿地区	永久性河流湿地	季节性或间歇性河流湿地	洪泛平原湿地	合　计
零星湿地区	蒙阴县零星湿地区	1482.77	63.11	0	1545.88
	临沭县零星湿地区	3112.87	0	0	3112.87
	德城区零星湿地区	1017.70	0	0	1017.70
	陵县零星湿地区	956.62	309.07	0	1265.69
	宁津县零星湿地区	458.86	0	0	458.86
	庆云县零星湿地区	908.72	0	0	908.72
	临邑县零星湿地区	1029.46	0	0	1029.46
	齐河县零星湿地区	641.17	164.95	0	806.12
	平原县零星湿地区	1037.62	0	0	1037.62
	夏津县零星湿地区	701.30	17.32	0	718.62
	武城县零星湿地区	783.31	0	0	783.31
	乐陵市零星湿地区	954.54	0	0	954.54
	禹城市零星湿地区	1069.29	41.33	0	1110.62
	东昌府区零星湿地区	1061.71	28.28	0	1089.99
	阳谷县零星湿地区	552.44	0	0	552.44
	莘县零星湿地区	814.41	0	0	814.41
	茌平县零星湿地区	871.05	66.34	0	937.39
	东阿县零星湿地区	362.52	2.62	0	365.14
	冠县零星湿地区	314.58	0	0	314.58
	高唐县零星湿地区	508.42	19.08	0	527.50
	临清市零星湿地区	511.79	0	0	511.79
	滨城区零星湿地区	381.24	0	0	381.24
	惠民县零星湿地区	1011.09	0	0	1011.09
	阳信县零星湿地区	447.16	41.72	0	488.88
	无棣县零星湿地区	3527.38	0	0	3527.38
	沾化县零星湿地区	2047.93	0	0	2047.93
	博兴县零星湿地区	851.52	40.90	78.09	970.51
	邹平县零星湿地区	536.91	0	0	536.91
	牡丹区零星湿地区	1285.47	0	19.03	1304.50
	曹县零星湿地区	2320.07	0	0	2320.07
	单县零星湿地区	1886.04	0	0	1886.04
	成武县零星湿地区	539.40	12.15	0	551.55
	巨野县零星湿地区	1076.95	58.64	0	1135.59
	郓城县零星湿地区	1334.35	36.54	0	1370.89
	鄄城县零星湿地区	995.46	0	0	995.46
	定陶县零星湿地区	461.81	0	0	461.81
	东明县零星湿地区	430.87	0	0	430.87
	总　计	205303.54	3815.95	48675.71	257795.20

表 2-30 山东省各市河流湿地分布情况

市	永久性河流湿地（公顷）	季节性或间歇性河流湿地（公顷）	洪泛平原湿地（公顷）	合 计（公顷）	比 例（%）
济南市	10072.59	371.96	0	10444.55	4.05
青岛市	17751.98	187.22	0	17939.20	6.96
淄博市	6276.01	7.06	0	6283.07	2.44
枣庄市	8766.68	125.86	80.37	8972.91	3.48
东营市	9135.25	0	11451.01	20586.26	7.99
烟台市	13191.89	58.64	0	13250.53	5.14
潍坊市	20228.06	298.20	0	20526.26	7.96
济宁市	17302.46	907.74	1828.93	20039.13	7.77
泰安市	11810.99	27.96	7668.02	19506.97	7.56
威海市	6232.26	12.90	0	6245.16	2.42
日照市	4954.03	892.02	0	5846.05	2.27
莱芜市	2945.24	0	16.64	2961.88	1.15
临沂市	32570.13	87.45	0	32657.58	12.67
德州市	10932.36	532.67	0	11465.03	4.45
聊城市	6428.64	116.32	147.33	6692.29	2.60
滨州市	11004.35	82.62	167.97	11254.94	4.37
菏泽市	15700.62	107.33	27315.44	43123.39	16.73
总 计	205303.54	3815.95	48675.71	257795.20	100

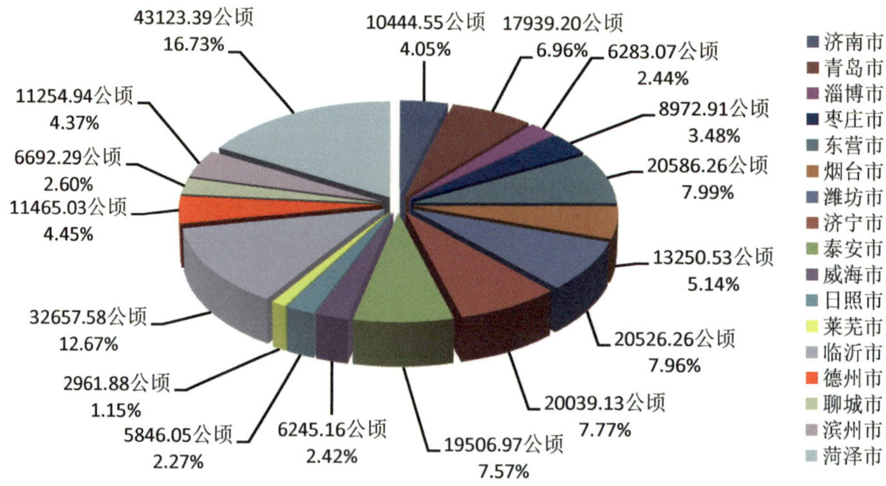

图 2-24 山东省各市河流湿地面积比例

4　湖泊湿地

4.1　湖泊湿地各湿地型及面积

湖泊湿地(图 2-25)在山东省分布有 1 个湿地型，即永久性淡水湖，面积 62628.82 公顷。湖泊湿地在山东省内分布情况如图 2-26。

图 **2-25**　湖泊湿地——南四湖

4.2　各流域的湖泊湿地湿地型及面积

山东省永久性淡水湖湿地分布于胶东诸河、小清河、湖西区、湖东区、大汶河、徒骇马颊河 6 个三级流域，分属于山东半岛沿海诸河、沂沭泗河、花园口以下及徒骇马颊河 4 个二级流域，隶属于淮河区、黄河区和海河区 3 个一级流域。各流域内湖泊湿地分布情况见表 2-31、图 2-26 和图 2-27。

表 2-31　山东省各流域湖泊湿地分布情况

一级流域	二级流域	三级流域	永久性淡水湖面积(公顷)	比例(%)
淮河区	山东半岛沿海诸河	胶东诸河	1443.10	2.30
		小清河	328.61	0.52
	沂沭泗河	湖西区	43683.60	69.75
		湖东区	2064.38	3.30
黄河区	花园口以下	大汶河	14688.38	23.45
海河区	徒骇马颊河	徒骇马颊河	420.75	0.67
合　计			62628.82	

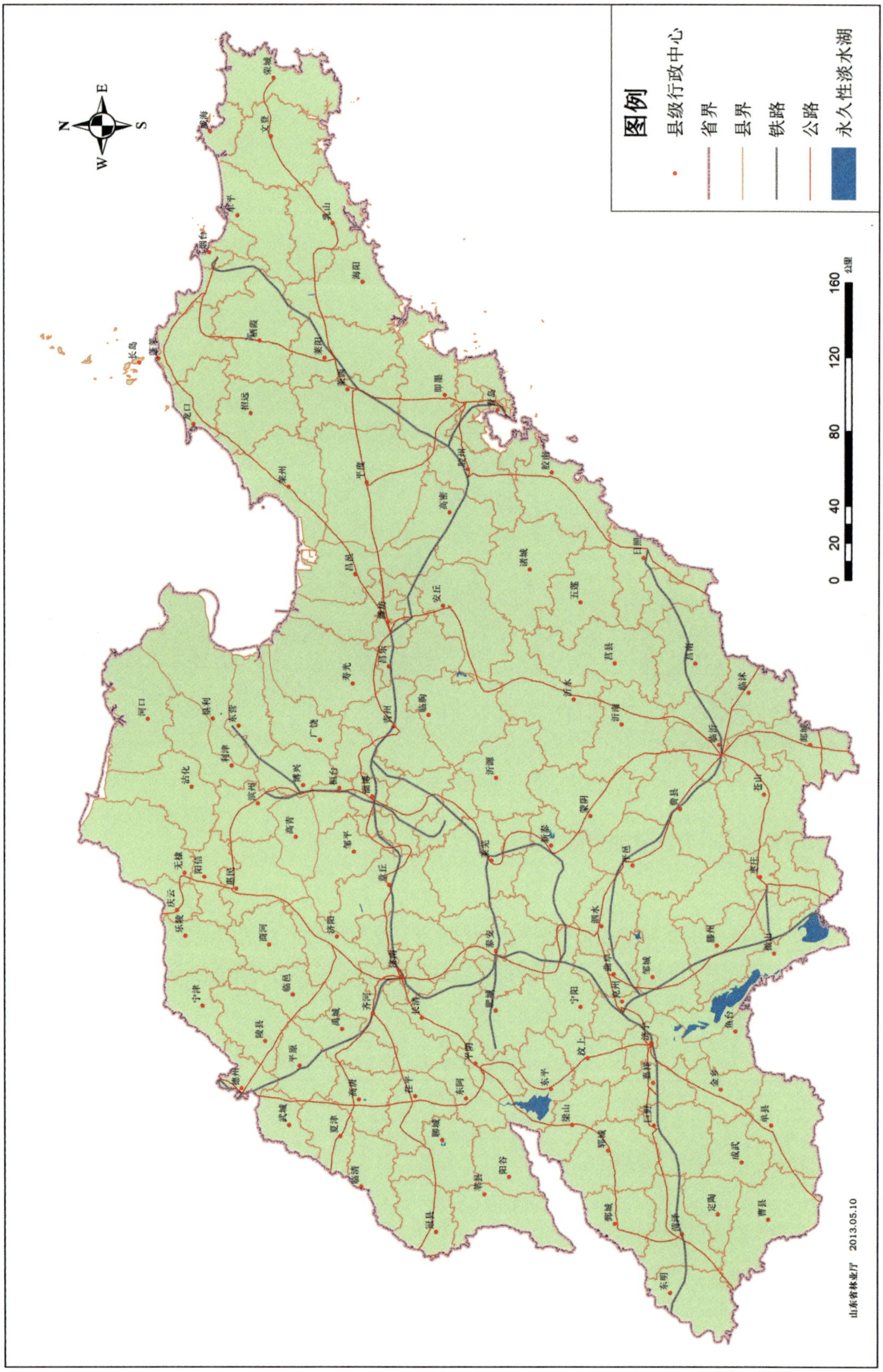

图 2-26 山东省湖泊湿地资源分布图

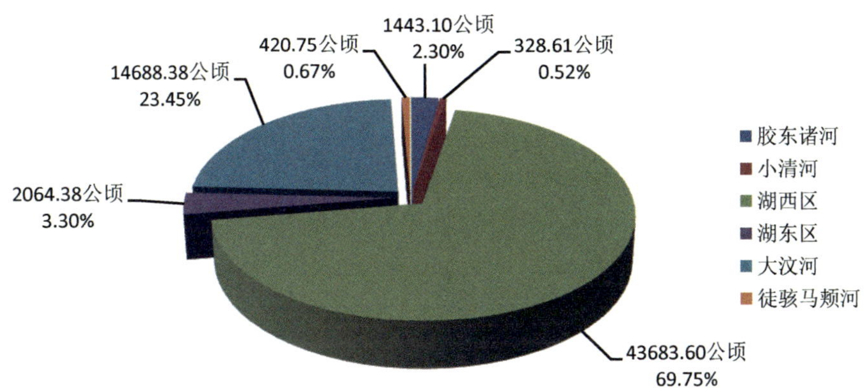

图 2-27 山东省湖泊湿地在各三级流域分布情况

4.3 各湿地区的湖泊湿地湿地型及面积

山东省湖泊湿地的分布区域涉及单独区划湿地区 1 个，零星湿地区 13 个。南四湖湿地区湖泊湿地面积最大，占全省湖泊湿地面积的 71.13%。山东省各湿地区湖泊湿地面积及分布情况见表 2-32。

表 2-32 山东省各湿地区湖泊湿地分布情况

湿地区名称	面积(公顷)	比例(%)
南四湖湿地区	44551.18	71.13
章丘市零星湿地区	254.81	0.41
垦利县零星湿地区	73.80	0.12
栖霞市零星湿地区	467.38	0.75
海阳市零星湿地区	176.84	0.28
昌乐县零星湿地区	798.88	1.28
汶上县零星湿地区	149.99	0.24
泗水县零星湿地区	139.82	0.22
曲阜市零星湿地区	894.78	1.43
东平县零星湿地区	13898.30	22.19
新泰市零星湿地区	790.08	1.26
东昌府区零星湿地区	298.02	0.47
高唐县零星湿地区	122.73	0.20
东明县零星湿地区	12.21	0.02
合 计	62628.82	100

4.4　各行政区的湖泊湿地湿地型及面积

山东省湖泊湿地主要分布在济宁市、泰安市、烟台市等8个市，其中济宁市湖泊湿地面积最大，占山东省湖泊湿地面积的73.03%；其次为泰安市，占全省湖泊湿地面积的23.45%。山东各市湖泊湿地面积情况见表2-33和图2-28。

表2-33　山东各市湖泊湿地分布情况

市	面积(公顷)	比例(%)
济南市	254.81	0.41
东营市	73.80	0.12
烟台市	644.22	1.03
潍坊市	798.88	1.28
济宁市	45735.77	73.03
泰安市	14688.38	23.45
聊城市	420.75	0.67
菏泽市	12.21	0.02
合　计	62628.82	100

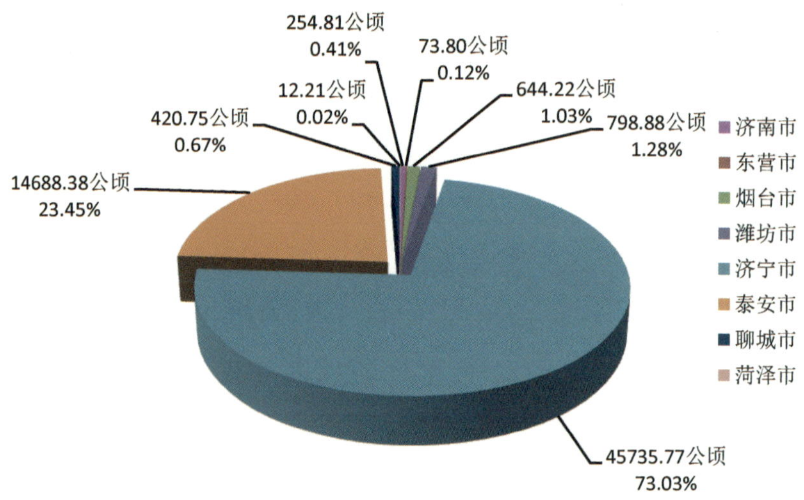

图2-28　山东各市湖泊湿地面积比例

5　沼泽湿地

5.1　沼泽湿地各湿地型及面积

山东省沼泽湿地分为灌丛沼泽(图2-29)与草本沼泽(图2-30)两个湿地型，总面积为54112.5公顷，其中草本沼泽面积48893.92公顷，占山东省沼泽湿地面积的90.36%；灌丛沼泽面积5218.58公顷，占山东省沼泽湿地面积的9.64%。山东省沼泽湿地面积及分布如图2-31与图2-32。

图 **2-29**　灌丛沼泽湿地——黄河三角洲国际重要湿地

图 **2-30**　草本沼泽湿地——黄河三角洲国际重要湿地

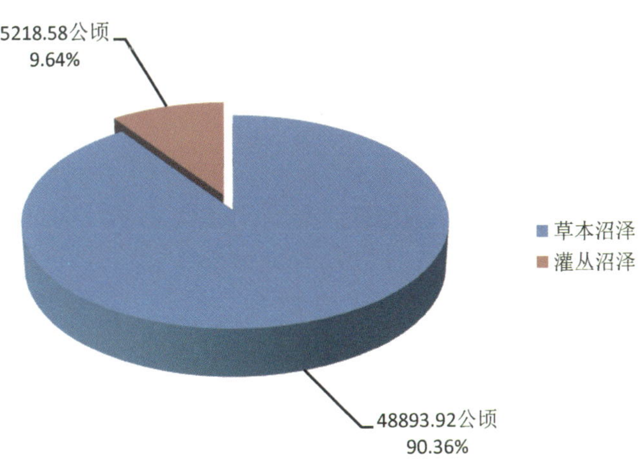

图 **2-31**　山东省沼泽湿地各湿地型面积比例构成图

5.2　各流域的沼泽湿地湿地型及面积

沼泽湿地分布于胶东诸河、小清河、沂沭河区、湖西区、花园口以下干流区间、大汶河、徒骇马颊河 7 个三级流域，属于山东半岛沿海诸河、沂沭泗河、花园口以下、徒骇马颊河 4 个二级

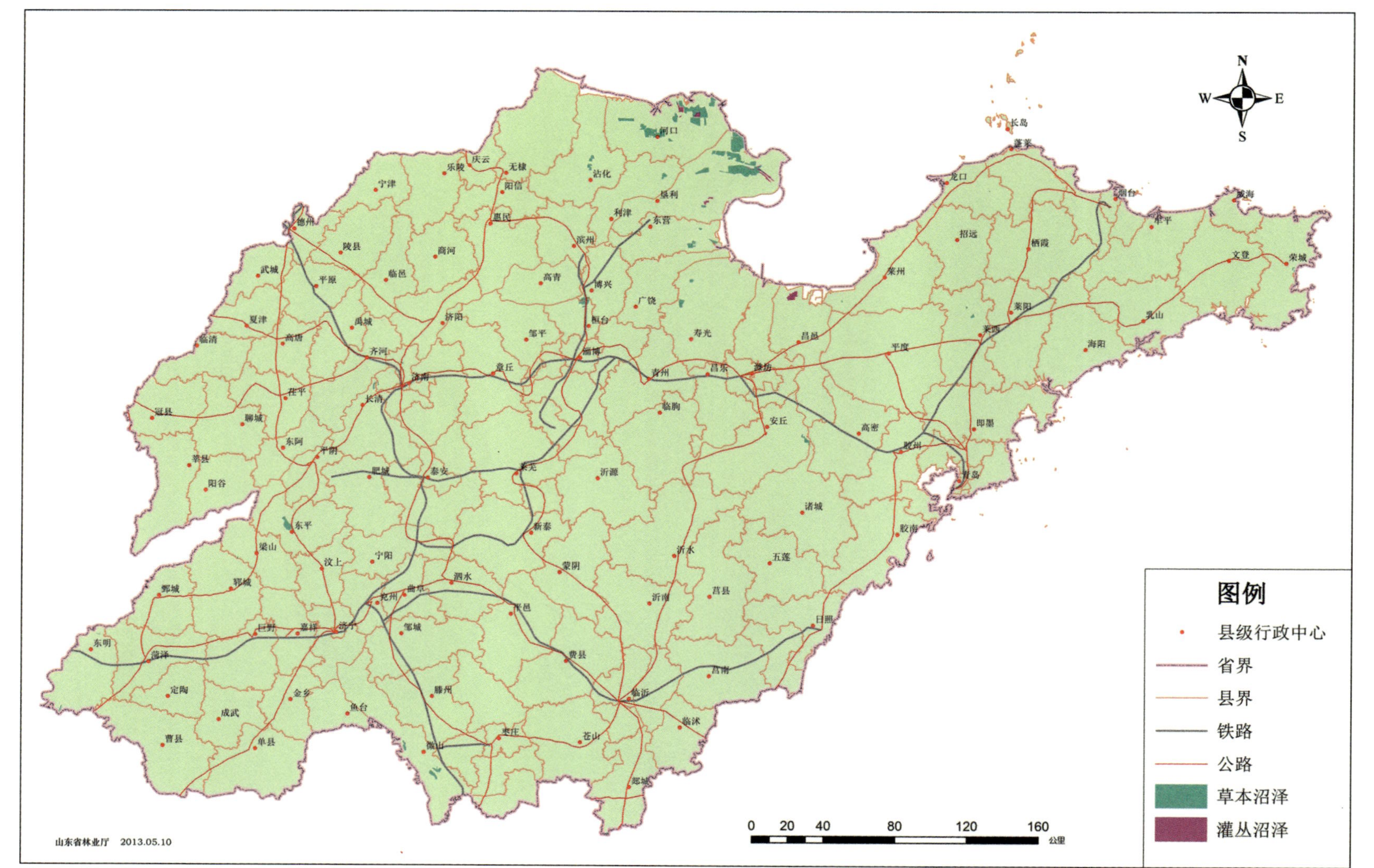

图 2-32 山东省沼泽湿地资源分布图

流域，隶属于淮河区、黄河区和海河区 3 个一级流域。主要分布在花园口以下干流区间、徒骇马颊河和小清河流域。山东省各沼泽湿地型在各流域的分布情况见表 2-34 和图 2-33。

表 2-34　山东省各流域沼泽湿地分布情况

一级流域	二级流域	三级流域	草本沼泽（公顷）	灌丛沼泽（公顷）	合　计（公顷）	比例(%)
淮河区	山东半岛沿海诸河	胶东诸河	1332.95	1878.95	3211.90	5.94
		小清河	6471.08	534.66	7005.74	12.95
	沂沭泗河	沂沭河区	61.18	0	61.18	0.11
		湖西区	2154.81	0	2154.81	3.98
黄河区	花园口以下	花园口以下干流区间	18409.07	1238.64	19647.71	36.31
		大汶河	1879.42	0	1879.42	3.47
海河区	徒骇马颊河	徒骇马颊河	18585.41	1566.33	20151.74	37.24
总　计			48893.92	5218.58	54112.50	100

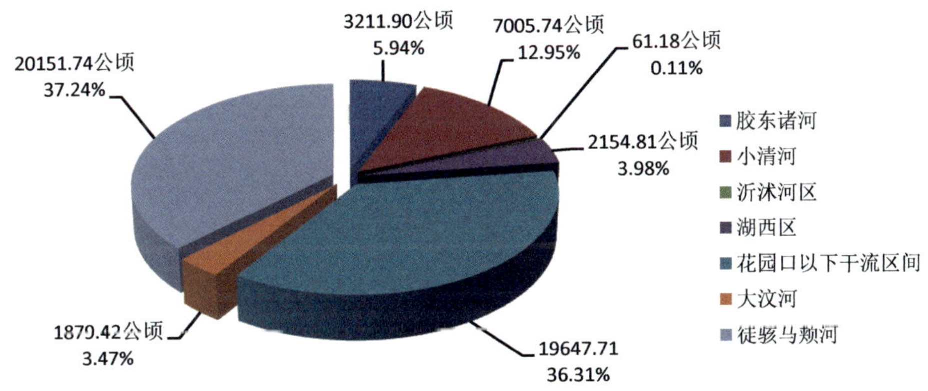

图 2-33　山东省沼泽湿地在各三级流域分布情况

5.3　各湿地区的沼泽湿地湿地型及面积

山东省沼泽湿地分布于南四湖湿地区、黄河湿地区、黄河三角洲湿地区、马踏湖湿地区和峡山湖湿地区 5 个单独区划的湿地区和 16 个零星湿地区。各湿地区不同沼泽湿地型的面积见表 2-35。

表 2-35　山东省各湿地区沼泽湿地分布情况（公顷）

湿地区类别	湿地区	草本沼泽	灌丛沼泽	合　计
单独区划湿地区	南四湖湿地区	2033.13	0	2033.13
	黄河湿地区	459.41	0	459.41
	黄河三角洲湿地区	24983.95	2804.97	27788.92
	马踏湖湿地区	1889.53	0	1889.53
	峡山湖湿地区	803.61	0	803.61

（续）

湿地区类别	湿地区	草本沼泽	灌丛沼泽	合 计
零星湿地区	天桥区零星湿地区	64.17	0	64.17
	莱西市零星湿地区	308.82	0	308.82
	桓台县零星湿地区	79.15	0	79.15
	东营区零星湿地区	1621.78	0	1621.78
	河口区零星湿地区	11019.86	0	11019.86
	垦利县零星湿地区	298.76	534.66	833.42
	利津县零星湿地区	590.44	0	590.44
	莱州市零星湿地区	53.52	0	53.52
	寿光市零星湿地区	1201.14	0	1201.14
	昌邑市零星湿地区	0	1878.95	1878.95
	梁山县零星湿地区	56.26	0	56.26
	东平县零星湿地区	1940.60	0	1940.60
	荣成市零星湿地区	167.00	0	167.00
	无棣县零星湿地区	11.18	0	11.18
	沾化县零星湿地区	1114.59	0	1114.59
	东明县零星湿地区	197.02	0	197.02
总 计		48893.92	5218.58	54112.50

5.4 各行政区的沼泽湿地型及面积

山东省沼泽湿地分布在东营市、济宁市、潍坊市、滨州市和淄博市等11个市。各市不同沼泽湿地型的面积情况见表2-36和图2-34。

表2-36 山东省各市沼泽湿地分布情况

市	草本沼泽(公顷)	灌丛沼泽(公顷)	总计(公顷)	比例(%)
济南市	523.58	0	523.58	0.97
青岛市	308.82	0	308.82	0.57
淄博市	1276.64	0	1276.64	2.36
东营市	38514.79	3339.63	41854.42	77.35
烟台市	53.52	0	53.52	0.10
潍坊市	2004.75	1878.95	3883.70	7.18
济宁市	2089.39	0	2089.39	3.86
泰安市	1940.60	0	1940.60	3.58
威海市	167.00	0	167.00	0.31
滨州市	1817.81	0	1817.81	3.36
菏泽市	197.02	0	197.02	0.36
总 计	48893.92	5218.58	54112.50	100

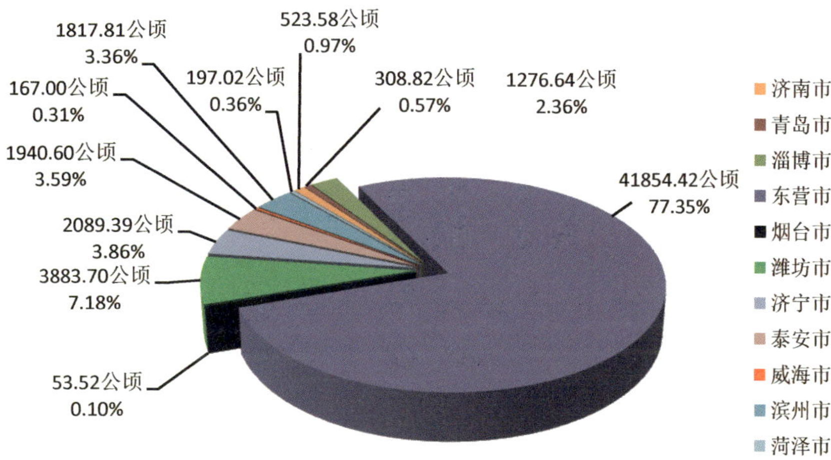

图**2-34** 山东省各市沼泽湿地面积比例

6 人工湿地

6.1 人工湿地湿地型及面积

山东省人工湿地分为库塘、运河/输水河、水产养殖场和盐田4个湿地型，总面积634454.86公顷，其中库塘177401.99公顷，占人工湿地面积的27.96%；运河/输水河面积44021.32公顷，占人工湿地面积的6.94%；水产养殖场面积294122.04公顷，占人工湿地面积的46.36%；盐田面积118909.51公顷，占人工湿地面积的18.74%。山东省人工湿地各湿地型面积及分布如图2-35、图2-36。

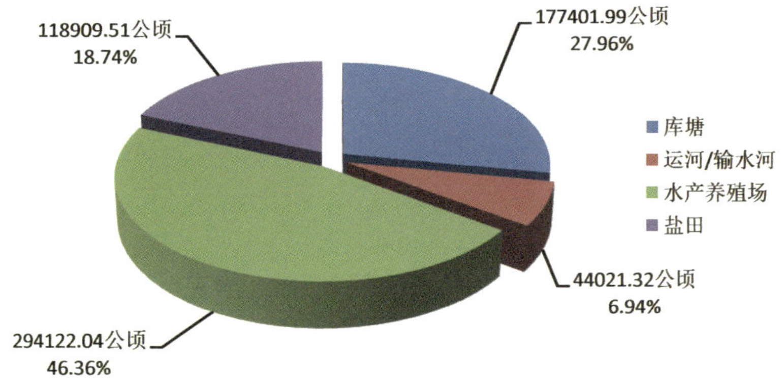

图**2-35** 山东省人工湿地各湿地型面积比例构成图

6.2 各流域的人工湿地湿地型及面积

山东省人工湿地分布于胶东诸河、小清河、沂沭河区、湖东区、湖西区、中运河区、日赣区、花园口以下干流区间、大汶河、徒骇马颊河、滨海湿地11个三级流域，分别属于山东半岛沿海诸河、沂沭泗河、花园口以下、徒骇马颊河4个二级流域，隶属于淮河区、黄河区和海河区

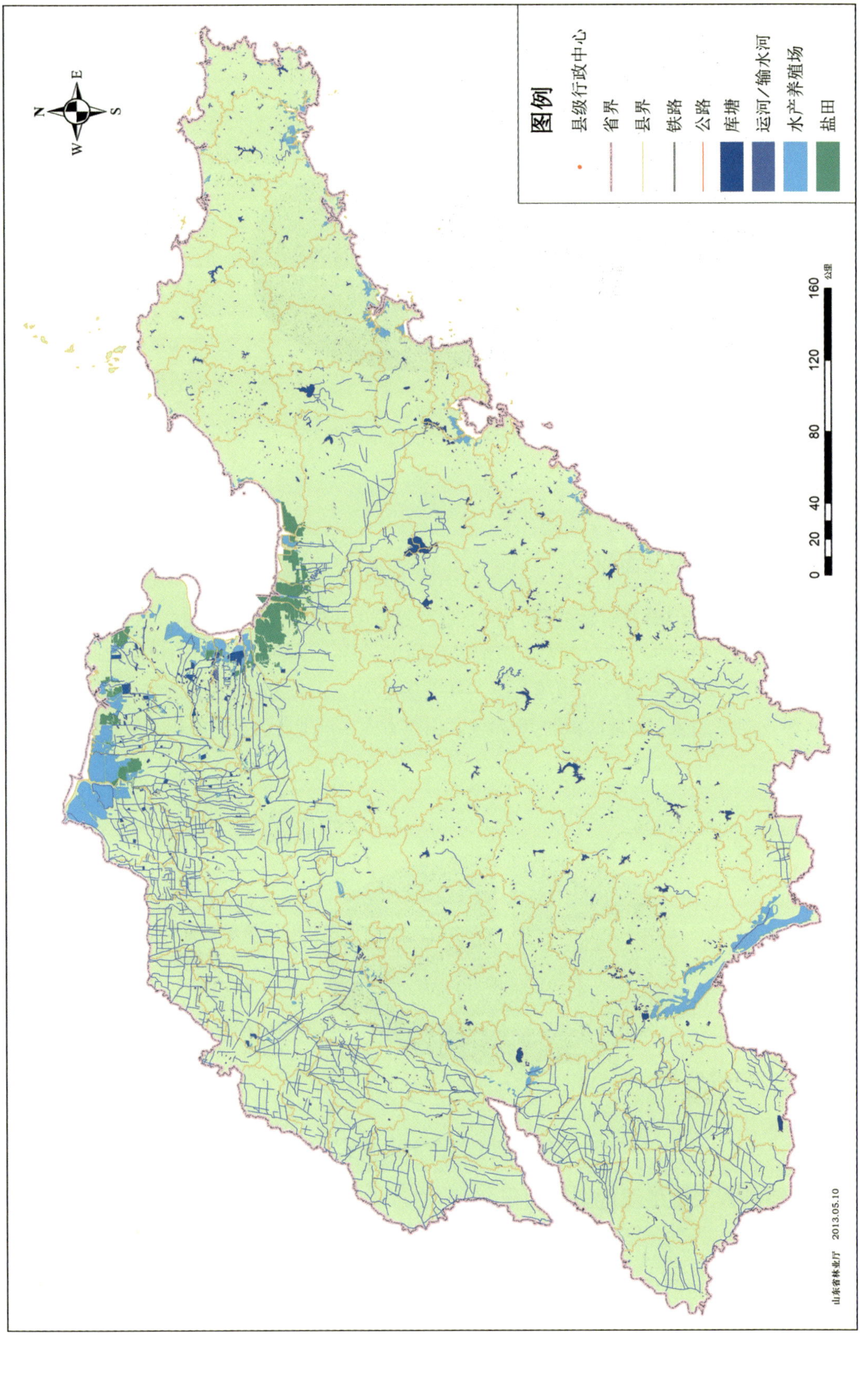

图 2-36 山东省人工湿地资源分布图

3 个一级流域。山东省人工湿地各湿地型在各流域的面积及分布情况见表 2-37 和图 2-37。

表 2-37　山东省各流域人工湿地分布情况

一级流域	二级流域	三级流域	库塘（公顷）	运河/输水河（公顷）	水产养殖场（公顷）	盐田（公顷）	合　计（公顷）	比　例（%）
淮河区	山东半岛沿海诸河	胶东诸河	61397. 40	3692. 19	61476. 11	47410. 87	173976. 57	27. 42
		小清河	22554. 36	4091. 56	38687. 77	45703. 60	111037. 29	17. 50
	沂沭泗河	沂沭河区	25634. 45	710. 16	176. 85	0	26521. 46	4. 18
		湖东区	13064. 86	686. 31	3632. 38	0	17383. 55	2. 74
		湖西区	8522. 62	11568. 28	66992. 58	0	87083. 48	13. 73
		中运河区	3783. 43	1567. 13	160. 18	0	5510. 74	0. 87
		日赣区	4355. 82	27. 57	3053. 98	0	7437. 37	1. 17
黄河区	花园口以下	花园口以下干流区间	3077. 79	1003. 53	3617. 18	1267. 11	8965. 61	1. 41
		大汶河	11564. 71	326. 99	4283. 12	0	16174. 82	2. 55
海河区	徒骇马颊河	徒骇马颊河	23446. 55	20347. 60	88962. 95	24527. 93	157285. 03	24. 79
滨海湿地	滨海湿地	滨海湿地	0	0	23078. 94	0	23078. 94	3. 64
总　计			177401. 99	44021. 32	294122. 04	118909. 51	634454. 86	100

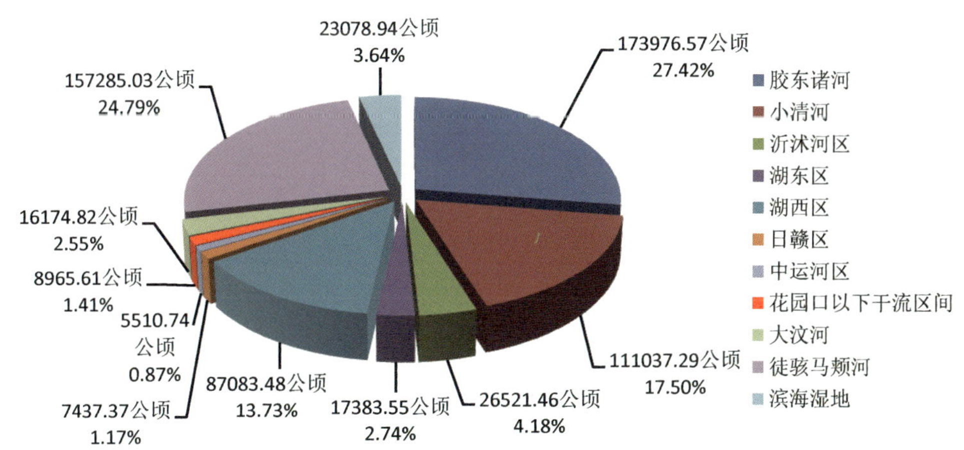

图 2-37　山东省人工湿地在各三级流域分布情况

6. 3　湿地区的人工湿地湿地型及面积

山东省人工湿地分布于 140 个湿地区，其中包括滨海湿地区、大沽夹河湿地区、胶州湾湿地区、南四湖湿地区、峡山湖湿地区、黄河湿地区、黄河三角洲湿地区 7 个单独区划湿地区和 133 个零星湿地区。人工湿地各湿地型在各湿地区的分布面积见表 2-38。

表 2-38 山东省各湿地区人工湿地分布情况(公顷)

湿地区类别	湿地区	库 塘	运河/输水河	水产养殖场	盐 田	合 计
单独区划湿地区	滨海湿地区	49.81	0	2218.23	2333.70	4601.74
	大沽夹河湿地区	34.88	0	0	0	34.88
	胶州湾湿地区	9.93	0	7525.91	0	7535.84
	南四湖湿地区	2373.14	1298.38	67913.48	0	71585.00
	峡山湖湿地区	10295.33	0	0	0	10295.33
	黄河湿地区	2465.97	105.98	554.99	0	3126.94
	黄河三角洲湿地区	1299.40	1174.59	11329.17	2130.78	15933.94
零星湿地区	历下区零星湿地区	52.63	11.20	0	0	63.83
	槐荫区零星湿地区	0	0	893.51	0	893.51
	天桥区零星湿地区	501.84	28.23	933.85	0	1463.92
	历城区零星湿地区	954.32	18.10	338.41	0	1310.83
	长清区零星湿地区	357.81	77.36	0	0	435.17
	章丘市零星湿地区	744.69	101.77	1745.41	0	2591.87
	平阴县零星湿地区	25.72	12.63	0	0	38.35
	济阳县零星湿地区	364.71	824.59	0	0	1189.30
	商河县零星湿地区	214.01	399.13	36.52	0	649.66
	黄岛区零星湿地区	270.18	0	31.86	0	302.04
	崂山区零星湿地区	78.27	0	277.52	0	355.79
	城阳区零星湿地区	2836.93	0	390.17	0	3227.10
	胶州市零星湿地区	2746.73	30.38	0	0	2777.11
	即墨市零星湿地区	2082.62	204.55	6738.23	0	9025.40
	平度市零星湿地区	2583.95	539.06	9.05	182.68	3314.74
	胶南市零星湿地区	2321.21	0	3144.94	0	5466.15
	莱西市零星湿地区	4546.57	166.19	172.76	0	4885.52
	淄川区零星湿地区	1423.75	0	0	0	1423.75
	张店区零星湿地区	54.98	17.98	0	0	72.96
	博山区零星湿地区	220.39	0	0	0	220.39
	临淄区零星湿地区	72.51	0	0	0	72.51
	周村区零星湿地区	408.03	0	10.05	0	418.08
	桓台县零星湿地区	216.70	80.74	0	0	297.44
	高青县零星湿地区	733.85	582.50	493.67	0	1810.02
	沂源县零星湿地区	1704.10	0	0	0	1704.10
	枣庄市中区零星湿地区	360.42	0	0	0	360.42
	薛城区零星湿地区	89.32	0	0	0	89.32
	峄城区零星湿地区	429.18	637.70	0	0	1066.88
	台儿庄零星湿地区	32.69	832.49	0	0	865.18

（续）

湿地区类别	湿地区	库 塘	运河/输水河	水产养殖场	盐 田	合 计
零星湿地区	山亭区零星湿地区	2050.89	57.00	0	0	2107.89
	滕州市零星湿地区	1761.37	0	0	0	1761.37
	东营区零星湿地区	8580.41	941.68	11228.39	1869.36	22619.84
	河口区零星湿地区	8158.16	1144.78	25594.01	14264.16	49161.11
	垦利县零星湿地区	5919.65	594.75	8846.72	1754.36	17115.48
	利津县零星湿地区	1005.93	514.65	2126.19	0	3646.77
	广饶县零星湿地区	458.24	457.55	4734.62	1683.49	7333.90
	芝罘区零星湿地区	56.81	0	50.78	0	107.59
	福山区零星湿地区	1938.35	0	12.72	0	1951.07
	牟平区零星湿地区	1323.41	10.03	2303.30	0	3636.74
	莱山区零星湿地区	62.91	0	90.12	0	153.03
	龙口市零星湿地区	1332.97	8.04	350.33	38.41	1729.75
	莱阳市零星湿地区	569.65	1.60	2780.44	0	3351.69
	莱州市零星湿地区	1354.80	0	2972.94	8929.89	13257.63
	蓬莱市零星湿地区	824.04	0	100.52	0	924.56
	招远市零星湿地区	2181.55	0	0	0	2181.55
	栖霞市零星湿地区	1193.66	0	0	0	1193.66
	海阳市零星湿地区	863.46	0	6882.32	0	7745.78
	潍城区零星湿地区	829.32	0	0	0	829.32
	寒亭区零星湿地区	0	768.24	991.72	17724.94	19484.9
	坊子区零星湿地区	335.88	181.62	0	0	517.5
	临朐县零星湿地区	2102.35	41.61	12.34	0	2156.3
	昌乐县零星湿地区	907.66	18.50	0	0	926.16
	青州市零星湿地区	373.27	8.16	0	0	381.43
	诸城市零星湿地区	2533.80	117.97	0	0	2651.77
	寿光市零星湿地区	586.23	325.34	968.16	44131.51	46011.24
	安丘市零星湿地区	2963.24	312.92	0	0	3276.16
	高密市零星湿地区	941.47	248.34	0	0	1189.81
	昌邑市零星湿地区	416.85	680.37	3939.89	14466.13	19503.24
	济宁市中区零星湿地区	0	14.62	0	0	14.62
	任城区零星湿地区	1130.49	310.84	65.24	0	1506.57
	微山县零星湿地区	39.94	54.83	0	0	94.77
	鱼台县零星湿地区	751.97	133.84	0	0	885.81
	金乡县零星湿地区	421.54	589.87	0	0	1011.41
	嘉祥县零星湿地区	265.56	562.94	15.99	0	844.49
	汶上县零星湿地区	255.21	190.36	0	0	445.57
	泗水县零星湿地区	2025.38	41.39	17.41	0	2084.18

（续）

湿地区类别	湿地区	库　塘	运河/输水河	水产养殖场	盐　田	合　计
零星湿地区	梁山县零星湿地区	478.05	626.26	433.88	0	1538.19
	曲阜市零星湿地区	620.71	82.46	248.41	0	951.58
	兖州市零星湿地区	1179.28	15.99	0	0	1195.27
	邹城市零星湿地区	2773.25	45.19	164.17	0	2982.61
	泰山区零星湿地区	82.08	0	0	0	82.08
	岱岳区零星湿地区	2395.57	12.49	0	0	2408.06
	宁阳县零星湿地区	730.48	75.18	0	0	805.66
	东平县零星湿地区	1943.40	207.50	5713.20	0	7864.10
	新泰市零星湿地区	2175.83	10.46	0	0	2186.29
	肥城市零星湿地区	1236.49	0	0	0	1236.49
	环翠区零星湿地区	341.21	0	600.29	0	941.50
	文登市零星湿地区	3000.20	70.92	9487.44	0	12558.56
	荣成市零星湿地区	3275.65	0	5682.62	0	8958.27
	乳山市零星湿地区	1009.56	0	4582.98	0	5592.54
	东港区零星湿地区	2456.96	0	3457.89	0	5914.85
	岚山区零星湿地区	469.53	0	454.92	0	924.45
	五莲县零星湿地区	2805.80	0	0	0	2805.80
	莒县零星湿地区	4011.84	13.70	14.29	0	4039.83
	莱城区零星湿地区	2412.65	43.89	0	0	2456.54
	钢城区零星湿地区	269.75	13.52	0	0	283.27
	兰山区零星湿地区	386.01	64.04	22.16	0	472.21
	罗庄区零星湿地区	190.12	20.38	0	0	210.50
	河东区零星湿地区	267.66	147.21	0	0	414.87
	沂南县零星湿地区	675.11	7.74	0	0	682.85
	郯城县零星湿地区	169.46	65.50	300.58	0	535.54
	沂水县零星湿地区	4102.88	69.58	0	0	4172.46
	苍山县零星湿地区	2555.77	76.69	0	0	2632.46
	费县零星湿地区	3750.63	123.71	0	0	3874.34
	平邑县零星湿地区	2515.56	12.16	0	0	2527.72
	莒南县零星湿地区	2839.60	27.57	17.36	0	2884.53
	蒙阴县零星湿地区	5966.60	0	0	0	5966.60
	临沭县零星湿地区	674.42	199.63	0	0	874.05
	德城区零星湿地区	275.41	180.12	0	0	455.53
	陵县零星湿地区	1305.47	681.62	368.49	0	2355.58
	宁津县零星湿地区	179.56	612.87	0	0	792.43
	庆云县零星湿地区	406.07	445.45	27.28	0	878.80
	临邑县零星湿地区	169.43	862.18	0	0	1031.61

（续）

湿地区类别	湿地区	库　塘	运河/输水河	水产养殖场	盐　田	合　计
零星湿地区	齐河县零星湿地区	230.08	617.97	1656.15	0	2504.20
	平原县零星湿地区	264.77	673.74	643.19	0	1581.70
	夏津县零星湿地区	232.83	537.81	0	0	770.64
	武城县零星湿地区	70.87	235.88	0	0	306.75
	乐陵市零星湿地区	245.74	1243.08	0	0	1488.82
	禹城市零星湿地区	784.72	638.51	855.40	0	2278.63
	东昌府区零星湿地区	709.18	759.57	0	0	1468.75
	阳谷县零星湿地区	499.85	416.42	0	0	916.27
	莘县零星湿地区	16.41	567.44	0	0	583.85
	茌平县零星湿地区	952.18	334.67	145.38	0	1432.23
	东阿县零星湿地区	468.19	539.64	0	0	1007.83
	冠县零星湿地区	44.36	617.88	0	0	662.24
	高唐县零星湿地区	265.18	693.28	84.29	0	1042.75
	临清市零星湿地区	56.34	1031.11	0	0	1087.45
	滨城区零星湿地区	1527.61	872.47	482.14	0	2882.22
	惠民县零星湿地区	537.32	578.10	0	0	1115.42
	阳信县零星湿地区	334.86	792.49	0	0	1127.35
	无棣县零星湿地区	2025.74	2257.91	50015.94	217.99	54517.58
	沾化县零星湿地区	1647.76	1012.55	28457.43	9182.11	40299.85
	博兴县零星湿地区	1084.74	861.72	1132.16	0	3078.62
	邹平县零星湿地区	715.10	324.82	0	0	1039.92
	牡丹区零星湿地区	516.40	507.75	99.21	0	1123.36
	曹县零星湿地区	852.62	1787.89	72.69	0	2713.20
	单县零星湿地区	2205.02	388.37	0	0	2593.39
	成武县零星湿地区	338.53	1565.92	0	0	1904.45
	巨野县零星湿地区	417.49	1270.99	0	0	1688.48
	郓城县零星湿地区	155.21	869.98	0	0	1025.19
	鄄城县零星湿地区	170.11	378.09	0	0	548.20
	定陶县零星湿地区	203.97	488.97	0	0	692.94
	东明县零星湿地区	257.77	866.90	60.22	0	1184.89
总　计		177401.99	44021.32	294122.04	118909.51	634454.86

6.4 各行政区的人工湿地湿地型及面积

山东省人工湿地分布全省 17 市，其中东营市人工湿地面积最大，占全省人工湿地面积的 18.41%；其次为潍坊市，占全省湿地面积的 17.31%。各市人工湿地各湿地型的面积及分布情况见表 2-39 与图 2-38。

表 2-39 山东省各市人工湿地分布情况

市	库塘（公顷）	运河/输水河（公顷）	水产养殖场（公顷）	盐田（公顷）	合 计（公顷）	比例(%)
济南市	4669.77	1616.4	4502.69	0	10788.86	1.70
青岛市	17485.41	940.18	18490.84	182.68	37099.11	5.85
淄博市	4834.31	681.22	503.72	0	6019.25	0.95
枣庄市	4960.82	1527.19	403.75	0	6891.76	1.09
东营市	26283.12	4828.00	63996.99	21702.15	116810.26	18.41
烟台市	11777.28	19.67	16340.98	8968.30	37106.23	5.85
潍坊市	22550.34	2703.07	5912.11	78656.28	109821.80	17.31
济宁市	12077.57	3966.97	68454.83	0	84499.37	13.32
泰安市	8563.85	305.63	5713.20	0	14582.68	2.30
威海市	7626.62	70.92	21435.76	0	29133.30	4.59
日照市	9744.13	13.70	3927.10	0	13684.93	2.16
莱芜市	2682.40	57.41	0	0	2739.81	0.43
临沂市	23828.88	814.21	340.10	0	24983.19	3.94
德州市	4190.95	6729.23	3550.51	0	14470.69	2.28
聊城市	3011.69	4960.01	229.67	0	8201.37	1.29
滨州市	7980.67	6662.65	80087.67	9400.10	104131.09	16.41
菏泽市	5134.18	8124.86	232.12	0	13491.16	2.13
总 计	177401.99	44021.32	294122.04	118909.51	634454.86	100

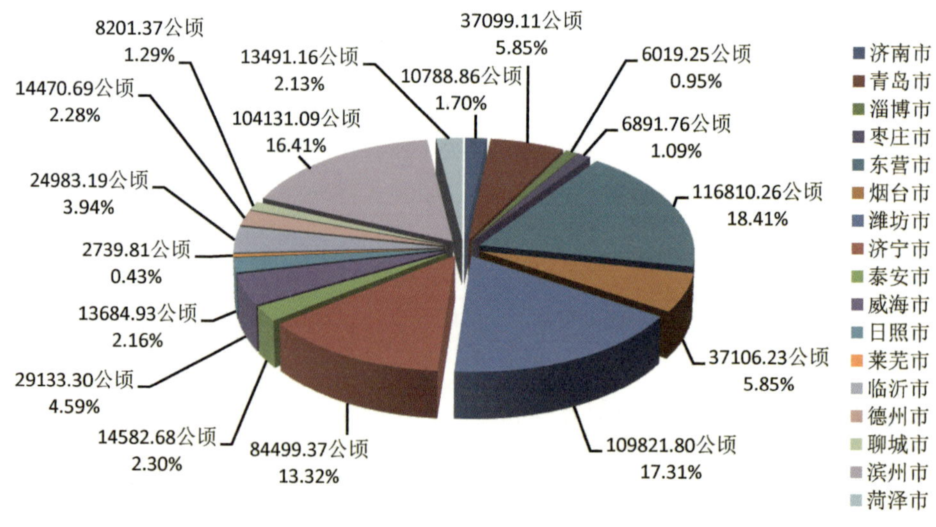

图 2-38 山东省各市人工湿地面积比例

第二节
湿地的分布规律

山东省湿地主要分布在黄河三角洲、莱州湾、胶东半岛和鲁西南湖区，在自然湿地中，近海与海岸湿地面积比例最大，其次为河流湿地、湖泊湿地与沼泽湿地面积占有一定比例，人工湿地面积比例较高。黄河三角洲湿地在全国占有独特而重要的地位。目前山东省湿地面积处于动态变化中，湿地资源的总体分布特点是：湿地资源丰富，类型齐全；湿地资源分布不平衡，近海和海岸、鲁西南湖区湿地所占比例较高；天然湿地减少，人工湿地显著增加。黄河三角洲、庙岛群岛、南四湖、胶州湾湿地具有国际或国家级重要意义。

1　湿地分布基本情况

1.1　近海与海岸湿地面积广阔，人工湿地所占比例较高

按照海陆位置，山东省湿地可分为内陆湿地、近海与海岸湿地两大类，内陆湿地占 58.07%，近海与海岸湿地占 41.93%，体现了海洋大省的特点。从湿地人工干预的角度分析，山东省湿地可分为自然湿地和人工湿地两大类，其中人工湿地主要分布在内陆，占湿地总面积 36.51%，自然湿地占湿地总面积 63.49%，其中内陆自然湿地占湿地总面积的 21.56%，近海与海岸自然湿地占总面积的 41.93%。在自然湿地中，内陆湿地占 33.95%，近海和海岸湿地占 66.05%，多数天然湿地都经过了人工改造，利用方向主要是水产养殖场和盐场。

1.2　具有良好功能的沼泽湿地比例偏低

从湿地型考察，山东省湿地中占比例最大的为浅海水域湿地，占 30.98%，体现了沿海的特点。其次是水产养殖场、永久性河流、库塘，体现了人类开发强度较大、时间长的特点。沼泽湿地仅占 3.11%，其中草本沼泽占 2.81%，灌木沼泽占 0.30%。

1.3　湿地空间分布存在地区差异

从山东省湿地总面积和占山东土地面积的比例来看，可将山东省 17 个市分为五个等级，第一等级东营市，其湿地总面积及占山东土地面积的比例都是最大的，第二等级包括烟台、潍坊和滨州市，第三等级为济宁、青岛和威海市，第四等级为菏泽、临沂和泰安市，第五等级包括日照、济南、德州、枣庄、聊城、淄博和莱芜市(图 2-39)。

1.4　湿地类型分布具有地域相关性

近海与海岸湿地分布在东营、烟台、威海、潍坊、青岛、滨州和日照 7 个沿海市。河流湿地在菏泽分布面积最大，湖泊湿地主要分布在济宁和泰安市，沼泽湿地在东营市分布面积最大，其次为潍坊市，人工湿地分布面积最大的为东营、潍坊和滨州市。

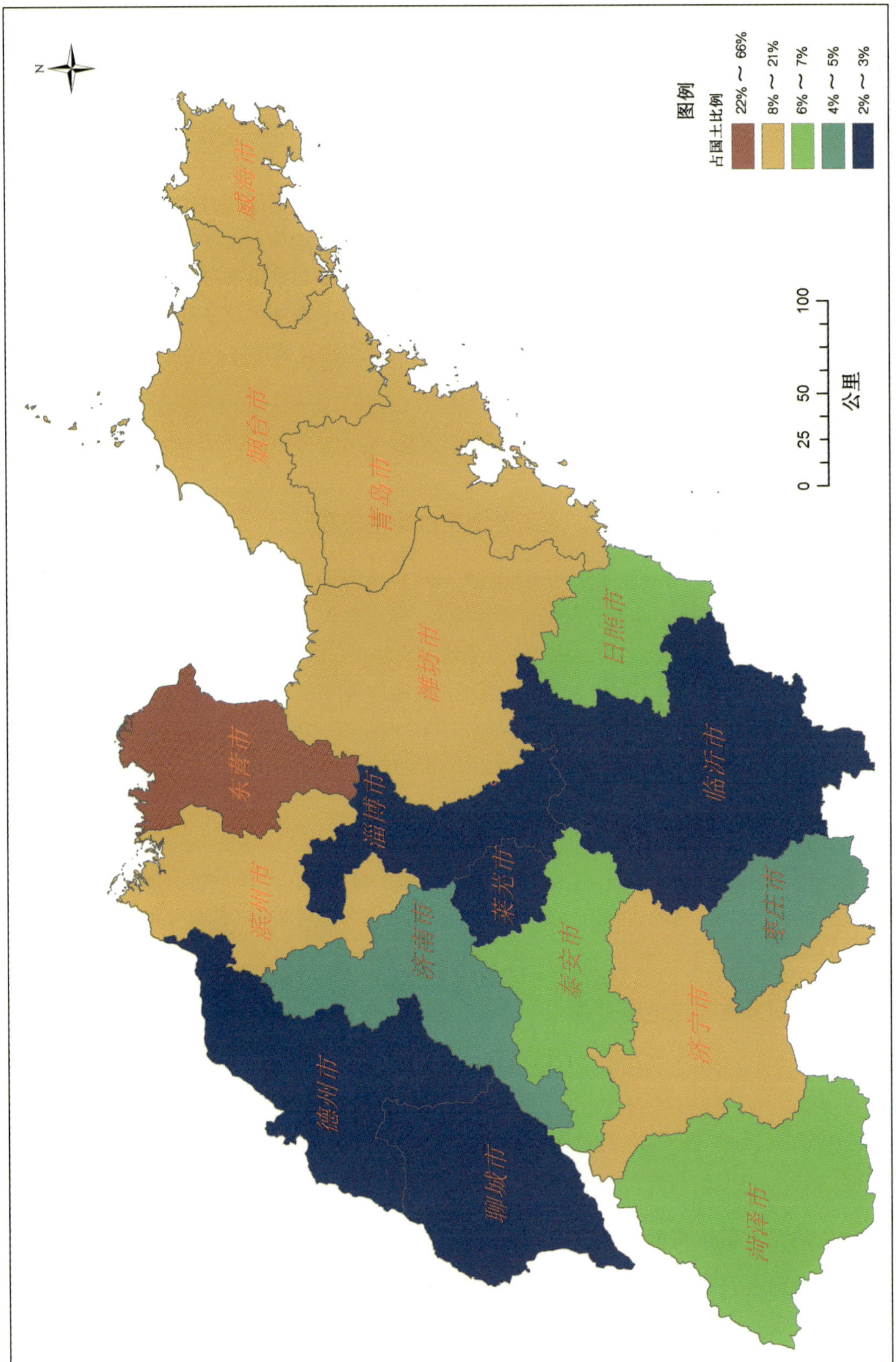

图 2-39 山东省各市湿地面积占山东土地面积比例

1.5 具有典型、独特和重要功能的湿地

黄河三角洲是重要的河口滨海湿地。位于黄河入海口，是国务院批复的《黄河三角洲高效生态经济区发展规划》中的主体功能区的禁止开发区，该区域生态类型独特，湿地资源和生物多样性丰富，是中国暖温带保存最完整、最广阔、最年轻的湿地生态系统，是研究河口新生湿地生态系统形成、演替规律的重要基地，是东北亚内陆和环西太平洋鸟类迁徙的"中转站"、越冬地和繁殖地，兼有调节气候、蓄洪防旱等重要生态功能。

南四湖是重要的湖泊湿地。南四湖是中国十大淡水湖之一，由微山湖、南阳湖、独山湖和昭阳湖组成，位于淮河流域北部，承接江苏、山东、河南、安徽四省的来水，流域面积3.17万平方公里，是我国重要的棉粮生产基地和能源基地之一，也是山东省最大的淡水渔业基地。同时，南四湖对保障南水北调水质具有重要作用。

济南名泉源头湿地具有重要地位。济南素有"泉城"美誉，拥有"天下第一泉"的趵突泉，同时，全市还遍布着700多处天然泉涌，构成济南市"家家泉水，户户杨柳"的独特泉水景观。济南南部山区为泰山余脉，自南而北有中山、低山、丘陵，至市区变为山前倾斜平原和黄河冲积平原的交接带，高差达500多米，这种南高北低的地势，利于地表水和地下水向城区汇集，这一区域湿地对于济南市名泉的保护具有重大意义。

2 不同类型湿地分布与成因

2.1 近海与海岸湿地

山东省东濒黄、渤海，海岸线绵长曲折，滩涂和浅海湿地面积辽阔。海岸线北起鲁冀交界处的漳卫新河河口，南至苏鲁交界处的绣针河河口，海岸线全长3121公里，占全国海岸线的1/6，居全国第二位。沿海滩涂总面积为3300平方公里，0~6米水深浅海水域总面积为53.82万公顷。

山东沿海海岸地貌比较复杂，在地质构造上基本属两大部分。胶莱河以西为沂沭断裂带和济阳坳陷地区，新生代以来以显著沉降为主，形成早期的河湖相沉积及晚期的黄河三角洲沉积；胶莱河以东为新华夏系第二隆起代中的胶北隆起、胶莱凹陷与胶南隆起地区，由古老的变质岩构成基底，中生代岩浆岩多期侵入，广泛分布，并经历了长期隆起剥蚀，北向东、北北向、北北东向与近东西向断裂构造控制着本区的海岸轮廓。

海岸地质基础的差异，决定了海岸迥然不同的地貌景观和海岸类型。胶莱河以西为黄河三角洲平原与泰(山)鲁(山)沂(山)山地北麓冲击—海积平原，海拔多在10米以下，是我国主要粉砂淤泥质海岸区，以泥质潮滩广泛发育为其主要海岸特色。1855年以来形成的近代黄河三角洲，已淤积成陆达2540平方公里，每年平均造陆21.26平方公里，为我国及世界上淤积速度最快的三角洲海岸。

沂沭断裂带以东的鲁东丘陵地区，以广泛发育的低山丘陵及剥蚀平原为主要地貌特征。崂山、昆嵛山山地大部分在海拔700米以下。海拔500~200米侵蚀剥蚀丘陵与海拔70米以下的剥蚀平原，在沿海地带大面积分布。在此基础上形成了我国北方的基岩港湾海岸和沙坝—泻湖海岸。沿海岸线分布有众多的天然港湾、泻湖和岛屿。除省内最大的海湾莱州湾及埕口泻湖处于黄

河三角洲和潍北平原沿海外，其余均处于鲁东丘陵沿海。自北向南主要有龙口湾、芝罘湾、威海湾、荣成湾、桑沟湾、石岛湾、张家埠湾、五垒岛湾、乳山湾、丁字湾、崂山湾、胶州湾、灵山湾、崔家潞湾、琅琊湾等 20 多处。

山东沿海有众多岛屿，面积大于 500 平方米的计 299 个，总面积 147 平方公里，岸线长 670 公里。沙岛主要分布于黄河三角洲沿岸的潮滩地带，变化比较大，大部分是由贝壳堤、贝壳砂堤经侵蚀改造而成，其次为古代黄河三角洲被海蚀破坏后的残留体。岩岛主要分布在莱州湾以东的近岸海域，主要岛屿有庙岛群岛、桑岛、崆峒岛、养马岛、刘公岛、田横岛、灵山岛等。

根据自然地理条件的差异和地域的完整性规则，山东海岸带可划分为 5 个自然岸段。

(1)黄河三角洲泥质海岸段西起漳卫新河河口，东至小清河河口。其中，套尔河河口湾以东为 1855 年以来形成的近代黄河三角洲海岸，是举世闻名的淤积成陆速度最快、岸线冲淤变化最显著的岸段。海岸线淤进 52.56 公里，年均淤进 0.45 公里，形成大面积的浅海滩涂湿地。套尔河以西，则分布着宽达 10 公里以上的潮上滩地。

(2)潍北平原泥质海岸段西起小清河河口，东至莱州虎头崖。地势平坦，岸线平直，潮滩广布，平均宽 7 公里左右，组成物质以粗粉砂及粉砂质细砂为主，为黄河入海泥沙影响较微弱的岸段。海岸基本稳定，呈弱增长趋势，与黄河三角洲的泥质海岸段有明显差异。本岸带是我国沿海地下卤水资源最丰富的地区，潮滩贝类资源亦较丰富。

(3)莱州、龙口、蓬莱沙质海岸段西起莱州虎头崖，东至蓬莱城，主要为山前冲积－洪积平原的海岸带，总的以基本平直的沙质海岸为特色，沿岸沙质潮滩发育，海湾宽浅。

(4)山东半岛东部、南部基岩港湾海岸段北起蓬莱城，南至胶南与日照交界处的吉利白马河口，海上包括庙岛群岛在内。沿海大部分为低缓的波状起伏的丘陵及剥蚀平原，青岛沿海为崂山山地。海岸带以基岩港湾海岸为基本特色，岸线曲折，港湾众多，海上岛屿棋布，海蚀、海积地貌均极发育。海底地形较复杂，近岸海底浅滩与冲刷沟槽错综分布。本区海洋生物资源种类繁多，除产海参、盘鲍、扇贝等珍贵海产品外，藻类和贝类资源也较多。

(5)日照沙质海岸段北起吉利白马河河口，南至绣针河河口。沿海以平缓剥蚀平原及小型河口冲积平原为主体，岸线基本平直，以沿岸沙堤发育及滨岸泻湖带绵长的沙质海岸为特色。近岸水下沙质浅滩较窄，浅海海底为水下冲蚀平原。

2.2　河流湿地

山东的河流分属黄河、海河、淮河三大流域或独流入海。全省平均河网密度为 0.24 公里/平方公里，长度在 5 公里以上的有 5000 多条，其中长度在 10 公里以上的有 1552 条。山东河流绝大多数属雨源型，河流径流量年际变化较大，丰枯年相差可达 10 倍左右，多年平均径流总量为 275.4 亿立方米。由于降水集中，年内流量分配也很不均匀，70% ~80% 集中在汛期 7、8、9 月，从 10 月到翌年 5 月，仅占 20% ~30%，不少河流有断流现象。

山东的降水和地形条件，决定了水系的发育。鲁中南山地丘陵区地势中间高，边缘低，沂河、沭河、大汶河、泗河、淄河等主要河流源于中部山区，呈辐射状由中心向四周分流；艾山、牙山、昆嵛山等横贯胶东半岛中部偏北，河流多由此发源，向南北分流，除大沽河、五龙河干流较长外，大多是流程短促、独流入海的边缘水系，具有河床比较大、源短流急、暴涨暴落、洪枯悬殊的特点，属山地性河流。鲁西、北平原上的河流，多随地势自西向东流，成平行水系，河道平直，河谷宽浅，属坡水性河流。鲁北河流大都平行独流入海，鲁西南的河流都注入运河湖带，属淮河水系。

黄河由鲁西南东明入境，向东北斜贯鲁北平原，由垦利注入渤海。省内河道长571公里。其他主要河流有京杭运河、徒骇河、马颊河、沂河、沭河、潍河、小清河、大汶河、大沽河、万福河、泗水河、胶莱河、洙赵新河、东五龙河、大沽夹河等。

2.3 湖泊湿地

山东的湖泊主要分布在鲁中南山丘区与鲁西平原的接触带上，呈西北东南向的带状湖群，称为鲁西湖带。济宁以南为“南四湖”，济宁以北称“北五湖”。京杭运河由北向南从湖群中穿过。另外，还有大芦湖、白云湖、马踏湖等湖泊分布。

(1)南四湖。自北而南由南阳湖、独山湖、昭阳湖、微山湖组成，为我国十大淡水湖泊之一。湖身狭长，南北长126公里，东西宽窄不一，南部微山湖最宽处22.5公里，中部昭阳湖最窄处仅3公里。在一般水位时，总面积为1260平方公里。入湖河流有47条，汇水面积3万~17万平方公里，总蓄水量17.02亿立方米。湖泊水量、水位变化较大，水量丰、枯水量可相差20倍。大部湖区一般水深0.5~1米。湖底平坦，底质淤泥，属浅水沼泽性湖泊。

(2)北五湖。自南而北有马场湖、蜀山湖、南旺湖、麻大湖、东平湖，除东平湖常年有水外，其余各湖均成为夏季积水的洼地，属河迹洼地湖。东平湖为古梁山水泊遗存的淡水沼泽性湖泊，湿地水域面积310平方公里，平均水深1.0米，最大湖容量40亿立方米，北经陈山口水闸与黄河相通。

2.4 沼泽湿地

山东沼泽湿地面积较小，大多分布在鲁北平原海岸带区和鲁西湖区地势低洼、排水不畅或季节性积水的地区，呈镶嵌状和零星分布，其上生长着一年或多年生草本植物。

2.5 人工湿地

新中国成立以来，山东修建了32座大型、135座中型和5000余座小型水库，总库容量150余亿立方米，汇水控制面积2.8万余平方公里，占全省山丘区总面积的48%。≥100公顷水库湿地总面积102662公顷。这些水库可削减下游河道干流洪峰流量20%~50%，灌溉农田80余万公顷。

第三章
湿地生物资源

第一节
湿地植物和植被

山东省地处暖温带，南北植物交汇，湿地生态系统中野生植物的物种多样性较为丰富，许多珍稀濒危保护植物得以栖身其中。由于水体环境的稳定性较陆地高，大部分湿地物种属于广布种，水生植物的地域特征不够明显，湿生中生植物的种类组成特征也不突出。野生种在湿地植物中占大部分，是湿地植物中宝贵的种质资源，珍稀濒危保护植物如野大豆、蜈蚣兰、紫花补血草、珊瑚菜等，均属于国家级保护植物。全缘贯众、紫萁、山东银莲花、滨海前胡、单叶蔓荆、海边香豌豆、二苞黄精、芡、水蕨、鹿蹄草由于分布范围小，数量少，或破坏严重，是山东省重点保护植物。

由于该区域经济发达，近年来湿地景观建设开展得非常火热，引种栽培的植物有较大增加，其中甚至包括一些不适宜湿地环境生活的中生、旱生植物，如白皮松、杂交杨等。由于人为影响严重，与过去的湿地调查资料相比较，山东湿地植物所含物种成分表现出明显的变化，湿地野生植物种类中生类型增加，较多的栽培种和引入种混入湿地环境，外来入侵物种在湿地中也有发现。

第二次全国湿地资源调查结果表明，山东省湿地植被可以划分为 5 个植被型组、12 个植被型、402 个主要的群系。其中草丛湿地植被型组所含群系数 269 个，占总群系数的 70.05%；阔叶林湿地植被型组有 45 个群系，占 11.72%；浅水植物湿地植被型组，含 33 个群系，占 8.59%；灌丛湿地植被型组为 31 个群系，占 8.07%；针叶林湿地植被型组只含 6 个群系，仅占 1.56%。优势植物群系以分布于草本沼泽的禾草型湿地植被型和莎草型湿地植被面积最大，主要以芦苇、香蒲、葎草、白茅、狗尾草、稗属植物分布面积最大；杂交杨是木本植物的优势群系，其次是柳树，生于盐沼中的柽柳属植物是灌丛的优势群系。水生生物以金鱼藻、黑藻、菹草为优势群系。

1 湿地植物

本次调查共记录湿地植物115科390属687种，其中苔藓植物4科4属5种，蕨类植物4科4属5种，裸子植物4科10属17种，被子植物103科372属660种。

1.1 湿地植物种类组成

1.1.1 科属分析

1.1.1.1 科统计分析

第二次湿地资源调查共发现115科，其中被子植物103科，裸子植物、蕨类植物、苔藓植物各4科。科的统计结果见表3-1。据表3-1分析，山东湿地植物两个科的优势比较明显，就是禾本科和菊科，两个科含有175个物种，占第二次湿地调查发现物种的25.47%。含有30个种以上的科有4个，依次为：禾本科90种，菊科85种，莎草科47种，蝶形花科34种。这4个科共包含了131属256种，分别占总属数和总种数的33.59%和37.26%。含10~30种的科有9个，包含67属141种，分别占总科数的7.83%，总属数的17.18%和总种数的20.52%。

含10种以下1种以上的科有69科，共257种，隶属159个属，分别占总科数的60.00%，总属数的40.77%和总种数的37.41%。单种的科计33个，占总科数的28.70%，占总属数的8.46%和总种数的4.80%。

禾本科等含30种以上的4科所含物种的优势程度虽然相对其他科显著，但是只包含了总属数和总种数的33.59%和37.41%。含10个种以上的13个科，也只分别占到总属数的50.77%和总种数的57.79%，物种的优势程度并不明显。而仅有1~2种的小科却达62个，占科总数的53.91%。由此可见，山东湿地植物科的多样性比较丰富，仅有少数种的小科众多，优势科中物种的优势程度在整体水平上并不明显。

含10属以上的科只有7科(表3-3)，包含了168属314种，占总属数的43.08%，总种数的45.71%，优势程度在整体水平上也不明显。

因而，山东湿地植物中禾本科、菊科、莎草科、蝶形花科4个科中属的丰富度相对较高，在多数湿地中均有分布，在湿地植物中占有重要地位。考虑到属的分布特征(表3-2、表3-3)和生境因素，蓼科和眼子菜科也占有优势。

表3-1 山东省第二次湿地资源调查植物科统计结果

科 数	科	科内种数
1	禾本科	90
1	菊科	85
1	莎草科	47
1	蝶形花科	34
1	蓼科	25
1	蔷薇科	24
1	十字花科	18
1	唇形科	16

（续）

科 数	科	科内种数
1	苋科	14
1	藜科	13
1	杨柳科	11
2	百合科、伞形科	10
1	大戟科	9
4	毛茛科、茄科、玄参科、眼子菜科	8
4	马鞭草科、松科、旋花科、泽泻科	7
5	柏科、锦葵科、柳叶菜科、木犀科、石竹科	6
8	葫芦科、萝藦科、葡萄科、水鳖科、睡莲科、香蒲科、菱科、紫草科	5
6	车前科、堇菜科、茜草科、桑科、雨久花科、云实科	4
12	酢浆草科、虎耳草科、黄杨科、景天科、桔梗科、壳斗科、忍冬科、杉科、卫矛科、悬铃木科、罂粟科、榆科	3
29	白花丹科、茨藻科、大麻科、灯芯草科、防己科、浮萍科、含羞草科、胡桃科、蒺藜科、夹竹桃科、金鱼藻科、狸藻科、楝科、牻牛儿苗科、木兰科、木贼科、槭树科、漆树科、千屈菜科、钱苔科、柿树科、鼠李科、天南星科、小檗科、小二仙草科、鸭跖草科、鸢尾科、紫葳科、睡菜科	2
33	败酱科、柽柳科、丛藓科、大叶藻科、地钱科、杜鹃花科、椴树科、黑三棱科、胡颓子科、花蔺科、桦木科、槐叶苹科、角果藻科、苦木科、柳叶藓科、马齿苋科、满江红科、美人蕉科、苹科、七叶树科、荨麻科、三白草科、商陆科、芍药科、石榴科、薯蓣科、无患子科、梧桐科、五加科、银杏科、芸香科、竹芋科、紫茉莉科	1

1.1.1.2 属统计分析

第二次湿地资源调查共发现390属，其中被子植物372属，裸子植物10属，蕨类植物、苔藓植物各4属。属的统计结果见表3-2、表3-3。

由表3-2可知，蓼属有18个物种，为含种数最多的属。含有10个物种以上的属只有6个，分别为蓼属、蒿属、莎草属、苋属、薹草属、藨草属，只占总属数的1.54%，其种数共75种，占总种数的10.92%。单种属共有248个，占总属数的63.59%。含1~3个种的属有357个，占总属数的91.54%。单种属在各科的分布见表3-4，可见除莎草科外，其他优势科也是单种属最集中之处。

由此可见，山东湿地植物的属分布比科的分布更为分散，含1~3个种的属占优势。科优势度与属优势度不完全吻合。含有较多物种的属主要为蓼属、蒿属、莎草属、苋属、薹草属、藨草属、眼子菜属。

表3-2 山东省第二次湿地资源调查植物属统计结果

属内种数	属	所属科	属 数
18	蓼属	蓼科	1
14	蒿属	菊科	1
13	莎草属	莎草科	1

（续）

属内种数	属	所属科	属 数
10	苋属、薹草属、藨草属	苋科、莎草科	3
7	眼子菜属、柳属	眼子菜科、杨柳科	2
6	胡枝子属、酸模属	蝶形花科、蓼科	2
5	鬼针草属、苦荬菜属、大戟属、松属、委陵菜属、菱属、香蒲属	菊科、大戟科、松科、蔷薇科、菱科、香蒲科	7
4	黄耆属、苜蓿属、藜属、稗属、鹅观草属、狗尾草属、车前属、杨属、焯菜属、蔷薇属、慈姑属、鸦葱属、苦苣菜属、堇菜属、牡荆属、荸荠属	蝶形花科、藜科、禾本科、车前科、杨柳科、十字花科、蔷薇科、泽泻科、菊科、堇菜科、马鞭草科	16
3	马唐属、鸭嘴草属、雀稗属、蓟属、旋覆花属、飘拂草属、独行菜属、狐尾藻属、毛茛属等	禾本科、菊科、莎草科、十字花科、小二仙草科、毛茛科等16科	21
2	獐毛属、荩草属、芦竹属、合欢属、泽泻属、葱属、天门冬属、莲子草属、金鱼藻属、蛇葡萄属等	禾本科、含羞草科、泽泻科、百合科、苋科、金鱼藻科、葡萄科等47科	88
1	看麦娘属、野青茅属、菊苣属、鳢肠属、紫穗槐属、草木樨属、地榆属、绣线菊属、迷迭香属、旗杆芥属等	禾本科、菊科、蝶形花科、蔷薇科、唇形科、十字花科等94科	248

表3-3 各科所包含属数

科	科内属数	科	科内属数	科	科内属数	科	科内属数	科	科内属数	科	科内属数
禾本科	60	茄科	4	浮萍科	2	败酱科	1	白花丹科	1	柿树科	1
菊科	41	水鳖科	4	胡桃科	2	车前科	1	金鱼藻科	1	鼠李科	1
蝶形花科	20	苋科	4	蒺藜科	2	柽柳科	1	堇菜科	1	薯蓣科	1
蔷薇科	14	旋花科	4	夹竹桃科	2	川蔓藻科	1	苦木科	1	无患子科	1
唇形科	12	虎耳草科	3	桔梗科	2	茨藻科	1	狸藻科	1	梧桐科	1
莎草科	10	景天科	3	壳斗科	2	丛藓科	1	菱科	1	五加科	1
十字花科	11	蓼科	3	楝科	2	酢浆草科	1	柳叶藓科	1	香蒲科	1
伞形科	8	萝藦科	3	牻牛儿苗科	2	大叶藻科	1	马齿苋科	1	小檗科	1
藜科	7	马鞭草科	3	木兰科	2	灯芯草科	1	满江红科	1	小二仙草科	1
玄参科	7	木犀科	3	漆树科	2	地钱科	1	美人蕉科	1	悬铃木科	1
百合科	6	茜草科	3	千屈菜科	2	杜鹃花科	1	木贼科	1	鸭跖草科	1
毛茛科	5	桑科	3	忍冬科	2	椴树科	1	苹科	1	银杏科	1
石竹科	5	杉科	3	天南星科	2	含羞草科	1	七叶树科	1	鸢尾科	1
睡莲科	5	松科	3	睡菜科	2	黑三棱科	1	槭树科	1	芸香科	1
柏科	4	雨久花科	3	卫矛科	2	胡颓子科	1	荨麻科	1	竹芋科	1
大戟科	4	云实科	3	眼子菜科	2	花蔺科	1	钱苔科	1	紫茉莉科	1
葫芦科	4	泽泻科	3	杨柳科	2	桦木科	1	三白草科	1		
锦葵科	4	紫草科	3	罂粟科	2	槐叶苹科	1	商陆科	1		
柳叶菜科	4	大麻科	2	榆科	2	黄杨科	1	芍药科	1		
葡萄科	4	防己科	2	紫葳科	2	角果藻科	1	石榴科	1		

表 3-4 单种属在各科中的分布(共计 256 属)

科	属数	科	属数	科	属数	科	属数	科	属数	科	属数
禾本科	39	柳叶菜科	3	木兰科	2	大叶藻科	1	马鞭草科	1	无患子科	1
菊科	22	毛茛科	3	漆树科	2	地钱科	1	马齿苋科	1	梧桐科	1
蝶形花科	14	葡萄科	3	千屈菜科	2	柏科	1	满江红科	1	五加科	1
蔷薇科	9	杉科	3	茜草科	2	杜鹃花科	1	美人蕉科	1	眼子菜科	1
唇形科	8	水鳖科	3	桑科	2	椴树科	1	木犀科	1	银杏科	1
十字花科	8	百合科	2	松科	2	黑三棱科	1	苹科	1	罂粟科	1
伞形科	6	大戟科	2	天南星科	2	胡颓子科	1	七叶树科	1	榆科	1
玄参科	6	大麻科	2	苋科	2	花蔺科	1	荨麻科	1	芸香科	1
睡莲科	5	防己科	2	旋花科	2	桦木科	1	茄科	1	泽泻科	1
石竹科	4	浮萍科	2	雨久花科	2	槐叶苹科	1	忍冬科	1	竹芋科	1
莎草科	3	胡桃科	2	云实科	2	角果藻科	1	三白草科	1	紫茉莉科	1
葫芦科	3	蒺藜科	2	紫草科	2	桔梗科	1	商陆科	1		
虎耳草科	3	夹竹桃科	2	紫葳科	2	壳斗科	1	芍药科	1		
锦葵科	3	楝科	2	败酱科	1	苦木科	1	石榴科	1		
景天科	3	萝藦科	2	柽柳科	1	蓼科	1	薯蓣科	1		
藜科	3	牻牛儿苗科	2	丛藓科	1	柳叶藓科	1	卫矛科	1		

1.1.2 物种统计与分析

1.1.2.1 生活型分析

按照生活型来划分(图 3-1),在 687 种高等植物中,乔木有 71 种,占总种数的 10.33%,主要集中在裸子植物各科,如杨柳科、蔷薇科、榆科、悬铃木科、壳斗科等,分属 28 科。灌木有 52 种,占总种数的 7.57%;木质藤本 15 种,占总种数的 2.18%;草本植物共有 549 种,其中草质藤本 18 种,分别占总种数的 79.91% 和 2.62%。

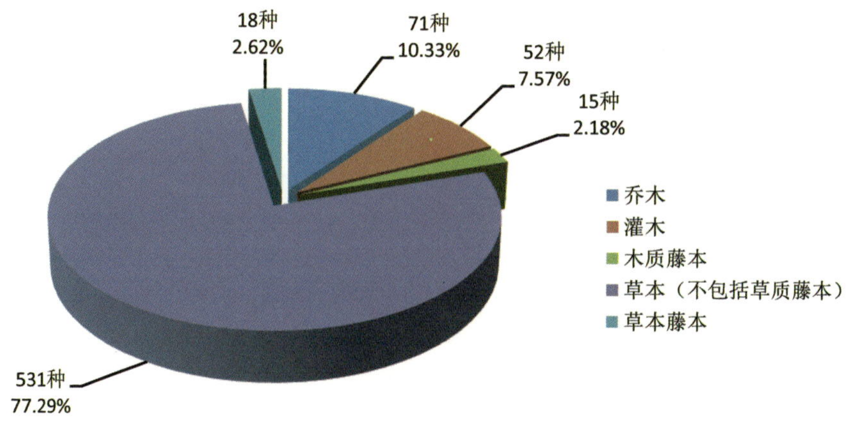

图 3-1 湿地植物生活型及其分布

1.1.2.2 生境分析

按照生境类型来划分，在687种高等植物中，有水生植物62种，占总种数的9.02%；湿生植物179种，占总种数的26.06%；中生植物416种，占总种数的60.55%；旱生植物30种，占总种数的4.37%（图3-2）。

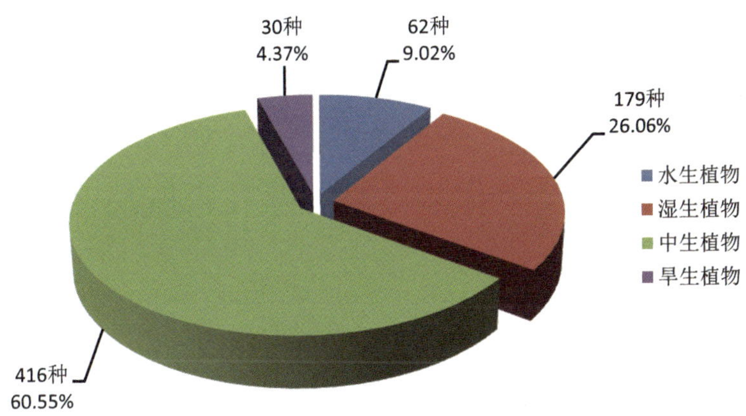

图3-2 湿地植物生境类型及其分布

1.1.2.2.1 水生植物与湿生植物

淡水湿地内长期积水处分布的水生植物按照生活型可进一步划分为沉水植物、漂浮植物、浮叶植物、挺水植物，水域周边土壤浸湿或不定期积水处分布湿生植物。常见种类包括：

沉水植物：调查发现24种。常见种类有眼子菜科的菹草、篦齿眼子菜、竹叶眼子菜，穗状狐尾藻、狐尾藻、狸藻、黑藻、金鱼藻、大茨藻、小茨藻等。

漂浮植物：调查发现14种。常见种类有荇菜、水鳖、丘角菱、浮萍、紫萍，以及水生蕨类植物槐叶苹等。

浮叶植物：调查发现4种。常见种类有芡实、萍蓬草、睡莲，以及水生蕨类植物苹。

挺水植物：调查发现20种。常见种类有莲、香蒲、水烛、水葱、东方泽泻、野慈姑、两栖蓼等。

湿生植物种类比较丰富，既有地钱、柳叶藓等苔藓植物，也有问荆、节节草等蕨类，还有水杉、落羽杉等耐水湿乔木，腺柳、杞柳等湿生灌木。湿生草本植物主要为莎草科、禾本科、蓼科、十字花科植物，常见有香附子、扁秆藨草、翼果薹草、芦苇、稗属植物、马唐、竖立鹅观草、水蓼、酸模属植物、沼生焊菜、水田碎米荠等。

1.1.2.2.2 中生植物与旱生植物

第二次湿地调查中中生植物占了较大的部分，约占总种数的60%；造成这种现象的主要原因是目前山东湿地受人为干预比较严重，多数湿地景观被人工改造过，个别甚至为新开挖湿地。岸带上的木本植物多数为人工栽植，草本植物也有一些是栽培的观赏植物。由于湿地景观形成时间短，岸带上的野生种类并未得到充分演替，许多中生甚至旱生植物仍有发育，第二次湿地调查发现偏于旱生的植物约30种，约占总种数的4%。主要的中生植物与旱生植物见表3-5：

表 3-5 常见中生与旱生植物种类

植物名称	科	植物类型	适水性
塔枝圆柏	柏科	乔木	中生
侧柏	柏科	乔木	中生
雪松	松科	乔木	中生
油松	松科	乔木	中生
黑松	松科	乔木	中生
银杏	银杏科	乔木	中生
刺槐	蝶形花科	乔木	中生
槐	蝶形花科	乔木	中生
合欢	含羞草科	乔木	中生
核桃	胡桃科	乔木	中生
枫杨	胡桃科	乔木	中生
板栗	壳斗科	乔木	中生
臭椿	苦木科	乔木	中生
苦楝	楝科	乔木	中生
绒毛梣	木犀科	乔木	中生
火炬树	漆树科	乔木	中生
桑	桑科	乔木	中生
蒙桑	桑科	乔木	中生
栾树	无患子科	乔木	中生
梧桐	梧桐科	乔木	中生
毛泡桐	玄参科	乔木	中生
三球悬铃木	悬铃木科	乔木	中生
杂交杨	杨柳科	乔木	中生
垂柳	杨柳科	乔木	中生
旱柳	杨柳科	乔木	中生
榆树	榆科	乔木	中生
蝙蝠葛	防己科	木质藤本	中生
太行铁线莲	毛茛科	木质藤本	中生
葎叶蛇葡萄	葡萄科	木质藤本	中生
五叶地锦	葡萄科	木质藤本	中生
南蛇藤	卫矛科	木质藤本	中生
柽柳	柽柳科	灌木	中生
紫穗槐	蝶形花科	灌木	中生
胡枝子	蝶形花科	灌木	中生
大叶胡颓子	胡颓子科	灌木	中生
连翘	木犀科	灌木	中生
女贞	木犀科	灌木	中生
枸杞	茄科	灌木	中生

（续）

植物名称	科	植物类型	适水性
构树	桑科	灌木	中生
野大豆	蝶形花科	草质藤本	中生
乌蔹莓	葡萄科	草质藤本	中生
茜草	茜草科	草质藤本	中生
菟丝子	旋花科	草质藤本	中生
牵牛	旋花科	草质藤本	中生
二色补血草	白花丹科	草本	中生
麦冬	百合科	草本	中生
车前	车前科	草本	中生
益母草	唇形科	草本	中生
地笋	唇形科	草本	中生
薄荷	唇形科	草本	中生
荆芥	唇形科	草本	中生
紫苏	唇形科	草本	中生
铁苋菜	大戟科	草本	中生
地锦	大戟科	草本	中生
大麻	大麻科	草本	中生
葎草	大麻科	草本	中生
野苜蓿	蝶形花科	草本	中生
黄香草木犀	蝶形花科	草本	中生
荩草	禾本科	草本	中生
雀麦	禾本科	草本	中生
拂子茅	禾本科	草本	中生
牛筋草	禾本科	草本	中生
牛鞭草	禾本科	草本	中生
长芒棒头草	禾本科	草本	中生
鹅观草	禾本科	草本	中生
狗尾草	禾本科	草本	中生
紫花地丁	堇菜科	草本	中生
黄花蒿	菊科	草本	中生
艾	菊科	草本	中生
茵陈蒿	菊科	草本	中生
钻叶紫菀	菊科	草本	中生
婆婆针	菊科	草本	中生
狼把草	菊科	草本	中生
丝毛飞廉	菊科	草本	中生

（续）

植物名称	科	植物类型	适水性
刺儿菜	菊科	草本	中生
鳢肠	菊科	草本	中生
一年蓬	菊科	草本	中生
菊芋	菊科	草本	中生
欧亚旋覆花	菊科	草本	中生
苦荬菜	菊科	草本	中生
全叶马兰	菊科	草本	中生
鸦葱	菊科	草本	中生
苍耳	菊科	草本	中生
朝天委陵菜	蔷薇科	草本	中生
曼陀罗	茄科	草本	中生
矮生薹草	莎草科	草本	中生
商陆	商陆科	草本	中生
荠菜	十字花科	草本	中生
播娘蒿	十字花科	草本	中生
北美独行菜	十字花科	草本	中生
长蕊石头花	石竹科	草本	中生
鹅肠菜	石竹科	草本	中生
绿穗苋	苋科	草本	中生
苋	苋科	草本	中生
藜	藜科	草本	中生
地黄	玄参科	草本	中生
打碗花	旋花科	草本	中生
田旋花	旋花科	草本	中生
砂引草	紫草科	草本	中生
附地菜	紫草科	草本	中生
白皮松	松科	乔木	旱生
君迁子	柿树科	乔木	旱生
枣	鼠李科	乔木	旱生
皂荚	云实科	乔木	旱生
本氏木蓝	蝶形花科	灌木	旱生
长叶铁扫帚	蝶形花科	灌木	旱生
截叶铁扫帚	蝶形花科	灌木	旱生
兴安胡枝子	蝶形花科	灌木	旱生
阴山胡枝子	蝶形花科	灌木	旱生
细梗胡枝子	蝶形花科	灌木	旱生

（续）

植物名称	科	植物类型	适水性
山槐	含羞草科	灌木	旱生
白刺	蒺藜科	灌木	旱生
黄荆	马鞭草科	灌木	旱生
牡荆	马鞭草科	灌木	旱生
荆条	马鞭草科	灌木	旱生
黄栌	漆树科	灌木	旱生
花椒	芸香科	灌木	旱生
猪殃殃	茜草科	草质藤本	旱生
蓬子菜	茜草科	草质藤本	旱生
地椒	唇形科	草本	旱生
达呼里黄芪	蝶形花科	草本	旱生
膜荚黄耆	蝶形花科	草本	旱生
甘草	蝶形花科	草本	旱生
长萼鸡眼草	蝶形花科	草本	旱生
鸡眼草	蝶形花科	草本	旱生
蒺藜	蒺藜科	草本	旱生
山茴香	伞形科	草本	旱生
合被苋	苋科	草本	旱生
反枝苋	苋科	草本	旱生
豆茶决明	云实科	草本	旱生

1.1.2.2.3　引种栽培植物与资源植物

(1)引种栽培植物。第二次湿地发现被调查植物中有124种栽培植物，占总种数的18.05%。其中多数为引种栽培的绿化植物、观赏植物以及少数经济作物。引种栽培植物中木本植物占59.29%，其中有10余种植物已经逸为野生。第二次湿地调查记录了22种山东过去的植物调查中和《山东植物志》中均未记录的引种的外来植物(表3-6)。

(2)资源植物。第二次湿地调查发现的资源植物主要包括以下类型：

①野生纤维植物资源。水烛、长苞香蒲等香蒲属植物，荻、芦苇等禾本科水生或湿生草本植物，分布广泛，产量丰富，可用来编织席子、草帽、帘子等。芦苇还可以用作造纸原料。罗布麻、大叶苎麻、苘麻、大麻等野生草本均为优质的纤维资源植物。

②野生淀粉和糖类植物资源。荸荠、慈姑、芡实、菱属植物野生淀粉类资源在南四湖、东平湖等地藏量丰富，已经成为当地特产资源。甘草等可成为代糖类植物。

③野生油脂类植物资源。盐地碱蓬即黄须菜，在黄河三角洲的湿地上广泛分布，其种子的含油量为26%，可以用来做优质的色拉油。

④野生鞣料植物资源。巴天酸模、齿果酸模、皱叶酸模、枫杨等是鞣质含量较高，质量较好的植物资源。

⑤野生芳香油类植物资源。唇形科、伞形科、马鞭草科、菊科植物多含芳香油，如薄荷，其新鲜茎叶含芳香油0.8% ~1%，可用来提取薄荷脑。

⑥野生药用植物资源。第二次湿地调查发现的湿地植物中药用植物资源丰富，可作药用的植物达250余种，如醴肠、香附子、黄芩、半夏等都是产量丰富的药用资源。菰、节节草、莲、芡、红蓼、眼子菜、菖蒲、水烛、香蒲等分布在鲁西南湖沼区。补血草、珊瑚菜等分布在沿海胶东半岛、黄河三角洲湿地，鲁西和鲁北平原一带。

⑦蜜源植物资源。柳属植物、毛水苏、薄荷等都是重要的蜜源植物。

⑧野生花卉、园林绿化植物资源。如红蓼、水葱、狗牙根、紫花补血草等。

⑨固沙保土植物资源。如矮生薹草、白颖薹草、单叶蔓荆等，生于水边，其根系固土能力强，防止水土流失。

⑩野生蔬菜植物资源。如菰、黄须菜(盐地碱蓬)、水芹、藿香、薄荷、车前等。

⑪野生牧草、饲料植物资源。看麦娘、荩草、芦苇等可作牧草。浮萍、眼子菜、菹草、黑藻、水鳖、雨久花、槐叶苹、满江红等可作饲料。

表3-6 山东省第二次湿地资源调查栽培和引种植物名录

植物名称	备 注		植物名称	备 注	
日本扁柏	栽培	引种	山樱花	栽培	
塔枝圆柏	栽培		东京樱花	栽培	
侧柏	栽培		西府海棠	栽培	
千头柏	栽培		苹果	栽培	
圆柏	栽培		紫叶李	栽培	
龙柏	栽培		柿树	栽培	
柳杉	栽培		毛泡桐	栽培	
雪松	栽培		二球悬铃木	栽培	
青扦	栽培		一球悬铃木	栽培	
油松	栽培		三球悬铃木	栽培	
黑松	栽培	引种	加拿大杨	栽培	
银杏	栽培		黑杨	栽培	
合欢	栽培		杂交杨	栽培	
核桃	栽培		毛白杨	栽培	
板栗	栽培		金丝柳	栽培	引种无记录
马褂木	栽培		垂柳	栽培	
玉兰	栽培		竹柳	栽培	引种无记录
绒毛梣	栽培	引种	水杉	栽培	
七叶树	栽培		落羽杉	栽培	引种
红花槭	栽培	引种无记录	湿地松	栽培	引种
元宝槭	栽培		海岸松	栽培	引种
火炬树	栽培	引种	白皮松	栽培	

（续）

植物名称	备 注		植物名称	备 注	
枣	栽培		玉米	栽培	
蔷薇	栽培		甜瓜	栽培	
常春藤	栽培	引种	蜀葵	栽培	
厚萼凌霄	栽培		大花秋葵	栽培	
灯笼花	栽培	引种无记录	陆地棉	栽培	
绣球	栽培		小红菊	栽培	
长叶黄杨	栽培		栽培菊苣	栽培	引种无记录
锦熟黄杨	栽培		向日葵	栽培	
小叶黄杨	栽培		黑心金光菊	栽培	引种
木槿	栽培		金光菊	栽培	引种
连翘	栽培		万寿菊	栽培	
金叶女贞	栽培		百日菊	栽培	
女贞	栽培		柳叶马鞭草	栽培	引种无记录
小叶女贞	栽培		千屈菜	栽培	
紫薇	栽培		芍药	栽培	
红叶石楠	栽培	引种	钓钟柳	栽培	引种无记录
月季	栽培		莲	栽培	
刺梨	栽培	引种无记录	雨久花	栽培	
石榴	栽培		泽薹草	栽培	引种无记录
红叶小檗	栽培		睡莲	栽培	
日本小檗	栽培		金鱼草	栽培	
紫荆	栽培		花叶芦竹	栽培	引种无记录
黄栌	栽培		蔓长春花	栽培	
萱草	栽培		柳叶菜	栽培	
紫萼	栽培		黄花月见草	栽培	
玉簪	栽培		粉花月见草	栽培	引种
随意草	栽培	引种无记录	美人蕉	栽培	
迷迭香	栽培	引种无记录	穗花婆婆纳	栽培	引种无记录
深蓝鼠尾草	栽培	引种无记录	黄菖蒲	栽培	
铜锤草	栽培		再力花	栽培	引种无记录
落花生	栽培		绞股蓝	栽培	引种
大豆	栽培		中华绣线菊	栽培	引种无记录
天蓝苜蓿	栽培		梭鱼草	栽培	引种无记录
谷子	栽培		纸莎草	栽培	引种无记录
高粱	栽培		芦竹	逸为野生	引种无记录
普通小麦	栽培		狼尾草	逸为野生	

(续)

植物名称	备 注		植物名称	备 注	
花蔺	逸为野生		大花金鸡菊	逸为野生	引种
紫穗槐	逸为野生	引种	菊芋	逸为野生	引种
高羊茅	逸为野生	引种无记录	薄叶苋	逸为野生	引种无记录
大米草	逸为野生	引种	三白草	逸为野生	引种无记录

1.2 区系分析

山东地处北温带，隶居于泛北极植物区，中国—日本植物亚区的华北地区。根据《山东植物区系地理》记载，参照吴征镒对中国植物区系的划分，山东植物区系的分区方案为：

I. 泛北极植物区

IE. 中国—日本森林植物亚区

IEll. 华北植物地区

IEll(a). 辽东、山东丘陵植物亚地区

IEll(a ~2). 鲁东丘陵植物小区(A)

IEll(a ~3). 鲁中甫山地丘陵植物小区(B)

IEll(b). 华北平原植物亚地区

IEll(b ~1). 鲁西及鲁西南平原植物小区(C)

IEll(b ~2). 鲁北平原(黄河三角洲)植物小区(D)

《山东苔藓植物志》记载，山东苔藓植物区系成分以泛北极成分为主(约占 82%)，还有少数旧热带成分(4%)和世界广布成分(14%)。泛北极成分中东亚特有成分占多数，约占总量的 40%。《山东植物区系地理》认为山东 1547 种维管植物(包括蕨类植物、裸子植物和被子植物)分属于 14 个分布类型，2 个变型。

1.2.1 苔藓植物和蕨类植物区系特点

调查发现的 5 种苔藓植物中，地钱科和钱苔科为世界广布科，柳叶藓科、丛藓科为温带成分。第二次湿地调查发现的苔藓植物较少，尚难以形成湿地苔藓植物的全面理解。

调查发现的 5 种蕨类植物中，苹的科、属、种均为世界分布类型，槐叶苹和满江红的科、属为世界分布类型，但物种是中国特有分布或东亚分布。木贼科为世界分布类型，但问荆和节节草，以及木贼属均为北温带分布成分。

第二次湿地调查发现的苔藓植物和蕨类植物种类明显少于以往的报道，发现的苔藓植物主要是生活力较强的土生种类，蕨类植物则为典型的水生和湿生种类，比较常见。陆生蕨类(尤其是真蕨类)种类少，生境类型单一。这与山东湿地受人为干扰较重，自然演替不足有关系。

1.2.2 种子植物区系特点

山东地处北温带，南北植物的自然交汇，加之人类活动的持续影响，造就了该区域湿地植物复杂的区系分布特征。利用“山东植物区系地理数据库”(赵善伦等，1997)对第二次湿地资源调查结果进行分析，如图 3-3。可以看出，在科的层次上，世界分布、泛热带分布和北温带分布占到

所分析科的95%以上。在属的层次上，北温带分布明显增加。在种的层次上，东亚分布成分占了主要地位，温带分布和世界分布仍然是重要的分布类型，中国特有分布也是主要类型之一。

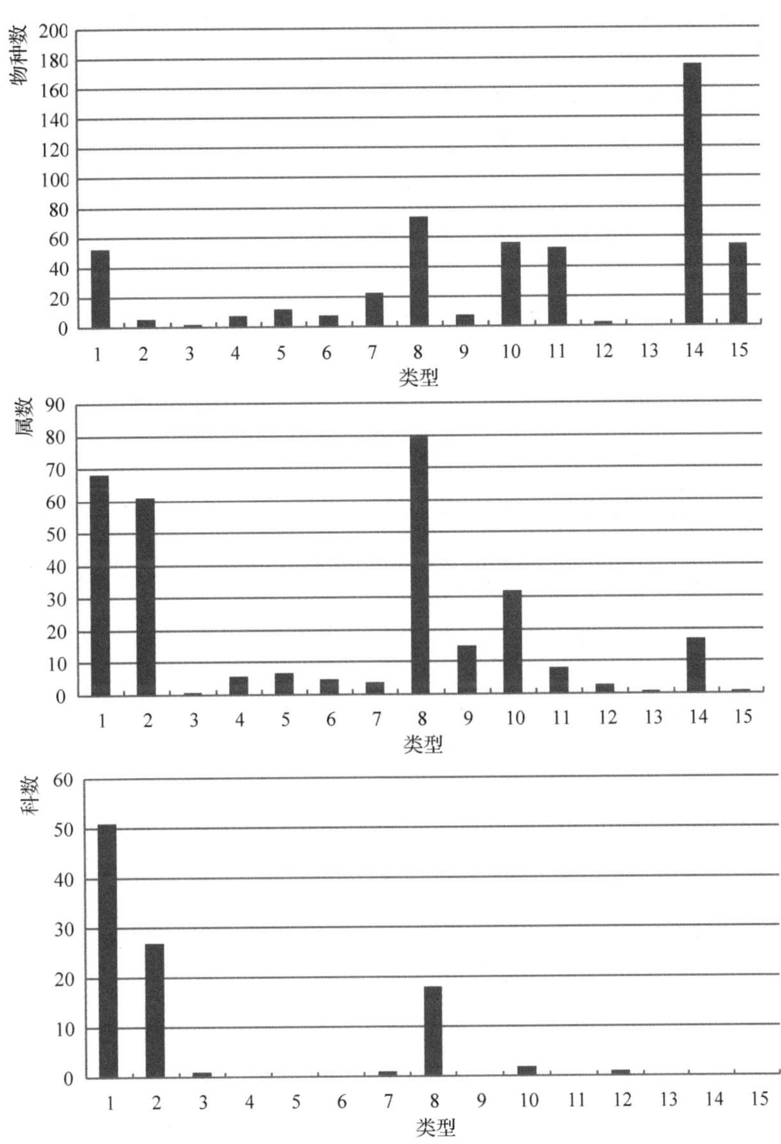

图 **3-3** 湿地植物区系成分的类型分布

注：1. 世界分布 2. 泛热带分布 3. 热带亚洲至热带美洲分布 4. 旧世界热带分布 5. 热带亚洲至热带大洋洲分布 6. 热带亚洲至热带非洲分布 7. 热带亚洲分布 8. 北温带分布 9. 东亚和北美洲间断分布 10. 旧世界温带分布 11. 温带亚洲分布 12. 地中海区、西亚至中亚分布 13. 中亚分布 14. 东亚分布 15. 中国特有分布

1.3 常见湿地植物

1.3.1 山东湿地植物物种出现的频度

通过对一般和重点调查湿地汇总数据的统计分析，按照：

$$出现频率=\frac{该种出现的样地数}{地数}\times 100\%$$

计算不同物种的出现频率。出现频率在1%以上的植物种类见表3-7。常见的湿地植物种类中，排在前10位的是芦苇、杂交杨、葎草、黑杨、狗尾草、香蒲、白茅、旱柳、水蓼、狗牙根，分布在禾本科(4种)、杨柳科(3种)、香蒲科(1种)、蓼科(1种)、大麻科(1种)。

常见的沉水植物依次为：菹草、金鱼藻、黑藻、狐尾藻。

常见的浮水和浮叶植物依次为：浮萍、荇菜。

常见的挺水植物依次为：芦苇、香蒲、莲、水烛、长苞香蒲。

常见的湿生植物依次为：芦苇、白茅、水蓼、狗牙根、碱蓬、稗、马唐、香附子、扁秆藨草、喜旱莲子草、枫杨、菖蒲、柽柳、荻、盐地碱蓬、酸模叶蓼、水芹、皱叶酸模、翼果薹草、藨草、荆三棱、罗布麻、杞柳。

常见的乔木、灌木依次为：杂交杨、黑杨、旱柳、垂柳、枫杨、柽柳、刺槐、榆树、紫穗槐、黑松、黄荆、桃、杞柳。

表3-7 山东省第二次湿地资源调查常见植物种类

排序	植物名称	出现频率(%)	排序	植物名称	出现频率(%)
1	芦苇	60.33	26	扁秆藨草	4.46
2	杂交杨	33.29	27	狼尾草	4.27
3	葎草	30.58	28	喜旱莲子草	4.23
4	黑杨	20.32	29	藜	4.09
5	狗尾草	18.81	30	枫杨	3.97
6	香蒲	17.95	31	菖蒲	3.76
7	白茅	14.27	32	柽柳	3.70
8	旱柳	14.12	33	竖立鹅观草	3.66
9	水蓼	12.48	34	金鱼藻	3.66
10	狗牙根	11.96	35	莲	3.51
11	碱蓬	11.35	36	猪毛菜	3.49
12	艾	10.32	37	鳢肠	3.46
13	稗	10.18	38	荻	3.36
14	垂柳	9.38	39	刺槐	3.36
15	苍耳	8.75	40	刺儿菜	3.21
16	马唐	7.33	41	黑藻	3.17
17	茵陈蒿	7.32	42	榆树	3.05
18	小蓬草	7.26	43	车前	3.03
19	浮萍	7.11	44	牛筋草	2.99
20	灰绿藜	6.90	45	水烛	2.96
21	香附子	5.88	46	盐地碱蓬	2.88
22	菹草	5.63	47	地肤	2.79
23	苘麻	4.84	48	紫穗槐	2.73
24	黄花蒿	4.75	49	酸模叶蓼	2.69
25	小花鬼针草	4.70	50	野艾蒿	2.58

（续）

排序	植物名称	出现频率(%)	排序	植物名称	出现频率(%)
51	猪毛蒿	2.48	70	打碗花	1.46
52	青蒿	2.30	71	旋覆花	1.45
53	苋	2.21	72	狼把草	1.42
54	长芒稗	2.00	73	鹅观草	1.40
55	益母草	1.94	74	红蓼	1.39
56	野大豆	1.93	75	水芹	1.28
57	无芒稗	1.91	76	皱叶酸模	1.24
58	鸭跖草	1.79	77	齿果酸膜	1.21
59	结缕草	1.79	78	荠菜	1.18
60	雀麦	1.78	79	黑松	1.15
61	薄荷	1.76	80	翼果薹草	1.09
62	构树	1.72	81	黄荆	1.09
63	长苞香蒲	1.69	82	拂子茅	1.06
64	节节草	1.61	83	蔗草	1.06
65	马齿苋	1.55	84	荆三棱	1.05
66	狐尾藻	1.55	85	罗布麻	1.03
67	反枝苋	1.52	86	野胡萝卜	1.00
68	鹅绒藤	1.51	87	桃	1.00
69	钻叶紫菀	1.49	88	杞柳	0.99

1.3.2 珍稀濒危湿地植物

山东省在第二次湿地调查中发现国家重点保护野生植物 15 种，已被确定为山东省珍稀濒危植物的 8 种(表 3-8)。

表 3-8 山东省珍稀濒危植物与保护植物

植物名称	科	特性			中国特有	公布批次	保护等级
银杏	银杏科	乔木	中生	栽培	是	一	国家Ⅰ级
水杉	杉科	乔木	湿生	栽培	是	一	国家Ⅰ级
鹅掌楸(马褂木)	木兰科	乔木	中生	栽培	否	一	国家Ⅱ级
胡桃(核桃)	胡桃科	乔木	中生	栽培	否	二	国家Ⅱ级
莼菜	睡莲科	草本	水生	浮叶	否	一	国家Ⅰ级
萍蓬草	睡莲科	草本	水生	浮叶	否	一	国家Ⅱ级
莲	睡莲科	草本	水生	挺水	否	一	国家Ⅱ级
玫瑰	蔷薇科	灌木	中生		否	二	国家Ⅱ级
野大豆	蝶形花科	草质藤本	中生		是	一	国家Ⅱ级
黄耆(膜荚黄芪)	蝶形花科	草本	旱生		否	二	国家Ⅱ级

（续）

植物名称	科	特性			中国特有	公布批次	保护等级
甘草	蝶形花科	草本	旱生		否	二	国家Ⅱ级
野菱	菱科	草本	水生	浮叶	是	一	国家Ⅱ级
山茴香	伞形科	草本	旱生		是	二	国家Ⅱ级
中华结缕草	禾本科	草本	中生		是	一	国家Ⅱ级
高羊茅	禾本科	草本	中生		是	二	国家Ⅱ级
烟台翠雀花	毛茛科	草本	中生		是		山东珍稀濒危植物
芡实	睡莲科	草本	水生	浮叶	是		山东珍稀濒危植物
白刺	蒺藜科	灌木	旱生		是		山东珍稀濒危植物
海滨山黧豆	蝶形花科	草本	中生		否		山东珍稀濒危植物
蜜柑草	大戟科	草本	中生		是		山东珍稀濒危植物
大叶胡颓子	胡颓子科	灌木	中生		是		山东珍稀濒危植物
单叶蔓荆	马鞭草科	灌木	湿生		是		山东珍稀濒危植物
鸢尾	鸢尾科	草本	湿生		否		山东珍稀濒危植物

1.3.3 特有湿地植物

根据臧得奎等(1994，1999)的研究结果。山东省自然分布的1700余种维管植物中，约有80余种(包括变种、变型)为山东省特有。其中绝大多数生长在泰山、蒙山、崂山、沂山、五莲山、昆嵛山等山区。

其中真蕨类12种，如：山东峨眉蕨、山东耳蕨、泰山岩蕨等。

双子叶植物50余种，如：白花白头翁、重瓣白头翁、泰山堇菜、泰山苋、山东丹参、三脉石竹、单叶黄荆、白花丹参、烟台翠雀、山东银莲花、泰山盐肤木、泰山花楸、少叶花楸、山东山楂、长梗红果钓樟、多花景天、泰山椴、紫花补血草、烟台山蓼、宽蕊地榆、崂山溲疏、小马泡等。

单子叶植物10余种，如：胶东薹草、山东百部、荣成藨草、低矮山麦冬、山东万寿竹、崂山百合等。

第二次湿地调查的重点调查湿地中，典型的山区湿地很少，零星湿地也多分布在平原开阔地区，珍稀植物和特有植物的渗入很少，调查结果是湿地环境中尚未发现有特有植物作为优势种形成明显群系的情况；只有少数特有植物零星地出现过，很多未被计入调查结果。比如烟台翠雀在栖霞5月底调查照片中出现过，但是未加详细调查。烟台山蓼(长冬草)、宽蕊地榆、荣成藨草、崂山百合、紫花补血草在调查照片中也多次出现，但是并未计入汇总表。只有泰山苋在岸堤水库，小马泡在济西湿地有记录。

2 湿地植被

2.1 山东湿地植被特点

2.1.1 科属突出，单种科、属所占比例大

第二次湿地调查发现的山东湿地植物优势科为禾本科、菊科、莎草科、蝶形花科。含有10个物种以上的属只有6个，分别为蓼属、蒿属、莎草属、苋属、薹草属、藨草属，只占总属数的1.54%，其种数共75种，占总种数的10.92%；其中莎草科有3属。

单种的科计33个，占总科数的28.70%，占总属数的8.46%和总种数的4.80%。单种属共有248个，占总属数的63.59%。

由此可见，山东湿地植物科的多样性比较丰富，仅有少数种的小科众多，除莎草科外，优势科中物种的优势程度在整体水平上并不明显。这说明了湿地环境可以汇集更加丰富的科属多样性。

同时，上述优势科属中除莎草科3属、蓼属是湿生类型外，菊科、蝶形花科和禾本科中的多数属均为中生或旱生类型，体现了目前山东湿地植被受干扰较为严重，湿生环境中植物群落的演替受周边影响和制约。

2.1.2 湿地植物区系成分多样，地带性特点的区系成分突出

水生植物区系的一个共性是会含有较多的世界分布型区系成分，尤其是大多数浮叶植物、漂浮植物和沉水植物，如芦苇属、香蒲属、藨草属、眼子菜属、金鱼藻属、狐尾藻属等。山东湿地也有相似的特点，但是，湿生植物和中生植物的地带性特点则比较明显。总体上看，在科层次上，世界广布的占绝对优势，而种的区系成分则是东亚种和中国特有种类占明显的优势。区系地理成分在科、属、种层次上表现出不同的分布规律，体现出植物区系地理成分的复杂性。

2.1.3 湿地环境中栽培植物多，受外来物种影响比较严重

第二次湿地发现被调查植物中有124种栽培植物，占总种数的18.05%。其中多数为引种栽培的绿化植物、观赏植物以及少数经济作物，有10余种植物已经逸为野生。124种栽培植物中木本植物占59.29%。在为数不少的人工建设湿地中，大部分植物是工栽培的。几乎大部分湿地群落的乔木都是人工林。一些湿地中还有少量的栽培作物和果树，如普通小麦、玉米、高粱、陆地棉、大豆、花生、桃、苹果等。

第二次湿地调查记录了22种山东过去的植物调查中和《山东植物志》中均未记录的引种的外来植物，主要是近年来引种的绿化植物、花卉。调查结果表明，除喜旱莲子草外，第二次湿地调查的常见植物中并未出现其他恶性外来种，喜旱莲子草的出现频率也只有4.23%。第二次湿地调查在重点调查中尚未发现有新出现的恶性外来种。但是，鲁北地区近来频有外来种报道，如加拿大一枝黄花、黄顶菊、银毛龙葵、豚草等，多数可能出现在湿地环境中。

2.1.4 湿地植物群落中生性强，水生性特点不明显

第二次湿地调查中，记录了 6 种水生植物，约所有种数的占 10%，而中生植物则约占总种数的 60%，第二次湿地调查发现偏于旱生的植物约 30 种，约占总种数的 4%。造成这种现象的主要原因是目前山东湿地受人为干预比较严重，多数湿地景观被人工改造过，个别甚至为新开挖湿地。岸带上的木本植物多数为人工栽植，草本植物也有一些是栽培的观赏植物。由于湿地景观形成时间短，岸带上的野生种类并未得到充分演替，许多中生甚至旱生植物仍有发育。许多湿地的岸带多已经衬砌，陆、水之间的演替被隔绝。

2.2 湿地植被类型、面积及其分布

2.2.1 湿地植被类型组成

根据《山东省湿地资源调查实施细则》的要求，在湿地植物群落调查中，条件允许的情况下，均采用整体抽样的方法进行样地布设，对每个群系的抽样强度原则上不少于 10 个样方。

根据《中国植被》的植被分类原则与系统，参照《中国湿地植被》确定的湿地植被分类原则和依据，同时参考《山东植被》专著，结合山东省湿地植被的形成、发育、分布特点及重点湿地调查 8200 多个湿地样方调查数据，将山东省湿地植被划分为 5 个植被型组、12 个植被型、402 个主要的群系(表 3-9)。其中草丛湿地植被型组所含群系数最多，为 269 个，占总群系数的 70.05%，在山东省湿地植被中占有比较重要的地位。其次是阔叶林湿地植被型组，有45 个群系，占 11.72%。接下来是浅水植物湿地植被型组，含 33 个群系，占 8.59%。灌丛湿地植被型组为 31 个群系，占 8.07%，针叶林湿地植被型组只含 6 个群系，仅占 1.56%。

表 3-9 山东省湿地植被分类系统

植被型组	植被型	群 系
1 针叶林湿地植被型组	冷性针叶林湿地植被型	青杆群系
	暖性针叶林湿地植被型	柳杉群系
		湿地松群系
		水杉群系
		雪松群系
		圆柏群系
2 阔叶林湿地植被型组	落叶阔叶林湿地植被型	白蜡树群系
		白梨群系
		臭椿群系
		垂柳群系
		垂柳 - 杂交杨群系
		刺槐群系
		刺梨群系
		枫杨群系
		构树群系
		旱柳群系
2 阔叶林湿地植被型组	落叶阔叶林湿地植被型	合欢群系
		核桃群系
		红花槭群系
		槐群系
		火炬树群系
		苦楝群系
		栾树群系
		马褂木群系
		毛泡桐群系
		木槿群系
		女贞群系
		苹果群系
		七叶树群系
		楸树群系
		三球悬铃木群系
		桑群系

（续）

植被型组	植被型	群　系
2 阔叶林湿地植被型组	落叶阔叶林湿地植被型	山槐群系
		山樱花群系
		石榴群系
		柿树群系
		桃群系
		梧桐群系
		香椿群系
		杏群系
		一球悬铃木
		银杏群系
		榆树群系
		玉兰群系
		元宝槭群系
		杂交杨 - 垂柳群系
		杂交杨群系
		枣群系
		皂荚群系
		竹柳群系
		紫穗槐群系
3 灌丛湿地植被型组	常绿灌丛湿地植被型	红叶石楠群系
		金叶女贞群系
		小叶女贞群系
	落叶灌丛湿地植被型	簸箕柳群系
		东京樱花群系
		刚竹群系
		枸杞群系
		花椒群系
		黄荆群系
		黄栌群系
		金丝柳群系
		金银忍冬群系
		锦熟黄杨群系
3 灌丛湿地植被型组	落叶灌丛湿地植被型	荆条群系
		连翘群系
		玫瑰群系
		杞柳群系
		蔷薇群系
		酸枣群系
		西府海棠群系
		小叶扶芳藤群系
		兴安胡枝子群系
		长叶黄杨群系
		紫荆群系
		紫薇群系
		紫叶李群系
	盐生灌丛湿地植被型	柽柳群系
		单叶蔓荆群系
		碱蓬群系
		盐地碱蓬群系
		盐角草群系
4 草丛湿地植被型组	禾草型湿地植被型	白茅群系
		稗群系
		棒头草群系
		秕壳草群系
		扁鞘飘拂草群系
		滨麦群系
		菖蒲群系
		丛生隐子草群系
		大臭草群系
		大米草群系
		荻群系
		鹅观草群系
		饭包草群系
		拂子茅群系

（续）

植被型组	植被型	群　系	植被型组	植被型	群　系
4 草丛湿地植被型组	禾草型湿地植被型	高羊茅群系	4 草丛湿地植被型组	禾草型湿地植被型	雀稗群系
		狗尾草－蓼群系			雀麦群系
		狗尾草群系			柔枝莠竹群系
		狗牙根群系			筛草、沙参群系
		菰群系			升马唐群系
		海雀稗群系			瘦脊伪针茅群系
		花叶芦竹群系			鼠麴草群系
		黄背草群系			竖立鹅观草群系
		黄菖蒲群系			双穗雀稗群系
		稷群系			水蜈蚣群系
		假稻群系			水烛＋莲群系
		假鼠妇草群系			水烛－芦苇群系
		假苇拂子茅群系			水烛群系
		碱茅群系			水烛－薹草群系
		结缕草群系			随意草群系
		金色狗尾草群系			菵草群系
		荩草群系			无芒稗群系
		看麦娘群系			细柄黍群系
		狼尾草群系			纤毛鹅观草群系
		两歧飘拂草群系			纤毛鸭嘴草群系
		芦苇群系			香蒲群系
		芦苇－水烛群系			鸭嘴草群系
		芦苇－香蒲群系			烟台飘拂草群系
		芦竹群系			燕麦草群系
		乱子草群系			羊茅群系
		马唐群系			野燕麦群系
		芒群系			早熟禾群系
		毛马唐群系			窄叶香蒲群系
		矛叶荩草群系			獐毛群系
		牛鞭草群系			长苞香蒲群系
		牛筋草群系			长芒稗群系
		求米草群系			中华结缕草群系

（续）

植被型组	植被型	群　系
4 草丛湿地植被型组	莎草型湿地植被型	矮生薹草群系
		白颖薹草群系
		扁秆藨草群系
		藨草群系
		灯芯草群系
		刚毛荸荠群系
		华东藨草群系
		荆三棱群系
		青绿薹草群系
		球穗扁莎群系
		球穗香附子群系
		砂引草群系
		水葱群系
		水香附子群系
		香附子群系
		小灯芯草群系
		异穗薹草群系
		翼果薹草群系
	杂类草湿地植被型	阿尔泰狗娃花群系
		艾群系
		巴天酸模群系
		白车轴草群系
		斑地锦群系
		半夏群系
		半枝莲群系
		薄荷群系
		抱茎苦荬菜群系
		北美独行菜群系
		北水苦荬群系
		本氏木蓝群系
		萹蓄群系
		播娘蒿群系
4 草丛湿地植被型组	杂类草湿地植被型	苍耳群系
		车前群系
		扯根菜群系
		齿果酸模群系
		翅果菊群系
		臭牡丹群系
		垂盆草群系
		慈姑群系
		刺儿菜群系
		刺苋群系
		打碗花群系
		大车前群系
		大刺儿菜群系
		大豆群系
		大花秋葵群系
		大麻群系
		地肤群系
		地锦群系
		地笋群系
		豆瓣菜群系
		独行菜群系
		鹅肠菜群系
		鹅绒藤群系
		二色补血草群系
		繁缕群系
		反枝苋群系
		风花菜群系
		风毛菊群系
		附地菜群系
		杠板归群系
		狗娃花群系
		挂金灯群系

（续）

植被型组	植被型	群　系
4 草丛湿地植被型组	杂类草湿地植被型	光叶蛇葡萄群系
		海滨山黧豆群系
		盒子草群系
		黑心金光菊群系
		红蓼群系
		红足蒿群系
		花蔺群系
		黄花蒿群系
		黄芩群系
		黄香草木犀群系
		灰绿藜群系
		鸡矢藤群系
		鸡眼草群系
		蓟群系
		绞股蓝群系
		节节草群系
		金光菊群系
		金盏银盘群系
		菊芋群系
		苣荬菜群系
		苦菜群系
		苦苣菜群系
		苦荬菜群系
		狼把草群系
		老鹳草群系
		藜群系
		鳢肠群系
		荔枝草群系
		莲子草群系
		两栖蓼群系
		林泽兰群系
		柳叶菜群系

植被型组	植被型	群　系
4 草丛湿地植被型组	杂类草湿地植被型	柳叶箬群系
		龙葵群系
		蒌蒿群系
		罗布麻群系
		萝藦群系
		落花生群系
		绿穗苋群系
		葎草群系
		马齿苋群系
		马兰群系
		曼陀罗群系
		毛茛群系
		毛连菜群系
		美人蕉群系
		米口袋群系
		棉毛酸膜叶蓼群系
		牡荆群系
		苜蓿群系
		牛膝群系
		欧亚旋覆花群系
		攀援天门冬群系
		婆婆针群系
		蒲公英群系
		千屈菜群系
		牵牛群系
		茜草群系
		青蒿群系
		苘麻群系
		全叶马兰群系
		忍冬群系
		三白草群系
		三籽两型豆群系

（续）

植被型组	植被型	群　系	植被型组	植被型	群　系
4 草丛湿地植被型组	杂类草湿地植被型	山绿豆群系	4 草丛湿地植被型组	杂类草湿地植被型	萱草群系
		山莴苣群系			旋覆花群系
		商陆群系			鸦葱群系
		芍药群系			鸭跖草群系
		蛇床群系			野艾蒿群系
		蛇莓群系			野荸荠群系
		肾叶打碗花群系			野慈姑群系
		石胡荽群系			野大豆－狗尾草群系
		石龙芮群系			野大豆－马兰群系
		水蓼群系			野大豆群系
		水芹群系			野胡萝卜群系
		水田碎米荠群系			野菊群系
		丝毛飞廉群系			一年蓬群系
		酸模叶蓼群系			益母草群系
		梭鱼草群系			茵陈蒿群系
		天名精群系			雨久花群系
		田菁群系			鸢尾群系
		田野薄荷群系			圆叶牵牛群系
		铁苋菜群系			再力花群系
		菟丝子群系			早开堇菜群系
		委陵菜群系			泽泻群系
		乌蔹莓群系			长刺酸模群系
		五叶地锦群系			沼生焊菜群系
		西伯利亚蓼群系			中华水芹群系
		习见蓼群系			中华绣线菊群系
		喜旱莲子草群系			皱果苋群系
		苋群系			皱叶酸模群系
		小慈菇群系			猪毛菜群系
		小花鬼针草群系			猪毛蒿群系
		小花山桃草群系			钻叶紫菀群系
		小藜群系			酢浆草群系
		小蓬草群系			

（续）

植被型组	植被型	群　系	植被型组	植被型	群　系
5 浅水湿地植物植被型组	沉水植物湿地植被型	篦齿眼子菜群系	5 浅水湿地植物植被型组	沉水植物湿地植被型	竹叶眼子菜群系
		刺苦草群系			菹草群系
		大茨藻群系		浮叶植物湿地植被型	莲＋香蒲群系
		大叶藻群系			莲群系
		光叶眼子菜群系			菱群系
		黑藻群系			芡实群系
		狐尾藻群系			丘角菱群系
		金鱼藻群系			睡莲群系
		苦草群系			乌菱群系
		狸藻群系			细果野菱群系
		轮叶狐尾藻			莕菜群系
		穗状狐尾藻群系			紫萍群系
		微齿眼子菜群系		漂浮植物湿地植被型	凤眼莲群系
		五刺金鱼藻群系			浮萍群系
		小茨藻群系			莲藕群系
		眼子菜群系			水鳖群系

2.2.2 优势植物群系及其在湿地中的分布

在山东省湿地植被中，以分布于草本沼泽的禾草型湿地植被型和莎草型湿地植被面积最大，主要以芦苇、香蒲、葎草、白茅、狗尾草、稗属植物分布面积最大；杂交杨是木本植物的优势群系，其次是种柳树、生于盐沼中的柽柳属植物是灌丛的优势群系。水生生物以金鱼藻、黑藻、菹草为优势群系。主要群系的分布情况见表3-10。

表3-10　山东省优势植物群系及其在湿地中的分布

群　系	分布湿地	频度（%）	根据调查情况统计的实际分布面积(公顷)
芦苇	全部调查湿地	62	18321.28
杂交杨	全部调查湿地	42	1409.74
香蒲	全部调查湿地	38	303.45
葎草	全部调查湿地	28	22.87
白茅	大多数调查湿地	27	7.75
狗尾草	大多数调查湿地	26	12.23
莲	大多数调查湿地	25	261.50

（续）

群　系	分布湿地	频度（%）	根据调查情况统计的实际分布面积（公顷）
稗	大多数调查湿地	23	8.05
旱柳	大多数调查湿地	22	557.06
水蓼	大多数调查湿地	21	3.15
小蓬草	大多数调查湿地	21	—
金鱼藻	大多数调查湿地	18	4.65
垂柳	东明黄河省级湿地公园、东明庄子湖省级湿地公园、海阳小孩儿口省级湿地公园、济南白云湖省级湿地公园、济西湿地、金乡彭越湖省级湿地公园、南四湖自然保护区、平阴玫瑰湖湿地、栖霞白洋河省级湿地公园、曲阜孔子湖省级湿地公园、寿光滨海公园、台儿庄运河国家湿地公园、微山湖国家湿地公园、潍坊峡山湖国家湿地公园、兖州兴隆省级湿地公园、邹城北宿省级湿地公园、邹城太平省级湿地公园	17	—
狗牙根	安丘拥翠湖国家湿地公园、东明黄河省级湿地公园、东平湖自然保护区、寒亭禹王省级湿地公园、会宝岭水库、临沂沭河省级湿地公园、临沂武河国家湿地公园、南四湖自然保护区、平阴玫瑰湖湿地、曲阜孔子湖省级湿地公园、泗水尹城省级湿地公园、五龙河省级湿地公园、鱼台鹿洼省级湿地公园、枣庄月亮湾国家湿地公园、邹城北宿省级湿地公园、邹城香城省级湿地公园	17	11.89
艾	安丘拥翠湖国家湿地公园、寒亭禹王省级湿地公园、黄水河河口自然保护区、会宝岭水库、莱州湾自然保护区、临朐巨洋湖省级湿地公园、临沂沭河省级湿地公园、龙口市王屋水库湿地公园、南四湖自然保护区、蟠龙河国家湿地公园、蓬莱平畅河省级湿地公园、平阴玫瑰湖湿地、栖霞白洋河省级湿地公园、滕州滨湖国家湿地公园、枣庄月亮湾国家湿地公园、长岛国家级自然保护区	17	—
扁秆藨草	大沽夹河自然保护区、寒亭禹王省级湿地公园、济西湿地、济阳澄波湖省级湿地公园、梁山水泊省级湿地公园、临沂武河国家湿地公园、牟平区养马岛湿地公园、南四湖自然保护区、蓬莱平畅河省级湿地公园、栖霞白洋河省级湿地公园、商河大沙河省级湿地公园、微山湖国家湿地公园、沂河湿地、银湖自然保护区、邹城太平省级湿地公园	16	—
荇菜	安丘拥翠湖国家湿地公园、大沽夹河自然保护区、东平湖自然保护区、寒亭禹王省级湿地公园、临沂沭河省级湿地公园、临沂武河国家湿地公园、南四湖自然保护区、平阴玫瑰湖湿地、栖霞白洋河省级湿地公园、曲阜孔子湖省级湿地公园、微山湖国家湿地公园、潍坊峡山湖国家湿地公园、汶上大汶河省级湿地公园、兖州兴隆省级湿地公园、银湖自然保护区、枣庄月亮湾国家湿地公园	16	—

（续）

群　系	分布湿地	频度（%）	根据调查情况统计的实际分布面积（公顷）
苍耳	岸堤水库、大沽夹河自然保护区、海阳小孩儿口省级湿地公园、寒亭禹王省级湿地公园、会宝岭水库、临沂祊河省级湿地公园、临沂沭河省级湿地公园、临沂武河国家湿地公园、南四湖自然保护区、蟠龙河国家湿地公园、汶上莲花湖省级湿地公园、五龙河省级湿地公园、沂河湿地、长岛国家级自然保护区	15	—
碱蓬	昌邑柽柳林省级湿地公园、黄垒河和乳山河河口、莱州湾自然保护区、牟平区养马岛湿地公园、南四湖自然保护区、平阴玫瑰湖湿地、青岛胶州湾湿地自然保护区、青岛少海国家湿地公园、商河大沙河省级湿地公园、寿光滨海公园、五龙河省级湿地公园、沾化海岸带自然保护区、长岛国家级自然保护区	14	1878.60
香附子	岸堤水库、大沽夹河自然保护区、济西湿地、临沂祊河省级湿地公园、临沂沭河省级湿地公园、南四湖自然保护区、平阴玫瑰湖湿地、曲阜孔子湖省级湿地公园、泗水尹城省级湿地公园、五龙河省级湿地公园、沂河湿地、银湖自然保护区、邹城太平省级湿地公园	14	—
欧亚旋覆花	安丘拥翠湖国家湿地公园、昌乐仙月湖省级湿地公园、寒亭禹王省级湿地公园、济西湿地、梁山水泊省级湿地公园、南四湖自然保护区、蟠龙河国家湿地公园、平阴玫瑰湖湿地、曲阜崇文湖省级湿地公园、泗水尹城省级湿地公园、滕州滨湖国家湿地公园、微山湖国家湿地公园、沂河湿地、邹城太平省级湿地公园	14	16.85
喜旱莲子草	东平湖自然保护区、会宝岭水库、临沂沭河省级湿地公园、临沂武河国家湿地公园、南四湖自然保护区、蟠龙河国家湿地公园、曲阜崇文湖省级湿地公园、曲阜孔子湖省级湿地公园、微山湖国家湿地公园、汶上大汶河省级湿地公园、枣庄九龙湾国家湿地公园、枣庄月亮湾国家湿地公园、邹城北宿省级湿地公园	14	194.93
鳢肠	安丘拥翠湖国家湿地公园、昌乐仙月湖省级湿地公园、东平湖自然保护区、会宝岭水库、临沂祊河省级湿地公园、南四湖自然保护区、平阴玫瑰湖湿地、曲阜崇文湖省级湿地公园、曲阜孔子湖省级湿地公园、商河大沙河省级湿地公园、微山湖国家湿地公园、沂河湿地、邹城太平省级湿地公园	13	3.6
酸模叶蓼	黄河三角洲国家级自然保护区、会宝岭水库、南四湖自然保护区、蓬莱平畅河省级湿地公园、栖霞白洋河省级湿地公园、泗水青源省级湿地公园、微山湖国家湿地公园、汶上大汶河省级湿地公园、汶上莲花湖省级湿地公园、兖州兴隆省级湿地公园、沂河湿地、邹城太平省级湿地公园、邹城香城省级湿地公园	13	—

（续）

群　系	分布湿地	频度（%）	根据调查情况统计的实际分布面积（公顷）
柽柳	昌邑柽柳林省级湿地公园、寒亭禹王省级湿地公园、黄河三角洲国家级自然保护区、黄水河河口自然保护区、济西湿地、济阳澄波湖省级湿地公园、牟平区养马岛湿地公园、青岛胶州湾湿地自然保护区、青岛少海国家湿地公园、曲阜崇文湖省级湿地公园、商河大沙河省级湿地公园、长岛国家级自然保护区	12	2276.42
马唐	岸堤水库、济西湿地、金乡彭越湖省级湿地公园、莱州湾自然保护区、临沂沭河省级湿地公园、临沂武河国家湿地公园、南四湖自然保护区、蓬莱平畅河省级湿地公园、平阴玫瑰湖湿地、五龙河省级湿地公园、沂河湿地、邹城太平省级湿地公园	12	—
小花鬼针草	博兴麻大湖省级湿地公园、东平湖自然保护区、会宝岭水库、临沂祊河省级湿地公园、临沂沭河省级湿地公园、南四湖自然保护区、蟠龙河国家湿地公园、平阴玫瑰湖湿地、五龙河省级湿地公园、兖州兴隆省级湿地公园、沂河湿地、长岛国家级自然保护区	12	14.95
茵陈蒿	昌邑柽柳林省级湿地公园、海阳小孩儿口省级湿地公园、金乡彭越湖省级湿地公园、莱州湾自然保护区、蟠龙河国家湿地公园、商河大沙河省级湿地公园、寿光滨海公园、五龙河省级湿地公园、沂河湿地、枣庄月亮湾国家湿地公园、长岛国家级自然保护区、邹城太平省级湿地公园	12	11.62
黑藻	安丘拥翠湖国家湿地公园、岸堤水库、曹县黄河故道省级湿地公园、昌乐仙月湖省级湿地公园、会宝岭水库、济南名泉源头湿地、济西湿地、临沂祊河省级湿地公园、临沂武河国家湿地公园、南四湖自然保护区、沂河湿地、邹城太平省级湿地公园	12	—
菹草	岸堤水库、大沽夹河自然保护区、寒亭禹王省级湿地公园、梁山水泊省级湿地公园、南四湖自然保护区、蟠龙河国家湿地公园、平阴玫瑰湖湿地、栖霞白洋河省级湿地公园、曲阜崇文湖省级湿地公园、沂河湿地、银湖自然保护区	12	7.63
刺槐	安丘拥翠湖国家湿地公园、大沽夹河自然保护区、寒亭禹王省级湿地公园、黄河三角洲国家级自然保护区、黄水河河口自然保护区、龙口市王屋水库湿地公园、南四湖自然保护区、平阴玫瑰湖湿地、商河大沙河省级湿地公园、滕州滨湖国家湿地公园	11	5.81

（续）

群　系	分布湿地	频度（%）	根据调查情况统计的实际分布面积(公顷)
荻	黄河三角洲国家级自然保护区、济西湿地、临朐巨洋湖省级湿地公园、临沂祊河省级湿地公园、临沂沭河省级湿地公园、临沂武河国家湿地公园、蓬莱平畅河省级湿地公园、曲阜崇文湖省级湿地公园、曲阜孔子湖省级湿地公园、微山湖国家湿地公园、五龙河省级湿地公园	11	—
苘麻	岸堤水库、海阳小孩儿口省级湿地公园、济西湿地、南四湖自然保护区、栖霞白洋河省级湿地公园、滕州滨湖国家湿地公园、微山湖国家湿地公园、沂河湿地、鱼台鹿洼省级湿地公园、枣庄九龙湾国家湿地公园	11	7.67
浮萍	安丘拥翠湖国家湿地公园、东平湖自然保护区、寒亭禹王省级湿地公园、会宝岭水库、济阳燕子湾省级湿地公园、南四湖自然保护区、曲阜孔子湖省级湿地公园、寿光滨海公园、潍坊峡山湖国家湿地公园、邹城北宿省级湿地公园	11	3.21
构树	济西湿地、金乡彭越湖省级湿地公园、蟠龙河国家湿地公园、曲阜崇文湖省级湿地公园、台儿庄运河国家湿地公园、滕州滨湖国家湿地公园、长岛国家级自然保护区、邹城太平省级湿地公园	10	—
菖蒲	大沽夹河自然保护区、临沂祊河省级湿地公园、临沂沭河省级湿地公园、临沂武河国家湿地公园、南四湖自然保护区、台儿庄运河国家湿地公园、滕州滨湖国家湿地公园、兖州兴隆省级湿地公园、沂河湿地	10	—
灰绿藜	昌乐仙月湖省级湿地公园、大沽夹河自然保护区、海阳小孩儿口省级湿地公园、济西湿地、莱州湾自然保护区、临沂祊河省级湿地公园、临沂沭河省级湿地公园、蟠龙河国家湿地公园、平阴玫瑰湖湿地、栖霞白洋河省级湿地公园	10	2.80
狼把草	大沽夹河自然保护区、济阳燕子湾省级湿地公园、蟠龙河国家湿地公园、微山湖国家湿地公园、银湖自然保护区、鱼台鹿洼省级湿地公园、枣庄月亮湾国家湿地公园、邹城北宿省级湿地公园、邹城太平省级湿地公园、邹城香城省级湿地公园	10	2.14
野大豆	黄河三角洲国家级自然保护区、济西湿地、南四湖自然保护区、蟠龙河国家湿地公园、平阴玫瑰湖湿地、曲阜孔子湖省级湿地公园、滕州滨湖国家湿地公园、微山湖国家湿地公园、邹城太平省级湿地公园	10	4.95
白蜡树	东平湖自然保护区、海阳小孩儿口省级湿地公园、黄河三角洲国家级自然保护区、济西湿地、平阴玫瑰湖湿地、寿光滨海公园、滕州滨湖国家湿地公园、邹城太平省级湿地公园	9	—

（续）

群　系	分布湿地	频度（%）	根据调查情况统计的实际分布面积(公顷)
水烛	大沽夹河自然保护区、东平湖自然保护区、济西湿地、济阳燕子湾省级湿地公园、南四湖自然保护区、蓬莱平畅河省级湿地公园、曲阜崇文湖省级湿地公园、曲阜孔子湖省级湿地公园、微山湖国家湿地公园	9	8.13
刺儿菜	昌邑柽柳林省级湿地公园、大沽夹河自然保护区、寒亭禹王省级湿地公园、莱州湾自然保护区、牟平区养马岛湿地公园、曲阜崇文湖省级湿地公园、滕州滨湖国家湿地公园、微山湖国家湿地公园、汶上莲花湖省级湿地公园	9	—
青蒿	安丘拥翠湖国家湿地公园、岸堤水库、寒亭禹王省级湿地公园、会宝岭水库、临朐巨洋湖省级湿地公园、临沂祊河省级湿地公园、南四湖自然保护区、蓬莱平畅河省级湿地公园、沂河湿地	9	—
一年蓬	济西湿地、临沂祊河省级湿地公园、南四湖自然保护区、蟠龙河国家湿地公园、曲阜崇文湖省级湿地公园、曲阜孔子湖省级湿地公园、泗水青源省级湿地公园、微山湖国家湿地公园、邹城太平省级湿地公园	9	—
钻叶紫菀	东平湖自然保护区、梁山水泊省级湿地公园、临沂祊河省级湿地公园、南四湖自然保护区、蓬莱平畅河省级湿地公园、滕州滨湖国家湿地公园、微山湖国家湿地公园、邹城北宿省级湿地公园、邹城太平省级湿地公园	9	—
菱	安丘拥翠湖国家湿地公园、东平湖自然保护区、会宝岭水库、临沂武河国家湿地公园、南四湖自然保护区、平阴玫瑰湖湿地、台儿庄运河国家湿地公园、枣庄月亮湾国家湿地公园	9	—
狼尾草	安丘拥翠湖国家湿地公园、会宝岭水库、济西湿地、临沂沭河省级湿地公园、南四湖自然保护区、潍坊峡山湖国家湿地公园、鱼台鹿洼省级湿地公园	8	—
薄荷	临沂沭河省级湿地公园、蟠龙河国家湿地公园、泗水青源省级湿地公园、泗水尹城省级湿地公园、沂河湿地、枣庄月亮湾国家湿地公园、邹城北宿省级湿地公园、邹城太平省级湿地公园	8	—
野艾蒿	临沂沭河省级湿地公园、南四湖自然保护区、台儿庄运河国家湿地公园、滕州滨湖国家湿地公园、五龙河省级湿地公园、沂河湿地、邹城北宿省级湿地公园、邹城太平省级湿地公园	8	—
猪毛蒿	岸堤水库、黄河三角洲国家级自然保护区、济阳澄波湖省级湿地公园、临朐巨洋湖省级湿地公园、蓬莱平畅河省级湿地公园、兖州兴隆省级湿地公园、沂河湿地、枣庄月亮湾国家湿地公园	8	—
水鳖	昌乐仙月湖省级湿地公园、会宝岭水库、济西湿地、临沂武河国家湿地公园、南四湖自然保护区、平阴玫瑰湖湿地、商河大沙河省级湿地公园	8	—

（续）

群　系	分布湿地	频度（%）	根据调查情况统计的实际分布面积（公顷）
藨草	会宝岭水库、临沂祊河省级湿地公园、临沂沭河省级湿地公园、临沂武河国家湿地公园、曲阜崇文湖省级湿地公园、曲阜孔子湖省级湿地公园、微山湖国家湿地公园	7	—
假稻	会宝岭水库、临沂沭河省级湿地公园、临沂武河国家湿地公园、滕州滨湖国家湿地公园、微山湖国家湿地公园、沂河湿地、枣庄月亮湾国家湿地公园	7	—
雀麦	大沽夹河自然保护区、莱州湾自然保护区、南四湖自然保护区、蓬莱平畅河省级湿地公园、栖霞白洋河省级湿地公园、曲阜崇文湖省级湿地公园、邹城太平省级湿地公园	7	—
藜	安丘拥翠湖国家湿地公园、临沂武河国家湿地公园、南四湖自然保护区、曲阜崇文湖省级湿地公园、曲阜孔子湖省级湿地公园、长岛国家级自然保护区	7	11.56
益母草	安丘拥翠湖国家湿地公园、昌乐仙月湖省级湿地公园、寒亭禹王省级湿地公园、会宝岭水库、济西湿地、台儿庄运河国家湿地公园、微山湖国家湿地公园	7	—
水杉	南四湖自然保护区、平阴玫瑰湖湿地、曲阜崇文湖省级湿地公园、曲阜孔子湖省级湿地公园、滕州滨湖国家湿地公园、微山湖国家湿地公园	6	7.84
紫穗槐	龙口市王屋水库湿地公园、南四湖自然保护区、商河大沙河省级湿地公园、泗水青源省级湿地公园、滕州滨湖国家湿地公园、五龙河省级湿地公园	6	4.82
牛鞭草	岸堤水库、昌乐仙月湖省级湿地公园、南四湖自然保护区、桑沟湾国家城市湿地公园、滕州滨湖国家湿地公园、兖州兴隆省级湿地公园	6	—
两栖蓼	安丘拥翠湖国家湿地公园、东平湖自然保护区、梁山水泊省级湿地公园、南四湖自然保护区、微山湖国家湿地公园	6	2.76
罗布麻	黄河三角洲国家级自然保护区、莱州湾自然保护区、马踏湖湿地、平阴玫瑰湖湿地、商河大沙河省级湿地公园、长岛国家级自然保护区	6	—
睡莲	大沽夹河自然保护区、济阳澄波湖省级湿地公园、临沂武河国家湿地公园、南四湖自然保护区、蟠龙河国家湿地公园	6	—
大茨藻	会宝岭水库、济西湿地、临沂武河国家湿地公园、南四湖自然保护区、蟠龙河国家湿地公园、沂河湿地	6	—
狐尾藻	梁山水泊省级湿地公园、南四湖自然保护区、曲阜孔子湖省级湿地公园、沂河湿地、邹城太平省级湿地公园、邹城香城省级湿地公园	6	5.98
火炬树	黄水河河口自然保护区、龙口市王屋水库湿地公园、南四湖自然保护区、蓬莱平畅河省级湿地公园、寿光滨海公园	5	—

（续）

群　系	分布湿地	频度（%）	根据调查情况统计的实际分布面积（公顷）
木槿	金乡彭越湖省级湿地公园、南四湖自然保护区、平阴玫瑰湖湿地、曲阜孔子湖省级湿地公园、台儿庄运河国家湿地公园	5	—
女贞	黄水河河口自然保护区、南四湖自然保护区、曲阜孔子湖省级湿地公园、滕州滨湖国家湿地公园、微山湖国家湿地公园	5	—
荆三棱	梁山水泊省级湿地公园、南四湖自然保护区、曲阜崇文湖省级湿地公园、曲阜孔子湖省级湿地公园	5	—
翼果薹草	临沂祊河省级湿地公园、南四湖自然保护区、泗水青源省级湿地公园、沂河湿地、邹城香城省级湿地公园	5	—
菰	岸堤水库、南四湖自然保护区、微山湖国家湿地公园、沂河湿地	5	—
牛筋草	寒亭禹王省级湿地公园、临沂祊河省级湿地公园、临沂武河国家湿地公园、平阴玫瑰湖湿地、五龙河省级湿地公园	5	—
竖立鹅观草	南四湖自然保护区、蟠龙河国家湿地公园、蓬莱平畅河省级湿地公园、栖霞白洋河省级湿地公园、枣庄月亮湾国家湿地公园	5	—
长苞香蒲	大沽夹河自然保护区、南四湖自然保护区、滕州滨湖国家湿地公园、枣庄月亮湾国家湿地公园、沾化海岸带自然保护区	5	4. 16
长芒稗	会宝岭水库、临朐巨洋湖省级湿地公园、南四湖自然保护区、平阴玫瑰湖湿地、微山湖国家湿地公园	5	—
齿果酸模	南四湖自然保护区、曲阜崇文湖省级湿地公园、微山湖国家湿地公园、邹城北宿省级湿地公园、邹城太平省级湿地公园	5	—
打碗花	海阳小孩儿口省级湿地公园、济西湿地、枣庄月亮湾国家湿地公园、长岛国家级自然保护区	5	—
地肤	莱州湾自然保护区、马踏湖湿地、南四湖自然保护区、鱼台鹿洼省级湿地公园、长岛国家级自然保护区	5	—
黄花蒿	济南名泉源头湿地、济西湿地、南四湖自然保护区、平阴玫瑰湖湿地、五龙河省级湿地公园	5	8. 30
马齿苋	岸堤水库、寒亭禹王省级湿地公园、济西湿地、莱州湾自然保护区、临沂沭河省级湿地公园	5	—
紫萍	临沂沭河省级湿地公园、临沂武河国家湿地公园、平阴玫瑰湖湿地、寿光滨海公园	5	4. 42
篦齿眼子菜	济西湿地、梁山水泊省级湿地公园、南四湖自然保护区、滕州滨湖国家湿地公园	5	—
竹叶眼子菜	会宝岭水库、梁山水泊省级湿地公园、南四湖自然保护区、邹城太平省级湿地公园	5	—

（续）

群　系	分布湿地	频度（%）	根据调查情况统计的实际分布面积（公顷）
三球悬铃木	济阳澄波湖省级湿地公园、金乡彭越湖省级湿地公园、平阴玫瑰湖湿地、曲阜孔子湖省级湿地公园	4	—
榆树	济西湿地、金乡彭越湖省级湿地公园、龙口市王屋水库湿地公园、商河大沙河省级湿地公园	4	—
酸枣	南四湖自然保护区、曲阜孔子湖省级湿地公园、泗水青源省级湿地公园、泗水尹城省级湿地公园	4	—
紫叶李	大沽夹河自然保护区、济西湿地、龙口市王屋水库湿地公园、平阴玫瑰湖湿地	4	—
盐地碱蓬	滨州贝壳堤岛与湿地自然保护区、黄河三角洲国家级自然保护区、黄垒河和乳山河河口、寿光滨海公园	4	170.28
芦竹	临沂武河国家湿地公园、南四湖自然保护区、寿光滨海公园、微山湖国家湿地公园	4	—
瘦脊伪针茅	安丘拥翠湖国家湿地公园、岸堤水库、曲阜孔子湖省级湿地公园、峄城古运荷乡省级湿地公园	4	—
双穗雀稗	南四湖自然保护区、蟠龙河国家湿地公园、汶上大汶河省级湿地公园	4	—
无芒稗	昌乐仙月湖省级湿地公园、平阴玫瑰湖湿地、台儿庄运河国家湿地公园、沂河湿地	4	8.05
细柄黍	会宝岭水库、临沂沭河省级湿地公园、五龙河省级湿地公园、沂河湿地	4	—
阿尔泰狗娃花	南四湖自然保护区、沂河湿地、邹城太平省级湿地公园、兖州兴隆省级湿地公园	4	—
地笋	曹县黄河故道省级湿地公园、南四湖自然保护区、微山湖国家湿地公园、五龙河省级湿地公园	4	—
反枝苋	岸堤水库、会宝岭水库、济阳燕子湾省级湿地公园、平阴玫瑰湖湿地	4	—
黄香草木犀	黄河三角洲国家级自然保护区、南四湖自然保护区、栖霞白洋河省级湿地公园	4	—
苣荬菜	昌邑柽柳林省级湿地公园、南四湖自然保护区、商河大沙河省级湿地公园、长岛国家级自然保护区	4	—
莲子草	临沂沭河省级湿地公园、曲阜孔子湖省级湿地公园、兖州兴隆省级湿地公园、沂河湿地	4	—
牛膝	临沂祊河省级湿地公园、临沂沭河省级湿地公园、临沂武河国家湿地公园、南四湖自然保护区	4	—
茜草	南四湖自然保护区、商河大沙河省级湿地公园、长岛国家级自然保护区	4	—
蛇莓	岸堤水库、临沂武河国家湿地公园、南四湖自然保护区、蟠龙河国家湿地公园	4	—

（续）

群　系	分布湿地	频度（%）	根据调查情况统计的实际分布面积（公顷）
水芹	临沂祊河省级湿地公园、南四湖自然保护区、曲阜孔子湖省级湿地公园、滕州滨湖国家湿地公园	4	—
梭鱼草	大沽夹河自然保护区、临沂武河国家湿地公园、南四湖自然保护区、滕州滨湖国家湿地公园	4	—
铁苋菜	寒亭禹王省级湿地公园、临沂沭河省级湿地公园、沂河湿地、邹城北宿省级湿地公园	4	—
小花山桃草	寒亭禹王省级湿地公园、莱州湾自然保护区、南四湖自然保护区、平阴玫瑰湖湿地	4	—
旋覆花	岸堤水库、会宝岭水库、曲阜崇文湖省级湿地公园、沂河湿地	4	16.85
鸭跖草	临沂沭河省级湿地公园、临沂武河国家湿地公园、泗水青源省级湿地公园、沂河湿地	4	—
野胡萝卜	南四湖自然保护区、曲阜崇文湖省级湿地公园、滕州滨湖国家湿地公园、沂河湿地	4	—
芡实	东平湖自然保护区、梁山水泊省级湿地公园、南四湖自然保护区、曲阜崇文湖省级湿地公园	4	—
合欢	黄水河河口自然保护区、龙口市王屋水库湿地公园、南四湖自然保护区	3	—
核桃	东平湖自然保护区、曲阜孔子湖省级湿地公园、汶上大汶河省级湿地公园	3	—
山樱花	曲阜孔子湖省级湿地公园、微山湖国家湿地公园	3	—
石榴	南四湖自然保护区、平阴玫瑰湖湿地、邹城北宿省级湿地公园	3	—
桃	曲阜崇文湖省级湿地公园、曲阜孔子湖省级湿地公园、邹城太平省级湿地公园	3	—
银杏	黄水河河口自然保护区、曲阜孔子湖省级湿地公园、微山湖国家湿地公园	3	—
杞柳	南四湖自然保护区、微山湖国家湿地公园、鱼台鹿洼省级湿地公园	3	—
灯芯草	大沽夹河自然保护区、梁山水泊省级湿地公园、五龙河省级湿地公园	3	—
滨麦	牟平区养马岛湿地公园、蓬莱平畅河省级湿地公园、荣成大天鹅自然保护区	3	—
拂子茅	栖霞白洋河省级湿地公园、兖州兴隆省级湿地公园	3	—
假苇拂子茅	黄河三角洲国家级自然保护区、济阳澄波湖省级湿地公园	3	—

(续)

群　系	分布湿地	频度（%）	根据调查情况统计的实际分布面积(公顷)
荩草	南四湖自然保护区、平阴玫瑰湖湿地	3	—
烟台飘拂草	昌乐仙月湖省级湿地公园、南四湖自然保护区、邹城太平省级湿地公园	3	—
早熟禾	平阴玫瑰湖湿地、长岛国家级自然保护区	3	—
中华结缕草	寒亭禹王省级湿地公园、蓬莱平畅河省级湿地公园、平阴玫瑰湖湿地	3	—
白车轴草	济阳澄波湖省级湿地公园、临沂武河国家湿地公园、平阴玫瑰湖湿地	3	—
萹蓄	南四湖自然保护区、泗水尹城省级湿地公园、鱼台鹿洼省级湿地公园	3	—
车前	长岛国家级自然保护区、邹城北宿省级湿地公园	3	—
大刺儿菜	济西湿地、南四湖自然保护区、滕州滨湖国家湿地公园	3	—
鹅肠菜	南四湖自然保护区、曲阜孔子湖省级湿地公园、邹城北宿省级湿地公园	3	—
鹅绒藤	黄河三角洲国家级自然保护区、莱州湾自然保护区、南四湖自然保护区	3	—
盒子草	临沂沭河省级湿地公园、临沂武河国家湿地公园、南四湖自然保护区	3	—
红蓼	南四湖自然保护区、微山湖国家湿地公园、鱼台鹿洼省级湿地公园	3	—
金盏银盘	南四湖自然保护区、泗水青源省级湿地公园	3	—
柳叶菜	济西湿地、临沂沭河省级湿地公园、长岛国家级自然保护区	3	—
牡荆	泗水青源省级湿地公园、泗水尹城省级湿地公园	3	—
千屈菜	南四湖自然保护区、曲阜孔子湖省级湿地公园、滕州滨湖国家湿地公园	3	—
商陆	大沽夹河自然保护区、临沂祊河省级湿地公园、临沂沭河省级湿地公园	3	—
田野薄荷	博兴麻大湖省级湿地公园、南四湖自然保护区、鱼台鹿洼省级湿地公园	3	—
乌蔹莓	南四湖自然保护区、滕州滨湖国家湿地公园、微山湖国家湿地公园	3	—
野慈姑	临沂祊河省级湿地公园、临沂武河国家湿地公园、五龙河省级湿地公园	3	—

（续）

群　系	分布湿地	频度（%）	根据调查情况统计的实际分布面积（公顷）
皱叶酸模	蓬莱平畅河省级湿地公园、栖霞白洋河省级湿地公园、曲阜崇文湖省级湿地公园	3	—
猪毛菜	临朐巨洋湖省级湿地公园、马踏湖湿地、牟平区养马岛湿地公园	3	3.48
苦草	沂河湿地、枣庄月亮湾国家湿地公园	3	—
穗状狐尾藻	黄河三角洲国家级自然保护区、南四湖自然保护区、蟠龙河国家湿地公园	3	—
微齿眼子菜	南四湖自然保护区、沂河湿地、邹城太平省级湿地公园	3	—
眼子菜	南四湖自然保护区、沂河湿地、邹城太平省级湿地公园	3	—

2.2.3　主要湿地植被类型

山东湿地主要有以下植被类型：

2.2.3.1　针叶林湿地植被

针叶林湿地植被是以针叶树为建群种所组成的各种湿地森林群落的总称，包括针叶纯林、针叶树混交林和以针叶树为主的针阔叶混交林。

山东省属于落叶阔叶林区域，地带性自然植被除落叶阔叶林外，在某些特定的环境条件下分布着暖性针叶林，主要是乡土树种赤松林，其次是引种的黑松林。

（1）赤松林为暖性常绿针叶树种，在山东省烟台、威海、青岛、日照的海岸湿地外围、河流河床之上、库塘沿岸多有天然次生或人工栽培的赤松林。赤松林能耐瘠薄土壤，以 pH 值 5.5～7.0 的沙壤质或砂质土壤最适宜。

赤松林的群落组成和结构，有栎类、刺槐、盐肤木等。灌木有胡枝子、花木兰和地椒等。草本植物有霞草、野古草、结缕草、黄背草、羊胡子草和野青茅等。

（2）黑松林在烟台、威海、青岛、日照海岸湿地上分布面积很广。该品种 1914 年由日本输入山东省，具有抗海风、海雾、耐轻度盐碱、生长快等特点，现为主要海滩防护林树种。

黑松林的群落组成和结构较为简单。在密度适中的中龄林下，几乎不存在灌木层和草本层；个别散生的长势也较弱。主要伴生有紫穗槐、胡枝子、柽柳、荆条、单叶蔓荆、羊胡子草、狗牙根、黄背草、结缕草、茵陈蒿、肾叶打碗花、筛草等。

2.2.3.2　阔叶林湿地植被

落叶阔叶林是山东省湿地的地带性植被，在山东省湿地有广泛分布，主要有以下两个植物群系：

（1）杨树林广泛分布于河流、湖泊、库塘的岸边、漫滩、滞泄洪区，系人工营造，为乡土树种，林下植被稀少，常伴生植物主要有芦苇、白茅、水烛、羊胡子草、狗尾草、野艾蒿等。

（2）刺槐林主要分布于湖泊、库塘岸边，河漫滩，黄河泛滥改道形成的新淤土地，系由人工造林形成。刺槐原产北美，19 世纪初引入山东省，具有耐轻度盐碱（含盐量 0.3% 以下）的特点。刺槐林下植物稀少，林下主要伴生种类有胡枝子、紫穗槐、荆条、羊胡子草、狗尾草、蒿类等。

2.2.3.3 灌 丛

灌丛是以灌木为建群种而形成的植物群落，大多是森林遭破坏后形成的次生植被，在山东省几个湿地类型中均有出现，主要分布在海岸湿地的潮上带砂石性海岸，淤泥质盐质滩涂，湖泊、库塘、河流湿地的堤岸、滞泄洪区。主要有以下群系。

(1)胡枝子灌丛基岩砂石海岸，山地丘陵区库塘、河流湿地常见灌丛之一，常伴生的灌木有白檀、地椒、卫矛、花木兰、酸枣、绣线菊等。

(2)紫穗槐灌丛滨海盐土及沙地上常见的灌丛，内陆湿地也广泛分布。紫穗槐是引进种，由于其耐盐力高、适应环境性能强、生长快，所以被广泛引种。与紫穗槐伴生的植物有白刺、白茅、茵陈蒿、罗布麻、狗尾草等。

(3)柽柳灌丛天然的海岸灌丛，主要分布在鲁北平原淤泥海岸的盐质滩涂上，其他湿地也有零星分布。柽柳耐盐力强，一般在0.7%的盐土上能生长。黄河三角洲沿海滩涂分布有柽柳灌丛8126公顷，是山东面积最大的天然灌丛。

(4)酸枣灌丛山地丘陵区海岸、库塘、河流湿地广泛分布。常相伴生植物有荆条、狗尾草、黄背草、羊胡子草、隐子草等。

(5)山胡椒灌丛山地丘陵区海岸、库塘、河流湿地常见灌丛。常伴生植物有卫矛、蓼等。

(6)白蜡灌丛河流、湖泊堤岸常见的灌丛。常相伴生植物有白茅、牛筋草、野艾蒿、狗牙根、蓼等。

(7)杞柳灌丛常见于河流湿地堤岸。常伴生植物有芦苇、结缕草、狗尾草、蓼、白颖薹草等。

(8)锦鸡儿灌丛山地丘陵区湿地成零星分布，伴生植物有卫矛、黄背草、地柏等。

(9)绣线菊灌丛分布于山地丘陵区的库塘、河流堤岸，常伴生植物有卫矛、杜鹃、羊胡子草、鹅观草、霞草等。

2.2.3.4 灌草丛

灌草丛是以多年生禾本科植物为建群种并散生着灌木的植物群落。在山地、丘陵的库塘、河流堤岸、基盐砂质海岸均有分布。较常见的有以下群系。

(1)黄背草灌草丛以黄背草为主要建群种，散生有荆条、酸枣、胡枝子等。

(2)羊胡子草灌草丛以羊胡子草为主要建群种，散生有胡枝子、酸枣、牛奶子等。

(3)结缕草灌草丛以结缕草为背景，散生有胡枝子、酸枣等。

2.2.3.5 盐生草甸

近海及海岸湿地的盐质滩涂、河口三角洲，由于含盐量较高，常在低洼平坦的地面上，形成大面积的草本植物群落。主要有以下类型：

(1)白茅草甸主要分布在黄河故道和近期黄河泛滥新淤地以及沙质较多的弃耕地。白茅是轻度耐盐植物(含盐量0.3%以下)。常伴生有狗尾草、茵陈蒿、野大豆等。

(2)獐茅草甸大面积分子在渤海沿岸淤泥质滩涂。獐茅是根茎型多年生、盐中生低禾草，群落所在地为中轻度盐土(含盐量1.5%以下)，主要分布在翅碱蓬群落的外围。獐茅草甸群落覆盖度大，种类组成比较单纯，常伴生有翅碱蓬、芦苇、中华补血草、猪毛蒿等。

(3)翅碱蓬草甸主要分布在渤海沿岸，平均海潮线以上的近海滩地，地势平坦，经常受特大海潮和含盐潜水的影响，土壤含盐量高，一般在(0.9%～3%)，呈明显带状分布。该群落以翅碱蓬为建群种，是陆地向滩涂延伸的先锋植物群落。常伴生植物有芦苇、獐茅、藜和羊草等。

(4)茵陈蒿草甸主要分布在远离海岸，地势较高，不受潮水影响的滩涂湿地，土壤含盐量0.5%以下。常伴生有艾蒿、白茅、狗尾草、芦苇等。

(5)狗牙根草甸主要分布在黄河泛滥地，地下水位较高的微盐化沼泽草甸土上。常伴生有马唐、虎尾草等。

(6)拂子茅草甸主要分布在河滩地和低湿地，地表湿润有轻微盐渍化土地上。以拂子茅为建群种，并与优势植物羊草、芦苇等组成群落。

(7)罗布麻草甸主要分布在轻度盐渍化，含盐量一般在1%以下的潮湿盐碱土上。常伴生植物有二色补血草、白茅、芦苇等。

(8)矮生薹草草甸主要分布于滨海地势低平雨后有轻度积水的盐渍化土地上，形成零星分布的群落，伴生植物有结缕草、粗毛鸭嘴草、二色补血草等。

(9)碱茅草甸主要分布在滨海地势低平潮湿轻盐渍化地区，形成零星分布的群落。

2.2.3.6 沙生植被

沙生植物主要分布在海岸湿地的裸沙地、河流湿地的河漫滩上。沙生植物组成群落繁多，但面积不大。主要有以下群系：

(1)筛草群系组成植物有肾叶打碗花、北沙参、海边香豌豆、粗毛鸭嘴草、天门冬、猪毛菜、茵陈蒿、苍耳、匍匐苦买菜、珊瑚菜、砂引草等共同组成群落。

(2)单叶蔓荆群系组成植物群落有肾叶打碗花、筛草、虎杖、赖草等。

(3)滨麦群系组成植物有矮生薹草、肾叶打碗花、海边香豌豆等。

(4)砂引草群系组成植物有短生薹草、肾叶打碗花、小白酒草等。

(5)北沙参群系组成植物有粗毛鸭嘴草等。

2.2.3.7 沼泽和水生植被

沼泽和水域植被是以水生植物为建群种而组成的植物群落。山东省沼泽和水域植被面积很大，分布广，一般水深15~60厘米，各湿地类型均有分布，构成湿地植被的主体。主要有以下几种植被类型：

(1)芦苇群系是省内最大的沼泽植被类型，主要分布在黄河三角洲、鲁西湖区和小清河两岸的积水或季节性积水区域，其他湿地多零星分布。常形成单一群落或与其他草本植物组成群落。

(2)菖蒲群系主要分布在湖泊、库塘、河流沿岸浅水或常年积水沼泽，呈带状小面积分布，常见与芦苇伴生。

(3)香蒲群系主要分布在湖泊、库塘、河流沿岸浅水或常年积水沼泽。建群种由东方香蒲、长苞香蒲、水烛等数种。

(4)睡莲群系主要分布在湖泊、库塘湿地中。

(5)浮萍群系主要分布在湖泊、库塘湿地中。

(6)眼子菜群系主要分布在湖泊、库塘湿地中。

(7)荇菜群系主要分布在湖泊、库塘湿地中。

(8)雨久花群系主要分布在湖泊、库塘湿地中。

(9)菱群系主要分布在湖泊、库塘湿地中。

(10)金鱼藻群系主要分布在湖泊、库塘湿地中。

(11)茨藻群系主要分布在湖泊、库塘湿地中。

(12)狸藻群系主要分布在湖泊、库塘湿地中。

2.2.4 植被分布规律

湿地植被的分布除受地理位置、气候、海拔等影响外，还取决于湿地水分、土壤和土壤含盐量等因素。

在海岸湿地基岩砂质岸段上，由于沙粒持水力差，虽然含盐量不高，但因水分不足也不能发展成森林，植物群落是以筛草、肾叶打碗花、匍匐苦荬菜等为主的沙生植被群落。在鲁北平原海岸带，黄河冲击母质上发育的滨海盐土上，由于土壤水分含盐量大，限制了森林的发育，从而形成了土壤顶级植被木本群落为柽柳灌丛；在含盐量低的盐土上为盐生草甸，主要建群种是獐茅和其他双子叶植物；在盐分较重的地方是以盐地碱蓬等为主的盐生植被。

滨海基岩砂质海岸段，沙生植被的分布规律不很明显。一般来讲，在裸砂地首先着生的是以筛草、肾叶打碗花、北沙参等为主，进而单叶蔓荆进入群落后可以逐步扩大连成片，再以后禾本科、菊科、藜科、苋科植物逐渐取代了上述种类占优势后，便形成了的滨海砂地草甸植被。在调查中发现除单叶蔓荆外，大多数植物虽能适应环境但已不能再作为建群种形成群落了。就我省滨海砂地来看，裸砂地一般自最高潮位线向陆只有 50 ~ 100 米，在这一界限上大都已造林或开发利用，由于人类活动的影响，由沙生植被向丘陵旱中生植被过渡的规律很不明显。如豆科的胡枝子类可以出现在海边筛草群落中，而离海几公里外的库塘边则能看到海边香豌豆、猪毛菜、天门冬等，蒺藜则可以大面积分布在潮上带与农田邻接的细砂地上，芦苇则可以从陆向海蔓延至浅海滩涂。

鲁北平原淤泥海岸和黄河三角洲地区，在地势低平，受海潮侵蚀的广大滩涂，土壤含盐量高，主要分布着一年生碱蓬和多年生柽柳、芦苇等耐盐植物。由滩涂向内地推进，盐生碱蓬逐渐增多，构成单优势的肉质盐生植物群落(主要是翅碱蓬群落)，同时在有柽柳种源的地方逐渐发育成以柽柳为主的柽柳灌丛。随着地势的升高，当海拔在 3 米以上时，地表含盐量减少，有机质增加，形成了有一定抗盐特征的，一年生和多年生草甸植被，建群种和优势种主要有蒿类、獐茅、白茅、狗尾草、中华补血草等。在黄河及其支流河滩，由于土壤含盐量较低，水分充足，土壤潜育化明显，形成了以芦苇植被为主的沼泽植被和天然实生柳林。

河流湿地和库塘湿地的植物分布，大多数情况下，常年积水或湿润的地段往往有香蒲科的长苞香蒲、水烛、小香蒲，浮萍科的浮萍、品藻、紫萍，莎草科的各种藨草、莎草、薹草，禾本科的芦苇等植物分布。在潮湿和季节性潮湿的地段，不规律的分布着蓼科的水蓼、红蓼、丛枝蓼、戟叶蓼，藜科的刺藜、灰绿藜、藜、地肤、盐角草，苋科的苋、凹头苋、反枝苋，以及禾本科、灯心草科、豆科、蔷薇科、车前科等科的各种植物。

鲁西平原湖区，在湖岸的浅水区域，发育着以芦苇、藨草、水烛为主组成的沼泽型高草植被和以慈姑、泽泻、菖蒲为主的挺水型植被。在深水区域是以槐叶苹、睡莲、荇菜、菱等组成的浮水型植被和以眼子菜、狸藻、金鱼藻、茨藻为主组成的沉水型植被。

第二节 湿地动物资源

湿地作为一个多功能的生态系统，不仅行使“地球之肾”之功能，在生物地化循环中起着重要作用，湿地还是生物多样性的重要发源地，是生物多样性最为丰富的生态系统，湿地为众多野生动物提供栖息、繁衍的场所，因此也被誉为“天然物种库”。

1 湿地野生动物种类和特点

1.1 湿地野生脊椎动物种类

山东省脊椎动物种类较多，资源丰富，根据以往资料统计，山东省境内共有湿地脊椎动物46目158科818种，其中鱼类18目74科345种，两栖类1目4科8种，爬行类3目7科19种，鸟类19目60科406种，哺乳类5目13科40种(表3-11)。

鱼类在淡水水域以鲤形目种类居多，海水水域以鲈形目为主。两栖动物以蛙科种类为多。爬行动物以蛇目种类占优，黄脊游蛇、红点锦蛇、虎斑游蛇普通常见，为全省性分布。鸟类传统的水鸟类为主，约占总种数的3/4，其中以鹬科和鸭科种类最多。哺乳动物主要由翼手类、啮齿类、食虫类和一些小型食肉类动物所组成，无大型兽类。

表3-11 山东省野生脊椎动物种类

纲	目 数	科 数	种 数
鱼 纲	18	74	345
两栖纲	1	4	8
爬行纲	3	7	19
鸟 纲	19	60	406
哺乳纲	5	13	40
合 计	46	158	818

本次调查现场观察到的湿地脊椎动物共309种，隶属于5纲37目95科，见表3-12。

表3-12 山东省第二次湿地资源调查湿地脊椎动物种类

纲	目 数	科 数	种 数
鱼 纲	12	27	58
两栖纲	1	5	9
爬行纲	3	7	17
鸟 纲	16	46	202
哺乳纲	5	10	23
合 计	37	95	309

对比表3-11和表3-12可见，本次调查结果与资料记载有一定的差异，鱼类仅发现58种，略多于记录数量的1/6；鸟类发现202种，约为记录数量的1/2，哺乳类发现23种，不足记录数量的3/5，其他二纲与记录相差不多，这种结果与调查的环境、范围、时间的关。山东省为海洋大省，鱼类记录中有许多是海产鱼种，本次调查受湿地范围所限，主要为淡水鱼种，仅包括少量近海鱼种或滩涂鱼种；鸟类则是因为山东位于鸟类的东亚—澳大利亚迁徙通道上，鸟类记录中，旅鸟总数的一半以上，候鸟约占总数的1/3，而留鸟仅49种，占总数的12%，次调查受时间所限，旅鸟和候鸟的种类大为减少；哺乳动物主要由于湿地环境对翼手类及啮齿类的影响所致；两栖动物和爬行动物差别不大，恰好说明这两类动物对水的依赖性较强，特别是两栖动物，与记录相比，本次调查在枣庄市发现无斑雨蛙，两栖动物的山东省记录增至9种。

1.2 重点保护野生脊椎动物

山东省野生脊椎动物中，属国家级保护动物的有67种，其中属国家Ⅰ级保护动物有12种，国家Ⅱ级保护动物有55种。除水獭外，山东省国家级保护动物均为鸟类，且多为水鸟类。另外有省级保护动物74种(表3-13)。

表3-13 山东省重点保护野生脊椎动物种类

纲	国家Ⅰ级	国家Ⅱ级	省 级
鱼 纲	0	0	1
两栖纲	0	0	4
爬行纲	0	0	5
鸟 纲	12	54	56
哺乳纲	0	1	8
合 计	12	55	74

鸟类：山东省共有国家级重点保护鸟类66种，其中属国家Ⅰ级保护动物的有短尾信天翁、白鹳、黑鹳、丹顶鹤、白鹤、白头鹤、中华秋沙鸭等12种，国家Ⅱ级保护动物有小杓鹬、苍鹰等54种，此外，尚有56种属于省级保护动物。保护动物除传统水鸟外，大多属于食肉性猛禽类动物。

鱼类：仅泰山赤鳞鱼被列为省级保护动物，无国家级保护动物。

两栖类：虽然山东省两栖动物种类较少，但由于环境和人为因素所致，大多数种类成为受威胁种，应给予足够的重视。现有东方铃蟾、黑斑蛙、金线蛙和中国林蛙被列为省级保护动物。

爬行类：只有乌龟、黑眉蝮蛇、黄纹石龙子等5种动物被列为省级保护动物。

哺乳类：山东省哺乳类只有水獭为国家Ⅱ级保护动物，豹猫、黄鼬、猪獾、狗獾、麝鼹等为省级保护动物。保护动物大多属于食肉动物。

本次调查现场观察到的湿地脊椎动物共309种，属重点保护动物有77种，其中属国家Ⅰ级保护动物有5种，国家Ⅱ级保护动物有25种，省级保护动物48种(表3-14)。

本次调查的30种国家级保护动物中，除水獭为哺乳动物外，其余全部为鸟类(表3-15)。

表 3-14　山东省第二次湿地资源调查重点保护湿地脊椎动物种类

纲	国家Ⅰ级	国家Ⅱ级	省　级
鱼　纲	0	0	0
两栖纲	0	0	4
爬行纲	0	0	3
鸟　纲	5	24	34
哺乳纲	0	1	7
合　计	5	25	48

表 3-15　山东省第二次湿地资源调查国家重点保护鸟类名录

目	科	种中文名	种学名
国家Ⅰ级保护动物			
鹳形目	鹳科	白鹳	*Ciconia ciconia*
		黑鹳	*Ciconia nigra*
鹤形目	鹤科	丹顶鹤	*Grus japonensis*
		白鹤	*Grus leucogeranus*
		白头鹤	*Grus monacha*
国家Ⅱ级保护动物			
鹈形目	鸬鹚科	海鸬鹚	*Phalacrocorax pelagicus*
鹳形目	鹮科	白琵鹭	*Platalea leucorodia*
		黑脸琵鹭	*Platalea minor*
	鹭科	黄嘴白鹭	*Egretta eulophotes*
		小苇鳽	*Ixobrychus minutus*
鹤形目	鹤科	蓑羽鹤	*Anthropoides virgo*
		灰鹤	*Grus grus*
		白枕鹤	*Grus vipio*
鸻形目	鹬科	小杓鹬	*Numenius minutus*
		小青脚鹬	*Tringa guttifer*
鸥形目	鸥科	黑浮鸥	*Chlidonias niger*
雁形目	鸭科	鸳鸯	*Aix galericulata*
		大天鹅	*Cygnus cygnus*
		疣鼻天鹅	*Cygnus olor*
隼形目	隼科	猎隼	*Falco cherrug*
		游隼	*Falco peregrinus*
		燕隼	*Falco subbuteo*
		红隼	*Falco tinnunculus*
	鹰科	雀鹰	*Accipiter nisus*
		白尾鹞	*Circus cyaneus*
		黑翅鸢	*Elanus caeruleus*
		黑耳鸢	*Milvus lineatus*
		鹗	*Pandion haliatus*
		鹊鹞	*Pied Harrier*

白鹳，国家Ⅰ级保护动物，隶属于鹳形目鹳科鹳属，大型涉禽。雌雄两性相似。成鸟的体长90～115厘米，体重3000～3500克。喙红色，长而粗壮，眼周裸露皮肤红色。身上的羽毛为白色，两翼黑色，飞行时，黑色的初级飞羽及次级飞羽与白色体羽对比明显。腿细长，腿与脚红色。在高树或岩石上筑大型的巢，栖息于芦苇沼泽、近海滩涂、池塘等浅水湿地。繁殖期为4～6月。

黑鹳，国家Ⅰ级保护动物，隶属于鹳形目鹳科鹳属，大型涉禽。雌雄两性相似。成鸟的体长为100～120厘米，体重2000～3000克。喙红色，眼周裸露皮肤红色。身上的羽毛除下胸、腹部及尾下为纯白色外，其余均为黑色，飞行时翼下黑色，仅三级飞羽及次级飞羽的内侧白色；前颈下部羽毛延长，形成相当蓬松的颈领。脚红色。在高树或岩石上筑大型的巢，有沿用旧巢的习性，栖息于芦苇沼泽、近海滩涂、池塘等浅水湿地。繁殖期4～7月。

丹顶鹤，国家Ⅰ级保护动物，隶属于鹤形目鹤科鹤属，大型涉禽。雌雄两性相似。体长约160厘米，翼展240厘米，体重约10000克。喙呈淡绿灰色，头顶裸露无羽，呈朱红色，额和眼先微具黑羽，眼后方耳羽至枕白色，颊、喉和颈黑色；体羽、初级飞羽和尾羽均为白色，次级飞羽和三级飞羽黑色，三级飞羽长而弯曲，呈弓状，覆盖于尾上，因此，站立时尾部黑色，实际是三级飞羽，飞翔时对比明显。脚黑色。营巢于开阔的大片芦苇沼泽地上或水草地上，巢较简陋，浮巢，呈浅盘状。栖息于芦苇沼泽、近海滩涂等地带。繁殖期4～6月。

白鹤，国家Ⅰ级保护动物，隶属于鹤形目鹤科鹤属，大型涉禽。雌雄两性相似。体长130～140厘米，体重7000～8500克。喙暗红色，头部裸皮猩红色。除初级飞羽黑色外，其余羽毛均为白色；三级飞羽延长成镰刀状，覆盖于尾上，盖住了黑色初级飞羽，因此站立时通体白色，仅飞翔时可见黑色初级飞羽；飞行时，黑色的初级飞羽明显。脚红色。营巢于开阔沼泽的岸边，或周围水深20～60厘米有草的土墩上，巢简陋，呈扁平形，中央略凹陷。栖息于开阔平原沼泽草地、苔原沼泽和大的湖泊岩边及浅水沼泽地带。繁殖期5～7月。

白头鹤，国家Ⅰ级保护动物，隶属于鹤形目鹤科鹤属，大型涉禽。雌雄两性相似。体长约90厘米，体重约3500克。喙灰白色，额和两眼前方有较密集的黑色羽毛，头和颈是白色羽毛，其余部分体羽都是深灰褐色。脚灰色。筑巢于沼泽湿地，栖息于芦苇沼泽、近海滩涂及农田、草地。繁殖期为4～7月。

2 湿地鸟类

湿地鸟类应该是那些密切依赖湿地，其生活史的全部或大部分必须依靠湿地环境才能生存和繁衍后代的鸟类(杨晓君等，2006)。因此，湿地鸟类不仅包括了传统的水禽，也包含了那些主要在湿地环境中栖息或觅食的种类。在湿地中能够见到的鸟类大致有4种类型：①栖息和觅食完全依赖于湿地，其活动范围仅限于湿地及其周边地区的种类；②栖息和觅食主要依赖湿地，但也到非湿地生境活动的种类；③栖息和觅食主要不依赖湿地，但湿地存在时也可以利用湿地的种类；④偶尔到湿地中活动的种类。湿地鸟类的范畴很难从生态学和分类学上简单界定，本调查将在湿地中能够见到见到的4种类型鸟类统统认定湿地鸟类。本报告主要采用国家林业局(2000)的《中国主要水鸟名录》，同时将《中国主要水鸟名录》中未列入，但在本次调查中现场观察到的鸟类一并收录。

2.1　山东湿地鸟类的组成和特点

种类丰富、生态类型多样是山东省鸟类区系的明显特征。

据文献记载，山东省鸟类406种，其中留鸟49种，占总数的12%，夏候鸟84种，占总数的20.7%，冬候鸟47种，占总数的11.6%，旅鸟226种，占总数的55.5%。旅鸟比例高，这是因为山东位于鸟类的东亚—澳大利西亚迁徙通道上所致。

省内繁殖鸟类133种，其中属古北界的种类有57种，占总数的43%，东洋界种类45种，占总数的34%，古北、东洋两界广布种31种，占总数的23%，表明山东鸟类以古北界成分为主，具有明显的两界过渡性特征。

山东境内不仅鸟类种类多，而且其中不少属于珍贵稀有类群，属于国家Ⅰ级保护鸟类有12种，国家Ⅱ级保护鸟类有54种，省级保护鸟类有56种。

与人类经济活动的关系可归纳为3个方面：一是食虫益鸟多达100多种，二是具有资源价值的狩猎鸟，三是具有经济价值和生态效益的猛禽鸟类。

本次调查共发现鸟类202种，隶属于16目46科(详见附录1)，其中留鸟38种，占总数的18.81%，夏候鸟47种，占总数的23.27%，冬候鸟19种，占总数的9.41%，旅鸟98种，占总数的48.51%。

其中雀形目种类最多，48种，占总数量的23.76%；在非雀形目鸟类中，鸻形目(43种)、鹳形目(20种)、雁形目(18种)和鸥形目(19种)，4个目的总和达103种，再加上鹤形目(2科13种)、鹈形目(2科4种)和䴙䴘目(1科2种)，这7个目，即传统的水鸟类(包括涉禽和游禽)总数量达到120种，占总数量的59.41%，占非雀形目鸟类的77.92%(表3-16)。

表3-16　山东省湿地鸟类组成

目	科　数	种　数	种数所占比例(%)
䴙䴘目	1	2	0.99
鹈形目	2	4	1.98
雁形目	1	20	9.90
鸥形目	3	18	8.91
鹳形目	3	20	9.90
鹤形目	2	13	6.44
鸻形目	6	43	21.29
隼形目	2	10	4.95
鸮形目	1	4	1.98
佛法僧目	3	4	1.98
䴕形目	1	4	1.98
夜鹰目	1	1	0.50
雨燕目	1	3	1.48
鸽形目	1	5	2.48
鸡形目	1	3	1.48
雀形目	17	48	23.76
合　计	46	202	100

在本次调查发现的48科鸟类中，种类超过10种的有5个科，其中鹬科种数最多(29种)，其次为鸭科(20种)、鸥科(16种)、鹭科(15种)和莺科(11种)，只有莺科属雀形目，非水鸟类，其余4科均为水鸟类；有17个科仅发现1种鸟。

2.2 山东湿地鸟类的生态特征

202种湿地鸟类按照生态特征进行归类：涉禽有3目12科76种，占总种数的37.62%；游禽有4目8科44种，占湿地鸟类种数的21.78%；猛禽有1目2科10种，占湿地鸟类种数的4.95%；攀禽有5目7科16种，占湿地鸟类种数的7.92%；陆禽有2目2科8种，占湿地鸟类种数的3.96%；鸣禽有1目17科48种，占湿地鸟类种数的23.76%。由此可见，涉禽和游禽是山东湿地鸟类的两大主要类群(表3-17)。

从个体水平上看，本次调查共记录黑尾鸥43539只，占鸟类个体总数的近一半(49.06%)，为山东省湿地鸟类的优势种；另有白鹭、白骨顶、红嘴鸥、黑翅长脚鹬等14个种的个体数量超过总数量的1.00%，为山东省湿地鸟类的常见种，在这14个常见种中，只有家燕和麻雀为非传统水鸟类，其他12个种中游禽占有8种，涉禽有4种；其余187种的个体数量均不超过总数量的1%，为山东省湿地鸟类的稀有种。

从本次调查结果可以发现，湿地鸟类组成中传统水鸟类所占的比重随分类阶元的升高而降低，在个体水平上，传统水鸟类占总数量的84.08%，构成山东湿地鸟类的主体，在种水平上，传统水鸟类所占比重有所下降，为58.08%，在科或目水平上，传统水鸟类所占比重继续下降，已不及总数的一半。

表3-17 山东省湿地鸟类生态特征分析

分类阶元	传统水鸟类	非传统水鸟类	合　计
目	7(43.75%)	9(56.25%)	16
科	18(39.13%)	28(60.83%)	46
种	120(59.41%)	82(40.59%)	202
个体数	74624(84.08%)	14128(15.92%)	88752

2.2.1 游　禽

游禽是指善于在水中游泳，不善于在陆地活动的水鸟。游禽的嘴阔而短平，适于水中索取食物。游禽的脚短且趾间长有肉质蹼，适于游泳，但蹼的发达程度不同，比如普通鸬鹚四趾之间都有蹼相连，叫全蹼足，鸭雁类是三趾间有蹼，称为满蹼足；鸥类的趾间蹼不是很发达，称为凹蹼足。游禽的双腿位置从身体中央到偏于体后，反映着不同种类的潜水能力，一般腿越偏向身体后部的潜水能力越强，潜水深度越深。游禽多喜群居，经常成群活动。食性很杂，以水生植物、鱼类、无脊椎动物为食。营巢一般在近水区域，有的就在水面上营浮巢，有的种类如鸳鸯等在树洞营巢，有的种类直接将卵产于地面。

由于游禽在水域活动，喜结群，易于被狩猎。游禽的蛋也是人们获取食物的对象，正是这种原因，造成许多游禽处于濒危状态。大多数游禽春季迁往北方繁殖，秋季集群迁徙至南方温暖的水域越冬。

游禽主要是指鸥形目、雁形目、䴙形目和鹈鹕目鸟类，本次调查发现4 目8 科44 种。山东省境内的游禽大多种类为夏候鸟，少数种类为留鸟和冬候鸟。

2.2.2 涉 禽

涉禽是指那些适应在沼泽和近岸边生活的鸟类。它们的腿特别细长，脚趾、颈和喙也较长，适于涉水行走，不适合游泳。休息时常一只脚站立，大部分是从水底、污泥中或地面获得食物。鹭类、鹳类、鹤类和鹬类等都属于这一类。鹭和鹳的外形十分像，但飞行时鹭类颈部常常弯曲成“S”形，而鹳类飞行时头、颈、腿前后直伸。鹤类的脚趾间没有蹼或仅有一点蹼，后趾位置比前面三趾要高而短，飞行时似鹳类，颈直伸。鹬类种类繁多，身体大多为沙土色，奔跑迅速，翅尖，善于飞翔。

涉禽生活在各种水域的浅滩地带，大多数种类喜群居，以鱼、虾和昆虫等动物性食物为主，也吃植物的芽、根和果实。与大多数游禽相似，春季迁往北方繁殖，秋季集群迁徙至南方温暖的水域越冬。

涉禽主要是指鸻形目、鹳形目和鹤形目鸟类，本次调查发现3 目12 科76 种，是山东湿地鸟类的主要成分，大多数为旅鸟，少数为留鸟和冬候鸟。

2.2.3 其他湿地鸟类

游禽和涉禽是湿地鸟类的主要成分，被称为水禽或水鸟。除此之外，还有部分鸟类在湿地环境中栖息或者觅食，与湿地关系密切，因此被列入湿地鸟类，这些鸟类按其生态习性可分为猛禽、攀禽、陆禽和鸣禽。

2.2.3.1 猛 禽

所有猛禽喙和脚均强健有力，脚具利爪，喙端部具钩，边缘锐利，许多物种还具有齿突，喙的基部有蜡膜覆盖，可以保护猛禽进食时免受污染。猛禽的听觉、视觉非常敏锐，鸮形目所有种类、隼形目的鵟、鹞等类群，双目位于面盘的前方，有较好的立体视觉。翅膀强大有力，体形大者可以利用气流长时间盘旋于空中，体形小者亦可以通过控制振翅进行短时间悬停，这种悬停姿态可以帮助它们发现和追击猎物。为掠食性鸟类，在生态系统中，处于食物链的顶层，扮演了十分重要的角色。

猛禽主要是指隼形目和鸮形目鸟类，本次调查发现1 目2 科10 种，大多数为夏候鸟，少数为留鸟和冬候鸟。

2.2.3.2 攀 禽

攀禽的共同特征是脚短而强健，为对趾足、异趾足、并趾足 、前趾足等，适应于树上攀缘，因此而得名。攀禽的翅大多为圆形，这种翅型决定了攀禽大多不善飞行。

攀禽主要指鹦形目、鹃形目、雨燕目、夜鹰目、佛法僧目和䴕形目鸟类，本次调查发现5 目7 科16 种，均为夏候鸟。

2.2.3.3 陆 禽

陆禽包括两大类，即鹑鸡类和鸠鸽类。鹑鸡类体格壮实，嘴坚硬，腿脚健壮，具有适于掘土挖食的钝型勾爪，翅短而圆，不善远飞。雌雄羽毛有明显差别，一般雄鸟比较艳丽。雄鸟好斗。鸠鸽类嘴短，基部柔软，翅膀发达，擅于飞行，主营树栖生活。

陆禽主要是指鸡形目和鸽形目鸟类，本次调查发现2 目2 科8 种，大多数为夏候鸟，少数为留鸟和冬候鸟。

2.2.3.4 鸣 禽

鸣禽个体都比较小，体态轻盈、羽毛鲜艳、歌声婉转，多可欣赏，是极富生机和色彩的一大类群。鸣禽种类数量最多，绝大多数以昆虫为食，是农林害虫的天敌。

鸣禽主要是指雀形目鸟类，本次调查发现1目17科48种，大多数为夏候鸟，少数为留鸟和冬候鸟。

3 鱼 类

3.1 鱼类物种组成

鱼类是终生生活在水中的变温动物，是真正的水生动物。根据所生活的水体不同，可将鱼类分为三大类：淡水鱼类、海水鱼类和洄游性鱼类。全世界现存鱼类共21400余种，淡水鱼类占41.2%、海水鱼类占57.6%，洄游性鱼类仅占0.6%。据以往资料统计，山东省境内共有鱼类18目74科345种，其中淡水鱼类141种，占40.87%、海水鱼类180种，占52.17%，洄游性鱼类24种，占6.96%。

本次调查现场观察到的鱼类共58种，隶属于12目27科，详见附录2。

3.2 鱼类群落特点

山东省鱼类以鲤形目种类居多，有127种，占总种数的36.81%，鲤形目中又以鲤科占优，有115种之多，全部为淡水鱼种；鲈形目次之，有94种，占总种数的26.09%，但分散在28科中，优势科不明显，多为海水鱼种。

表3-18 山东省第二次湿地资源调查鱼类组成

目	科 数	种 数	所占比例(%)
灯笼鱼目	2	2	3.45
鲱形目	2	5	8.62
鲑形目	1	2	3.45
合鳃目	1	1	1.72
颌针鱼目	1	2	3.45
鲤形目	1	15	25.86
鳗鲡目	1	1	1.72
鲶形目	4	6	10.34
鲟形目	1	1	1.72
鲉形目	1	1	1.72
鲻形目	1	2	3.45
鲈形目	11	20	34.48
合 计	27	58	100

本次调查共发现鱼类58种，隶属于12目27科，其中鲈形目种类最多，11科20种，占总数量的34.48%，其次为鲤形目(1科15种)占总数量的25.86%，2个目的总和达35种，占总数量的六成以上(60.34%)。种类超过10种的仅有1个科，即鲤科(15种)，有10个科仅发现1种鱼(表3-18)。

4　两栖类、爬行类、哺乳类

4.1　两栖动物

两栖类是从水生到陆生的过渡脊椎动物类群，其躯体结构和机能以及行为等方面还不能很好地适应陆地环境，特别是受精需在水中进行，幼体在水中发育，成体水生或水陆兼栖的生活方式，没有摆脱水的束缚，极大地限制了其在陆地上的分布和栖息地的选择，再加上体温不能保持恒定的生物学特性等，因此，两栖动物是脊椎动物中种类和数量较少的一个类群。

4.1.1　物种组成

据记载山东省湿地自然分布的两栖动物共8种，分属1目4科，全部为无尾目种类。区系组成主要由广布于古北界、东洋界的种类所组成，如中华蟾蜍、花背蟾蜍、黑斑蛙、金线蛙及中国林蛙，其他则主要为古北界种类，可以看出山东省两栖动物的区系组成以古北－东洋两界广布种类占用绝对优势，表现出山东省地处古北界和东洋界两界的过渡地带。

本次调查现场观察到的两栖动物共9种，分属1目5科，见表3-19。

表3-19　山东省第二次湿地资源调查两栖动物名录(2012年)

目	科	种	数量级
无尾目	盘舌蟾科	东方铃蟾	+
	蟾蜍科	中华蟾蜍	+ + +
		花背蟾蜍	+
	蛙科	中国林蛙	+
		泽蛙	+ + +
		黑斑蛙	+ + + +
		金线蛙	+ +
	姬蛙科	北方狭口蛙	+ +
	雨蛙科	无斑雨蛙	+

4.1.2　数量分布

在本次调查中，利用样方法对两栖动物进行定量调查，山东省重点湿地中两栖动物的平均密度为26.97只/公顷。仅黑斑蛙一种的平均密度就达16.85只/公顷，占总数量的62.49%，是两栖动物群落的极优种；中华蟾蜍和泽蛙的数量占总数量的10%以上，分别为13.66%和12.87%，是两栖动物群落的优势种；金线蛙和北方狭口蛙的数量占总数量的1%以上，分别为7.33%和1.06%，是两栖动物群落的常见种；其余4种的数量均不超过总数量的1%，为两栖动物群落的稀有种。

根据本次调查结果，划分山东省两栖动物的相对数量级，黑斑蛙数量最多，且广布于全省各地，数量等级最高，为“++++”；其次为泽蛙和中华蟾蜍，数量较多，广布于全省各地，数量等级次之，为“+++”；金线蛙虽然分布区域有限，但在局域内数量较多，枣庄最多，济宁、菏泽次之，北方狭口蛙虽数量不太多，但分布较广，全省各地均有分布，二者的数量等级再次之，为“++”；其他几种蛙不仅数量少，且分布区域有限，数量等级划为“+”。

文献记载东方铃蟾在山东省仅分布于胶东地区，本次调查在枣庄市首次发现了东方铃蟾，东方铃蟾现实的分布区域值得进一步确认；文献记载，江苏、安徽、河南、河北等山东省的周边地区均有无斑雨蛙的分布，但在山东无正式记载，本次调查在枣庄发现。

4.2 爬行动物

爬行类是在长期自然选择过程中从古两栖类中演化而来的一类羊膜动物，是陆地繁殖的变温动物，它们的卵需要借助自然温度进行孵化，对环境温度具有很大的依赖性。

4.2.1 物种组成

本次调查现场观察到的爬行动物共17种，分属3目7科，见表3-20。

表3-20 山东省第二次湿地资源调查爬行动物名录(2012年)

目	科	种	数量级
龟鳖目	鳖科	中华鳖	+++
	龟科	乌龟	++
蛇目	蝰科	黑眉蝮蛇	++
	游蛇科	黄脊游蛇	+++
		赤链蛇	++
		双斑锦蛇	++
		团花锦蛇	++
		白条锦蛇	++
		红点锦蛇	++
		棕黑锦蛇	++
		黑眉锦蛇	++
		虎斑游蛇(虎斑颈槽蛇)	+++
蜥蜴目	壁虎科	壁虎	++
	石龙子科	黄纹石龙子	+
	蜥蜴科	丽斑麻蜥	+++
		山地麻蜥	++
		北草蜥	++

4.2.2 数量分布

在本次调查中，利用样方法对爬行动物进行定量调查，山东省重点湿地中爬行动物的平均密度较低，仅为1.16只/公顷。丽斑麻蜥、虎斑游蛇、中华鳖和黄脊游蛇的数量各占总数量的10%以上，分别为25.56%、10.56%、10.56%和10.00%，是爬行动物群落的优势种；其余种类的数量所占比例不足10%，但在1%以上，为爬行动物群落的常见种。

根据本次调查结果，划分山东省两栖动物的相对数量级，丽斑麻蜥、虎斑游蛇、中华鳖和黄脊游蛇数量等级为“+++”，其余种类为“++”。

4.3　哺乳动物

4.3.1　物种组成

据文献记载，山东省哺乳动物共有40种，分属于5个目13个科。山东省哺乳动物主要由翼手类、啮齿类、食虫类和一些小型食肉类动物所组成，中型兽类仅有少数广适应性种类，如狼、狐等，且仅见于局部山区，无大型兽类。哺乳动物中翼手目13种，啮齿目12种，分别占哺乳类种数的32.5%和30.0%。

本次调查现场观察到的哺乳动物共23种，分属5目10科，见表3-21。

表3-21　山东省第二次湿地资源调查哺乳动物名录(2012年)

目	科	种	数量级
啮齿目	仓鼠科	黑线仓鼠	++
		大仓鼠	++
		东方田鼠	+++
		东北鼢鼠	+
	鼠科	黑线姬鼠	+++
		大林姬鼠	+
		小家鼠	++
		褐家鼠	+++
食虫目	鼩鼱科	鼩鼱	+
		臭鼩	+
	猬科	刺猬	+++
	鼹科	麝鼹	+
食肉目	猫科	豹猫	+
	犬科	赤狐	+
	鼬科	猪獾	+
		水獭	+
		狗獾	++
		艾鼬	+
		黄鼬	++
兔形目	兔科	草兔	+++
翼手目	蝙蝠科	大耳蝠	++
		家蝠	++
		东方蝙蝠	++

4.3.2 数量分布

在本次调查中，利用样方法对哺乳动物进行定量调查，山东省重点湿地中哺乳动物的平均密度较低，仅为0.27只/公顷。东方田鼠、刺猬、草兔、黑线姬鼠和褐家鼠的数量各占总数量的10%以上，分别为17.00%、16.67%、13.67%、11.00%和10.00%，是哺乳动物群落的优势种；大仓鼠、黑线仓鼠、小家鼠、黄鼬、狗獾和3种蝙蝠的数量各占总数量的1%以上，是哺乳动物群落的常见种；其余10种的数量均不超过总数量的1%，为哺乳动物群落的稀有种。

根据本次调查结果划分山东省哺乳动物的相对数量级，东方田鼠、刺猬、草兔、黑线姬鼠和褐家鼠数量较多，广布于全省各地，数量等级为"+++"；大仓鼠、黑线仓鼠、小家鼠、黄鼬、狗獾和3种蝙蝠虽数量不太多，但分布较广，全省各地均有分布，其数量等级次之，为"++"；其他10种不仅数量少，且分布区域有限，数量等级划为"+"。

5 湿地脊椎动物的资源价值

生物资源在所有社会中都具有多种重要的经济价值。目前，国际上评价生物资源经济价值可划分为直接价值和间接价值两个方面，前者又可分为消费使用价值和生产使用价值两部分。无论是消费使用价值还是生产使用价值，主要表现在食用价值和药用价值两方面，而间接价值则主要表现在文化价值、观赏价值和生态环境价值等方面。

消费使用价值：指那些不经过市场流通，直接被消费者利用的自然产品价值。这种价值很少反映在收入的账目上，但是，它们同样可以被计算在国民生产总值的统计中。

生产使用价值：指商业收获性的，用于市场上正式交换的产品的价值。这种价值是生物资源价值在国民收入中的唯一反映。产品价值可随销售地不同而变化。

间接价值：指那些一般不会在经济效益中体现出来的价值，但其价值可能远远高于直接价值。没有消费或生产使用价值的生物物种，在生态系统中可能起着更重要的作用。

5.1 食用价值

野生脊椎动物中许多种类具有重要的食用价值，其中鱼类具有食用价值的种类最多，两栖类、爬行类、鸟类和哺乳类中具有食用价值的种类也非常丰富。但是这些具有食用价值种类绝大多数为保护动物，野生个体不能进行开发利用，有些种类可通过人工饲养，扩大种群数量加以利用，如龟鳖类具有很高的滋补营养价值，人工饲养也很成功。

鱼肉是高蛋白、低脂肪、高能量的优质食品，蛋白质含量高达16%~25%。鱼肉还含有人类必需和易吸收的氨基酸、维生素、微量元素等。另外，鱼翅、鱼唇、鱼骨、鱼肚等均是珍贵食品，但这些食品大多来自珍稀濒危动物，人们应嘴下留情，加强野生动物保护意识。

两栖动物的肉含蛋白质高，有多种人体必需的氨基酸和微量元素，营养丰富，加之有药效功能，是人们喜爱的食用动物之一。山东省具有重要食用价值的两栖动物主要是黑斑蛙。由于自然栖息地减少、退化或过度捕捉，两栖动物的自然种群数量不断下降，很少形成规模利用。应加强保护，严禁捕食两栖动物。

爬行动物中，中华鳖很久以来就被誉为滋补佳品，营养丰富、肉味鲜美，其肉富含蛋白质、钙、铁和维生素等，因此一直是人工养殖的首选品种。蛇餐馆的兴起带动了蛇类养殖业的发展，开始是一些蛇农将从野外捕获的蛇放在家中饲养池中饲养，现已能够对某些种类的蛇进行规模化养殖。

狩猎鸟类是指为人类提供肉用、蛋用和羽用的鸟类资源。

从营养角度看，绝大多数哺乳动物都具有食用价值，但被人们广泛食用的种类主要包括偶蹄目、奇蹄目、兔形目、食肉目动物以及啮齿目中的部分种类。这些种类肉味鲜美，营养丰富，是人们喜爱的食品。有些种类由于需用量大，早已驯化为家养动物；有些种类由于过度捕猎，资源量大大下降，以致野生种群濒临灭绝。大力开展养殖业是解决资源量不足的有效途径。

5.2 药用价值

在中华医药宝库中，动物性药物占有重要位置，许多动物种类入药已有悠久历史。如海龙、海马等治疗肾虚遗精、肾衰竭等多种疾病；哈士蟆、蟾酥是名贵中药材；龟鳖类、蛇类都是传统的药用动物，可浸泡药酒，如鹿龟酒、蛇胆酒、蛇酒等；鹰骨可治疗跌打损伤；鸡胃和鸭胃可以治疗消化不良等胃病；水獭肝具有养阴、除热、宁嗽、止血等功能等。

许多鱼类是传统的中药材，在《本草纲目》中记载了药用鱼类 50 多种，据记载，我国有药用鱼类近 200 种。如乌鳢、黄鳝等治疗皮肤病；鲫鱼、海马等可抑制肿瘤生长；鲤鱼和草鱼的胆可消炎止痛，治疗急性结膜炎、化脓性中耳炎等；鲨鱼的肝脏含油量高达 60% 以上，富含维生素 A、D，是制造鱼肝油的主要原料。

两栖动物在祖国医药中占有十分重要的地位，利用两栖动物防病治病的历史较早，在李时珍的《本草纲目》中就有记载，许多传统的中药材如蟾酥、蛤士蟆油等在国内外享有盛誉。蟾蜍耳后腺和皮肤腺分泌的白浆干燥后谓之蟾酥，蟾酥有解毒、消肿、止痛功效。蛤士蟆油是雌性中国林蛙的输卵管，具有补肾益精、润肺养阴的功效。近几年由于农药滥用，环境污染，导致两栖动物数量不断减少，资源价值大大降低。

爬行动物在祖国医药中占有十分重要的地位，爬行动物入药有着悠久的历史，在李时珍的《本草纲目》中就记载了药用爬行动物 7 种。龟鳖类浑身是宝，龟板鳖甲药用价值极大，其头、血、卵、胆、脂肪等均可入药。蛇类也浑身是宝，特别是其药用价值，蛇毒、蛇胆、蛇蜕、蛇干都是重要的中药材，如蛇毒可用于制造抗血清、提取各种酶类，对肿瘤等疾病具有一定的治疗效果。已有企业规模化饲养蝮蛇，用于取毒、取胆，然后再去除内脏制成蛇干。

许多鸟类是传统的中药材，在《本草纲目》中记载了药用鸟类 19 种。鸟类的肉、脂肪、羽毛、骨、脑、粪等均能够入药。如各种鸭类的肉有补中益气、利水、解毒的功效；斑鸠的肉有益气、明目、强筋骨、补肾的功效；各种猛禽的骨有祛风湿、续筋骨、活血止痛的功效；麻雀的粪便有消积、明目、润肾、解毒的功效等。

哺乳动物在祖国医药中占有十分重要的地位，李时珍的《本草纲目》中记载了药用哺乳动物 32 种。实际上，哺乳动物的各个类群中，均有能够入药的种类，对人类的健康作出了巨大的贡献。哺乳动物的肉、脂肪、骨、皮、角、甲甚至粪便等均能够入药。如狼肉、獾油、虎骨、驴皮、鹿茸、穿山甲鳞片以及蝙蝠、鼠兔、鼯鼠的粪便等，均具有药用价值。

5.3 观赏价值及文化价值

湿地脊椎动物的观赏价值主要体现在湿地动物的原地观赏和圈养观赏。原地观赏非常流行，旅游者在旅游过程中，除了领略大自然的秀美风光外，湿地动物为旅游者展现了灵动的生机，鸟啼蛙鸣，野趣盎然。圈养观赏更是为人们提供一个了解动物、认知动物、接触动物的乐园，同时也是野生动物保护的基地。

鱼类经过人工驯化，具备了形态美、色彩美和运动美，可成为丰富人们文化生活、装点居室的观赏品。观赏鱼类大致可分为三类：金鱼、锦鲤和热带鱼。

龟类、蛇类、鳄类等具有一定的观赏价值，尤其是某些龟类，如在其龟背上接种藻类，可培养成“绿毛龟”。

鸟类在精神文化方面的价值自古已被人们所认识，是音乐、美术、诗歌、舞蹈以及童话、民间故事等文化艺术创作的主要源泉。我国观赏鸟类资源极其丰富，共有 280 余种，占全国鸟类总数的近 1/4。

我国观赏兽类资源极其丰富，动物园展出的主要类群之一；有些种类(如大熊猫等)已成为国家之间的友好使者；鹿头(角)、狍头(角)、牛头(角)、羚羊头(角)等都是富有大自然气息的高级装饰品和工艺品，已逐渐成为人们追求的收藏极品；狩猎在许多国家已成为体育和娱乐活动的内容之一。

5.4 生态环境价值

主要表现在生物资源的间接价值方面，其价值可能远远高于直接价值。如脊椎动物的 5 个纲中，均有一些种类可作为实验动物进行毒理学研究，在环境保护科学等领域具有重要的应用价值；两栖动物作为“田园卫士”消灭农林害虫，绝大多数鸟类在繁殖季节都以昆虫为食，所食昆虫多为农林害虫，因此，在维护农林生态系统平衡方面起着重要作用。

鱼类作为生物医学、环境保护科学等领域的实验研究对象或材料，是一类比较经济的实验动物，进行药理学和毒理学实验，已在世界各地获得了不少科研成果。在生态平衡方面，鱼类的重要性表现为在食物链中的位置。

绝大多数两栖动物对人类都是有益有，尤其是无尾两栖类在消灭农田害虫方面具有重要意义，被人们誉为“田园卫士”。中华大蟾蜍、黑斑蛙、泽蛙、中国林蛙等都是捕虫能手，一只黑斑蛙一年能消灭害虫一万多只，大蟾蜍捕虫量是黑斑蛙的 2 倍。因此，养蛙治虫是生物防治的一个重要方面，既不费工，又可减轻农药污染。

绝大多数鸟类在繁殖季节都以昆虫为食，所食昆虫多为农林害虫，因此，在维护农林生态系统平衡方面起着重要作用。有些种类可作为实验动物进行毒理学研究，在环境保护科学等领域具有重要的应用价值。

哺乳类实验动物在现代医学、动物行为学、免疫学、药物筛选与检验、肿瘤研究等领域中都占有重要的地位。最常用的实验动物包括大白鼠、小白鼠、兔、狗、猴等。哺乳类，特别是灵长类动物因与人类亲缘关系最近，因而是理想的科研和临床实验材料。

5.5 其他价值

两栖动物作为实验动物广泛应用于教学、科研、医药卫生检验等方面。有些种类的两栖动物可供人们观赏和普及科学知识。

蛇皮是制造中国民族乐器如二胡、艺胡、三弦、手鼓的传统工艺原料，也可以用于加工生产蛇皮皮鞋、皮带、领带、钱包、提包等。蛇类可用来预测天气变化和预报地震。

如许多水禽的羽绒既轻且保暖性能好，是被褥、服装的优良填充材料，我国的羽绒(雁鸭类)的产量占全世界总产量的1/3以上。

许多哺乳动物的毛皮能够用来制革或制裘。全世界可以利用的毛皮动物有1600多种，约占哺乳动物总数的39%，主要是食肉目、啮齿目、兔形目、灵长目、偶蹄目、有袋目等目中的种类，如狼、赤狐、黄鼬、水獭、麝鼠、狗獾、草兔等。生产小毛细皮的种类以水獭、黄鼬、鼬獾等为主；生产粗毛皮动物种类有狗獾、猪獾、狼等。

6 湿地动物数量减少的原因

6.1 生境破碎和生境改变

生境破碎和生境改变是导致湿地动物数量下降的最主要也是最直接的原因。由森林砍伐、城市化、房地产开发、围湖造田、农田开垦、水利工程建设以及道路建设引起的森林、湿地、水域的斑块化和生境改变，不仅使湿地动物的栖息生境面积减少，而且使斑块间的隔离增加，阻断了斑块间湿地动物种群的扩散和迁移，导致生境中湿地动物的分布范围缩小，种群数量下降以至种群灭绝。此外，生境破碎产生的边界效应，可能为外来种的定居提供适宜的环境，或者至少扩大了可借以侵入斑块内部的生存机会。

6.2 环境污染

随着经济快速发展，环境污染问题日趋严重特别是水体污染，对湿地动物，特别是水生生物造成了极大的危害。近20年来，世界范围内两栖动物种群数目急剧减少以及畸形蛙大量出现的现象提示，水环境污染已成为威胁其生存的主要因素之一。两栖类胚胎发育在水环境中完成，很容易受到水环境中有毒物质的影响。实验研究显示许多两栖类物种都对酸性环境特别敏感，水体环境酸化将对两栖类的分布、繁殖、卵及幼体的成长和存活产生影响。水体污染是导致蝌蚪大批死亡的重要原因，尤其是临近变态的蝌蚪对外界不良环境刺激极其敏感，最易死亡。工农业生产中滞留的农药、化肥以及重金属离子除直接导致陆地和水体污染外，还可使大气和土壤受到污染，从而使栖息于其中的湿地动物受到影响。因此，保护两栖动物最重要的是保护它们的湿地生境，特别是在繁殖季节，对其繁殖场地的保护尤为重要。控制环境污染是保护两栖动物的重要措施。

爬行动物的生存正在遭受严重的威胁，尤以龟鳖类和蛇类最为严重。根据国际自然保护联盟调查，全球爬行动物受胁物种比例以及致危因素均与两栖动物相当。

6.3　全球气候变化

大量观测表明，气候变化已经对生物多样性产生极大影响，包括物种的行为分布、丰富度、种群大小、种间关系、生态系统结构和功能等都已经发生了不同程度改变，甚至引起个别物种的灭绝。就连全球气候变暖这种长期的微小的变化，都会成为两栖动物种群衰退的重要原因，尽管这些影响是间接的。例如，气候变暖会导致一些两栖动物的繁殖活动提前，蝌蚪以较小的个体提前变态为亚成体，使亚成体的存活率降低，从而影响两栖类的种群数量；紫外线主要通过引起两栖类的胚胎或幼体死亡，而导致种群数量下降。不同的两栖类物种对环境中的紫外线辐射敏感程度不一样，甚至同物种的不同种群间也存在差异。

6.4　外来物种入侵

对于野生动物种群的生存来说，外来物种的引入和扩散是一个主要的威胁，这些物种通过与本地种种竞争资源，或捕食本地种，或传播疾病而导致本地种群数量下降以至灭绝。很多湿地动物都受到了外来物种的严重影响。

如牛蛙的入侵可能是近年全球两栖类族群下降的原因之一。该物种虽然不能在野外自然越冬，但由于市场原因或养殖管理不当，弃养或逃逸至野外时有发生，导致局部地区土著两栖类被大量捕食，形成阶段性的资源空白。因此，为保护本土两栖类的生物多样性，有必要加强牛蛙贸易和养殖过程的管理，并将其列入野外优先清除的对象，需要严格控制牛蛙等外来入侵种在湿地生态系统的扩散。

6.5　过度捕捉与贸易

人为的过度捕捉和贸易也是造成湿地动物数量下降、种群衰退的一个重要原因。湿地动物具有重要的经济价值，不法分子为了追求自己的经济利益，对湿地动物滥捕滥杀。

尽管湿地动物的数量下降、种群衰退是与生境破碎、环境污染、气候变化、物种入侵、过度捕捉与贸易、疾病传播等因素有关，然而，这些因素的相互作用对于种群动态也起着关键性作用。由于气候变化，一些脆弱的生态系统正逐渐退化甚至消失，栖息于其中的物种正受到生存威胁。特别是在全球气候变暖背景下，有利于病原体在外界环境中的存活和繁殖，使病原体毒力增加，致病力增强，会导致某些传染病寄生虫病病毒的分布区域扩大。环境污染所产生的胁迫作用，以及干旱引起的水池数量减少和水位下降，生物地球化学循环改变，使大气成分发生了改变，大气受到污染，并导致酸雨发生，同时，水体的富营养化使有毒有害的浮游植物过度增长，并使水体缺氧，致其中水生动物大量死亡。所以，各种因素间的相互作用非常复杂，造成湿地动物种群衰退，数量减少原因和机理也复杂多样。

7　山东脊椎动物的保护对策

7.1　保护和改善脊椎动物的栖息地

湿地动物的栖息地需要湿润的陆地环境和适当的水体环境，所以保护好池塘溪流等水域环境不受破坏和污染；禁止乱砍滥伐和围湖造田，通过退耕还林和退田还湖来增加湿地动物栖息面积；保护和管理好现有自然保护区和湿地公园；这些措施对于脊椎动物的保护起着十分积极的作用。

7.2 减少和控制各种环境污染

彻底消除各种污染是非常困难的，但可以从各个方面治理环境污染，如：严格控制废水的排放；提高洁净能源的使用，减少化石燃料燃烧带来的空气污染；严格控制农药和化肥的使用，研发对动物低毒甚至无毒的农药和化肥；大力提倡并开展生物防治，发展生态农业，以减少农药和化肥的使用。

7.3 控制物种入侵

建立完善生物入侵预警系统是紧迫的基础性工作之一。动植物检疫，作为预警系统的一部分，是目前对付生物入侵的最好措施。尽管从长远来看，动植物检疫不能阻断一切入侵生物，但可以减缓生物入侵，争取时间找出对付生物入侵更为有效的方法。

7.4 减少人为捕杀

为保护脊椎动物免遭捕杀，应加大宣传教育力度，使人们意识到保护动物的重要意义。制定相关法律法规严禁捕杀野生动物，各有关部门严格执法，严厉打击非法运输、非法经营、乱捕滥猎野生动物资源的行为。

7.5 加强对湿地动物的科学研究

有效的保护建立在积极而高质量的科学研究之上，加强对湿地动物的野外调查和分类研究；加强致危因素的研究，以发现控制那些致危因子的新方法；加强研究和完善脊椎动物的监测技术，如受疾病感染、物种入侵、环境污染等，及时发现控制或解决致危因素，以避免造成更深的影响和传播；加强脊椎动物生态学和生活规律研究，特别是加强对种群动态的长期监测，为保护生物学研究提供科学依据。

7.6 建立湿地动物繁育基地

禁捕不如倡养，在有条件的情况下，对资源动物进行人工养殖，以满足人类的需要。建立具有食用、药用等经济价值湿地动物的繁育基地，创造合适的人工生境，进行人工养殖，这也是解决利用与保护矛盾的重要手段，不光解决了市场对经济动物药用和食用的需要，也可以通过这种方式来扩大湿地动物的自然种群数量。

生物资源与非生物资源最主要的区别在于生物资源的可更新性，即通过繁殖而使其数量和质量恢复到原有状态。对动物资源来说，还可以通过迁移来恢复其资源的数量或质量。生物资源虽属可更新资源，但其更新的能力有一定的限度，并不能无限制地增长下去，这就是生物资源的有限性。

生物资源的可更新性和有限性，要求人类在开发利用自然资源时，必须遵循客观规律，既要珍惜有限的生物资源，使其能够得到充分利用，创造出最大的经济效益，又要认识生物资源耗竭条件，掌握其负荷极限，正确处理好人类与生物资源之间的“予取关系”，使生物资源能够持续地为人类造福。

科学管理、合理利用生物资源就是运用生态学原理管理生物资源，寻求最大持续产量。在维持一定的种群数量基础上，合理开发利用，利用生物资源的强度不能超过资源的更新能力，才能为人类创造出巨大的经济效益，实现可持续发展。必须摆正利用的关系，加强生物物种的保护，特别是受威胁物种的保护。

第四章 湿地资源利用

第一节 湿地资源利用现状

湿地是全球价值最高的生态系统，是人类最重要的环境资源之一。湿地生态系统每年创造的价值是热带雨林的 7 倍，是农田生态系统的 160 倍。湿地是淡水循环的重要组成部分，发挥着天然蓄水库的功能，人类 96% 的饮水来自湿地，80% 的人居住在湿地周边或以湿地产物为生，60% 的城镇在湿地 100 公里范围内。维持淡水湿地的健康就意味着保护淡水及其水源地。同时，湿地是生态环境的优化器，它能调剂水文、防风、固沙、调节气候、制造氧气、防止水土流失。

1 水资源

湿地在淡水循环中发挥着重大作用，没有湿地就没有水。湿地资源最直接的产出是水，湿地在维护水资源的水质与水量安全方面发挥着重要作用。湿地保护能给水资源的天然优化配置、合理利用以及综合管理提供保障并能带来巨大的生态效益、经济效益和社会效益。山东省重点调查湿地水资源情况见表 4-1 和图 4-1。

表 4-1 山东省湿地蓄水量

湿地名称	蓄水量(万立方米)
南四湖自然保护区	127300
岸堤水库	74900
潍坊峡山湖国家湿地公园	55000
沾化海岸带自然保护区	47010
黄河三角洲国家级自然保护区	35000
滕州滨湖国家湿地公园	22000
滨州贝壳堤岛与湿地自然保护区	21649
济南名泉源头湿地	20890

（续）

湿地名称	蓄水量(万立方米)
临朐巨洋湖省级湿地公园	16860
微山湖国家湿地公园	16800
鱼台鹿洼省级湿地公园	14100
会宝岭水库	13063
银湖自然保护区	12202
龙口市王屋水库湿地公园	12118
东平湖自然保护区	11940
栖霞白洋河省级湿地公园	7603
安丘拥翠湖国家湿地公园	7358
枣庄月亮湾国家湿地公园	6500
昌乐仙月湖省级湿地公园	6352
曲阜孔子湖省级湿地公园	6025
临沂祊河省级湿地公园	6000
沂河湿地	4500
蓬莱平畅河省级湿地公园	4100
济南白云湖省级湿地公园	4000
莱州湾自然保护区	3753
青岛少海国家湿地公园	2750
马踏湖湿地	2200
曲阜崇文湖省级湿地公园	2072
汶上大汶河省级湿地公园	2000
黄垒河和乳山河河口	1929
邹城香城省级湿地公园	1920
大沽夹河自然保护区	1650
泗水尹城省级湿地公园	1453
兖州兴隆省级湿地公园	1280
商河大沙河省级湿地公园	1263
荣成大天鹅自然保护区	1253
邹城北宿省级湿地公园	1229
平阴玫瑰湖湿地	700
蟠龙河国家湿地公园	690
曹县黄河故道省级湿地公园	622

（续）

湿地名称	蓄水量(万立方米)
寒亭禹王省级湿地公园	600
邹城太平省级湿地公园	523
寿光滨海公园	520
济阳澄波湖省级湿地公园	510
泗水青源省级湿地公园	502
枣庄九龙湾国家湿地公园	500
桑沟湾国家城市湿地公园	442
汶上莲花湖省级湿地公园	400
峄城古运荷乡省级湿地公园	367
临沂武河国家湿地公园	260
梁山水泊省级湿地公园	255
济西湿地	198
黄水河河口自然保护区	144
临沂沭河省级湿地公园	123
崆峒岛省级自然保护区	100
长岛国家级自然保护区	100
东明黄河省级湿地公园	90
青岛胶州湾湿地自然保护区	75
博兴麻大湖省级湿地公园	40
东明庄子湖省级湿地公园	40
济阳燕子湾省级湿地公园	38
台儿庄运河国家湿地公园	25
昌邑柽柳林省级湿地公园	21
五龙河省级湿地公园	20
金乡彭越湖省级湿地公园	16
济南遥墙清荷省级湿地公园	15
牟平区养马岛湿地公园	8
海阳小孩儿口省级湿地公园	6
合 计	585972

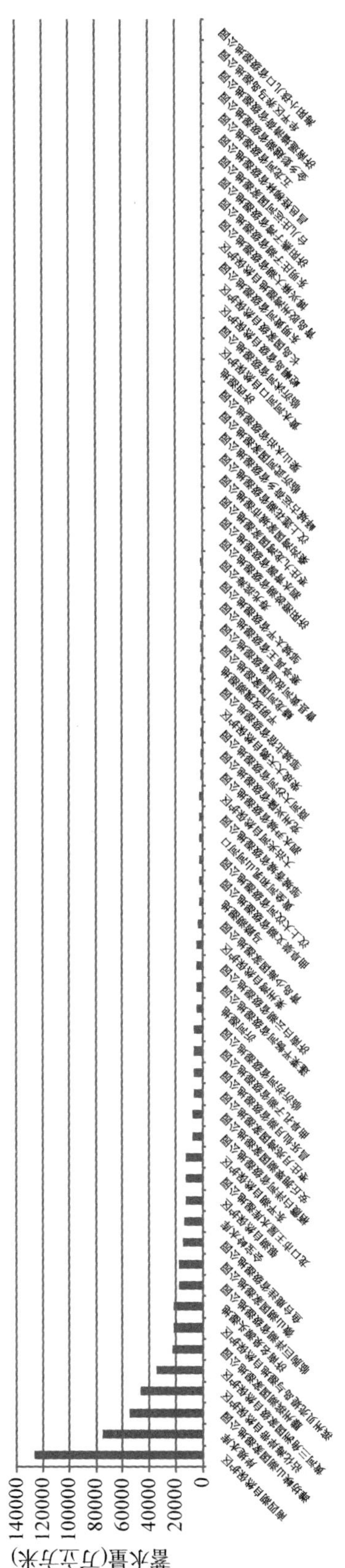

图 4-1 湿地水资源量排序

2　生物资源

湿地以其丰富的生态多样性、物种多样性及其遗传多样性著称。我国的40多种国家一级保护珍稀鸟类中，约有1/2生活在湿地。亚洲湿地生活的57种濒危鸟类中，生活在我国湿地的就有31种。部分湿地还是南北半球候鸟迁徙的"中转站"，世界水禽的重要繁衍地和东半球水禽的重要越冬地。黄河三角洲、胶东沿海、南四湖湿地是东北亚内陆和环西太平洋鸟类迁徙的重要"中转站"和越冬繁殖地。山东湿地共分布有鸟类19目60科406种。迁徙性鸟类特别是旅鸟构成了湿地鸟类的主体。每年春秋季节在不同类型的湿地都会出现集中和高峰期。在湿地生态环境中，鱼类和各种软体动物是候鸟的重要食源。鱼、鸟粪可促使水生植物生长，水生植物又为候鸟提供食物，从而形成了一个有利于水禽栖息的良好的生态环境。珍稀水禽这一特殊生物群体依赖湿地而生存，充分显示了湿地的价值、生产力和多样性。山东省湿地调查获得的各湿地生物资源见表4-2。

表4-2　山东省各湿地生物资源情况

名称	湿地野生动物	湿地植物群落和植被状况
安丘拥翠湖国家湿地公园	本次调查共发现脊椎动15目19科29种，其中鱼类2目2科7种、两栖类1目2科2种、爬行类2目1科2种、鸟类9目12科13种、哺乳类1目1科1种。鱼纲中鲫鱼、鲢鱼、鲤鱼较常见。两栖类主要有中华大蟾蜍及省级重点保护种黑斑蛙。爬行类主要有白条锦蛇、虎斑游蛇。鸟类中的优势种为小鹏鹏、山麻雀，省级重点保护鸟类为绿鹭、普通鸬鹚、苍鹭、草鹭、白鹭。哺乳类中常见种为省级重点保护种：黄鼬	调查记录到高等植物22科41属46种。主要优势种包括：杂交杨、芦苇、香蒲、黑藻等。主要植物群落类型包括：、芦苇群系、黑藻群系、浮萍群系等。植被面积13.63公顷
岸堤水库	本次调查共发现脊椎动物20目31科52种，其中鱼类4目9科21种、两栖类1目2科3种、爬行类2目2科2种、鸟类8目11科18种、哺乳类5目6科8种。鱼类中鲫鱼、麦穗鱼较常见。两栖类主要有泽蛙、中华大蟾蜍及省级重点保护种黑斑蛙。爬行类主要有山地麻蜥、中华鳖。白鹭、家燕、白骨顶为鸟类中的优势种，省级重点保护鸟类：白鹭。哺乳类中常见种有小家鼠、刺猬、东方田鼠、东方蝙蝠等，省级重点保护种黄鼬	调查记录到高等植物29科59属76种。主要优势种包括：稗、青蒿、马齿苋、鳢肠、风花菜、酸模叶蓼、菹草、荩菜、委陵菜等。主要植物群落类型包括：野稗群系、菹草群系、水蜈蚣群系、青蒿群系、石胡荽群系、苘麻群系、稗草群系等。植被面积20.45公顷
滨州贝壳堤岛与湿地自然保护区	本次调查共发现脊椎动物14目19科23种，其中鱼类4目5科6种、两栖类1目1科1种、爬行类1目1科1种、鸟类5目9科11种，哺乳类3目3科4种。鱼类中梭鱼、鲫鱼较常见。两栖类主要有中华大蟾蜍。爬行类主要有丽斑麻蜥。红嘴鸥、海鸥、黑翅长脚鹬为鸟类中的优势种，国家重点保护鸟类为黄嘴白鹭，省级重点保护鸟类为苍鹭、环颈雉。哺乳类主要有草兔、猪獾、刺猬，省级重点保护种为黄鼬	调查记录到高等植物4科6属7种。主要优势种包括：稗、青蒿、马齿苋、鳢肠、风花菜、酸模叶蓼、菹草、荩菜、委陵菜等。主要植物群落类型包括：野稗群系、菹草群系、水蜈蚣群系、青蒿群系、石胡荽群系、苘麻群系、稗草群系等。植被面积0.27公顷

（续）

名称	湿地野生动物	湿地植物群落和植被状况
博兴麻大湖省级湿地公园	本次调查共发现脊椎动物14目20科24种，其中鱼类2目3科5种、两栖类1目2科3种、爬行类2目2科2种、鸟类5目9科9种，哺乳类4目4科5种。鱼类中鲤鱼、鲫鱼较常见。两栖类主要有中华大蟾蜍，省级重点保护种金线蛙、黑斑蛙。爬行类主要有黄脊游蛇、丽斑麻蜥。鸟类优势种为小白鹭、山麻雀、四声杜鹃，省级重点保护鸟类为四声杜鹃。哺乳类主要有刺猬、大仓鼠、黑线姬鼠等，省级重点保护种为黄鼬	调查记录到高等植物17科29属30种。主要优势种包括：盐地碱蓬、碱蓬、白刺、狗尾草、芦苇。主要植物群落类型包括：盐地碱蓬群系、芦苇群系。植被面积121.6公顷
曹县黄河故道省级湿地公园	本次调查共发现脊椎动物21目30科41种，其中鱼类4目6科9种、两栖类1目2科4种、爬行类3目3科3种、鸟类8目13科17种，哺乳类5目6科8种。鱼类中鲫鱼、草鱼较常见。两栖类主要有中华大蟾蜍、花背蟾蜍，省级重点保护种为黑斑蛙、金线蛙。爬行类主要有丽斑麻蜥。调查中观察到白鹭、树麻雀、家燕、花脸鸭为鸟类中的优势种，国家重点保护鸟类为鸳鸯，省级重点保护鸟类为白鹭。哺乳类主要有草兔等，省级重点保护种为黄鼬、艾鼬、狗獾	调查记录到高等植物24科38属39种。主要优势种包括：杂交杨、狗尾草、旋复花、芦苇、刺儿菜、醴肠、香蒲、狐尾藻属。主要植物群落类型包括:、芦苇群系、香蒲群系。植被面积11.25公顷
昌乐仙月湖省级湿地公园	本次调查共发现脊椎动6目6科12种，其中鱼类1目1科3种、两栖类1目1科1种、鸟类2目2科6种、哺乳类2目2科2种。鱼纲中鲫鱼、鲢鱼、鲤鱼较常见。两栖类主要有北方狭口蛙。鸟类中优势种为中白鹭，国家重点保护鸟类：白鹳，省级重点保护鸟类：白鹭、中白鹭。哺乳类中常见种有草兔及省级重点保护种狗獾	调查记录到高等植物13科26属30种。主要优势种包括：杂交杨、旱柳、狗尾草、狗牙根、芦苇、莲、荇菜、香蒲、苹果、小蓬草、白茅草、葎草、黑藻、刺槐、苦荬菜、羊茅草、碱蓬、野大豆、马唐、凤眼莲、浮萍、野慈菇。主要植物群落类型包括:、狗尾草群系、莲群系、小蓬草群系、苦荬菜群系、马唐群系、凤眼莲群系。植被面积8.96公顷
昌邑柽柳林省级湿地公园	本次调查共发现脊椎动物14目20科27种，其中鱼类4目6科7种、两栖类1目3科6种、爬行类3目3科5种、鸟类5目8科8种、哺乳类1目1科1种。鱼类中梭鱼较常见。两栖类主要有中华大蟾蜍、花背蟾蜍、泽蛙等，省级重点保护种为黑斑蛙。爬行类主要有虎斑游蛇、丽斑麻蜥。鸟类优势种为山麻雀、家燕、海鸥，省级重点保护鸟类为白鹭、红点颏。哺乳类中常见种主要是省级重点保护种麝鼹	调查记录到高等植物7科18属21种。主要优势种包括：无芒稗、长芒稗、牛筋草、醴肠、马唐、水蓼等。主要植物群落类型包括：稗群系、醴肠群系、杨群系等。植被面积282.96公顷
大沽夹河自然保护区	本次调查共发现脊椎动物14目20科27种，其中鱼类4目6科7种、两栖类1目3科6种、爬行类3目3科5种、鸟类5目8科8种、哺乳类1目1科1种。鱼类中梭鱼较常见。两栖类主要有中华大蟾蜍、花背蟾蜍、泽蛙等，省级重点保护种为黑斑蛙。爬行类主要有虎斑游蛇、丽斑麻蜥。鸟类优势种为山麻雀、家燕、海鸥，省级重点保护鸟类为白鹭、红点颏。哺乳类中常见种主要是省级重点保护种麝鼹	调查记录到高等植物36科64属76种。主要优势种包括：小蓬草、茵陈蒿、碱蓬、狗尾草、地肤等。主要植物群落类型包括：茵陈蒿群系、碱蓬群系、柽柳林群系、白茅群系、小蓬草群系等。植被面积24.08公顷

（续）

名称	湿地野生动物	湿地植物群落和植被状况
东明黄河 省级湿地公园	本次调查共发现脊椎动物11目13科14种，其中两栖类1目2科2种、爬行类2目2科2种、鸟类4目5科6种，哺乳类4目4科4种。两栖类主要有中华大蟾蜍、泽蛙。爬行类主要有丽斑麻蜥。鸟类优势种为山麻雀、灰喜鹊、绿头鸭，省级重点保护鸟类：白鹭。哺乳类有大仓鼠、刺猬、家蝠、草兔	调查记录到高等植物14科25属25种。主要优势种包括：碱蓬、茵陈蒿、滨麦、雀麦、巴天酸模、藜、野菊、萹蓄、地肤、构树等。主要植物群落类型包括：菊群系、蒿群系、碱蓬群系、蓼群系、盐地碱蓬群系、藜群系、砂引草群系、罗布麻群系、滨旋花群系、黎群系、芦苇群系、茜草群系、龙葵群系、曼陀罗群系、滨麦群系、构树林群系、雀麦群系、早熟禾群系、稗群系、蛇葡萄群系、大叶藻群系、狗尾草群系。植被面积37.26公顷
东明庄子湖 省级湿地公园	本次调查共发现脊椎动物13目15科18种，其中鱼类2目2科2种、两栖类1目2科2种、爬行类2目2科2种、鸟类3目3科6种，哺乳类5目6科6种。鱼类中鲤鱼较常见。两栖类主要有中华大蟾蜍、泽蛙。爬行类主要有丽斑麻蜥。鸟类优势种为灰喜鹊、山麻雀，省级重点保护鸟类1种：白鹭。哺乳类主要有有褐家鼠等，省级重点保护种为黄鼬	调查记录到高等植物7科14属14种。主要优势种包括：刺槐、木槿、加拿大杨、长苞香蒲、香蒲、灰绿藜、菖蒲、菹草、稗、水蓼、艾蒿、眼子菜等。主要植物群落类型包括：刺槐群系、加拿大杨群系、菹草群系、香蒲群系、芦苇群系、荇菜群系、芦苇群系、狼把草群系、荇菜群系等。植被面积4.58公顷
东平湖 自然保护区	本次调查共发现脊椎动物17目25科33种，其中鱼类2目4科7种、两栖类1目1科1种、爬行类1目2科2种、鸟类9目14科18种、哺乳类4目4科5种。鱼类中鲫鱼、草鱼、泥鳅、鲤鱼较常见。两栖类主要有省级重点保护种黑斑蛙。爬行类主要有黑眉锦蛇、蜥蜴。普通燕鸥、家燕、绿头鸭为鸟类中的优势种，省级重点保护鸟类为绿鹭、灰雁、白鹭、环颈雉等。哺乳类中常见种有东方田鼠、草兔、刺猬，省级重点保护种狗獾、黄鼬	调查记录到高等植物31科50属60种。主要优势种包括：芦苇、狗尾草、刺儿菜、香蒲、鸦葱、苍耳、狗牙根、小蓬草、香附子、打碗花、旋复花、艾草。主要植物群落类型包括：芦苇群系、香蒲群系、柳树群系、狗牙根群系。植被面积403.26公顷
海阳小孩儿口 省级湿地公园	本次调查共发现脊椎动12目14科19种，其中鱼类3目3科6种、两栖类1目2科2种、爬行类2目2科2种、鸟类4目5科6种、哺乳类2目2科3种。鱼纲中鲫鱼较常见。两栖类主要有中华大蟾蜍及省级重点保护种黑斑蛙。爬行类主要有丽斑麻蜥、黄脊游蛇。鸟类中的优势种为青头潜鸭、山麻雀、喜鹊，省級重点保护鸟类为草鹭、白鹭。哺乳类中常见种有草兔及省级重点保护种狗獾、黄鼬	调查记录到高等植物15科24属28种。主要优势种包括：香蒲、香附子、水蓼、芦苇、菹草、车前、节节草、狗牙根。主要植物群落类型包括：香蒲群系、芦苇群系。植被面积2.51公顷

（续）

名称	湿地野生动物	湿地植物群落和植被状况
寒亭禹王省级湿地公园	本次调查共发现脊椎动10目13科20种，其中鱼类1目2科3种、两栖类1目2科2种、爬行类1目1科3种、鸟类5目8科10种、哺乳类2目2科2种。鱼纲中鲫鱼、鲤鱼较常见。两栖类主要有北方狭口蛙及省级重点保护种黑斑蛙。爬行类主要有白条锦蛇、黄脊游蛇、红点锦蛇。鸟类中的优势种为山麻雀、喜鹊，省级重点保护鸟类为苍鹭、灰雁。哺乳类中常见种有草兔及省级重点保护种黄鼬	调查记录到高等植物28科50属54种。主要优势种包括：黑杨、构树、核桃、白蜡树、旱柳、黑藻、荇菜、莲子草、水烛、芡实、芦苇、槐叶苹、菱、狗牙根、狐尾藻、小花鬼针草等。主要植物群落类型包括：黑杨群系、核桃群系、白蜡群系、旱柳群系、莲群系、鬼针草群系、独行菜群系、水花生群系、狗牙根群系、野荸荠群系、狭叶香蒲群系、钻型紫菀群系、芦苇群系、槐叶苹群系等。植被面积2.28公顷
黄河三角洲国家级自然保护区	本次调查共发现脊椎动物15目19科67种，其中鱼类4目7科15种、两栖类1目2科2种、爬行类1目1科2种、鸟类4目5科40种，哺乳类5目4科8种。鱼类中主要有鲤、鲫、泥鳅、草鱼、黄鳝。两栖类主要有泽蛙及省级重点保护种黑斑蛙。爬行类主要有虎斑游蛇、黄脊游蛇。鸟类优势种为白骨顶、鸥嘴噪鸥、普通燕鸥、须浮鸥、黑翅长脚鹬，国家重点保护鸟类为：白鹤、灰鹤、鹊鹞、黑翅鸢、黑耳鸢、卷羽鹈鹕等。省级重点保护鸟类为鸥嘴噪鸥、白腰杓鹬、环颈鸻、凤头鸊鷉、红嘴巨鸥、苍鹭、牛背鹭、草鹭等。哺乳类主要有草兔等，省级重点保护种为黄鼬、艾鼬、豹猫	调查记录到高等植物19科40属44种。主要优势种包括：香蒲、水芹菜、垂柳、黑松、海岸松、葎草等。主要植物群落类型包括：芦苇群系、香蒲群系、芦苇群系、垂柳群系等。植被面积9042.24公顷
黄垒河和乳山河河口	本次调查共发现脊椎动物12目14科18种，其中鱼类2目2科2种、两栖类1目2科2种、爬行类2目2科4种、鸟类3目4科6种、哺乳类4目4科4种。鱼类中鲚鱼、白姑鱼较常见。两栖类主要有中华大蟾蜍及省级重点保护种黑斑蛙。爬行类主要有红点锦蛇。调查中观察到普通海鸥、长尾贼鸥、红嘴鸥为鸟类中的优势种，省级重点保护鸟类为苍鹭、白鹭。哺乳类中常见种有东方蝙蝠、刺猬等，省级重点保护种为黄鼬	调查记录到高等植物12科28属32种。主要优势种包括：香蒲、芦苇、浮萍、菹草、旱柳等。主要植物群落类型包括：香蒲群系、芦苇群系、旱柳群系等。植被面积10.6公顷
黄水河河口自然保护区	本次调查共发现鸟类3目7科11种，优势种为白鹭，山麻雀。省级重点保护鸟类为苍鹭、牛背鹭、白鹭、普通秋沙鸭	调查记录到高等植物18科22属23种。主要优势种包括：芦苇、旱柳、碱蓬、柽柳、莲、香蒲、白茅等。主要植物群落类型包括：芦苇群系、旱柳群系、碱蓬群系、柽柳群系、三棱藨草群系、水稻群系、碱逢群系、荷群系、香蒲群系、白茅群系等。植被面积4.79公顷
会宝岭水库	本次调查共发现脊椎动物15目23科38种，其中鱼类4目8科21种、两栖类1目1科1种、爬行类1目1科1种、鸟类5目8科11种、哺乳类4目4科4种。鱼类中鲫鱼、麦穗鱼、鲤鱼、草鱼较常见。两栖类主要有中华大蟾蜍。爬行类主要有黄脊游蛇。调查中观察到白鹭、白鹡鸰为鸟类中的优势种，省级重点保护鸟类：白鹭。哺乳类中常见种有草兔、褐家鼠、东方田鼠、东方蝙蝠	调查记录到高等植物37科82属98种。主要优势种包括：盐地碱蓬、艾、油芒、山茴香、水蓼、翅果菊、香附子、小藜、多裂翅果菊、葎草、山绿豆、鸭跖草等。主要植物群落类型包括：芦苇群系、碱蓬群系等。植被面积22.04公顷

（续）

名称	湿地野生动物	湿地植物群落和植被状况
济南白云湖省级湿地公园	本次调查共发现脊椎动物13目16科23种，其中鱼类4目5科9种、两栖类2目2科2种、爬行类1目1科1种、鸟类3目5科8种、哺乳类3目3科3种。鱼纲中鲤鱼、草鱼、黄鳝较常见。两栖类主要有黑斑蛙、中华大蟾蜍，省级重点保护种为黑斑蛙。爬行类主要有黄脊游蛇。鸟类的优势种为白鹭、小䴙䴘，省级重点保护鸟类：中白鹭、白鹭等。哺乳类中常见种有草兔、刺猬、小家鼠	调查记录到高等植物17科22属23种。主要优势种包括：盐地碱蓬、艾、油芒、山茴香、水蓼、翅果菊、香附子、小藜、多裂翅果菊、葎草、山绿豆、鸭跖草等。主要植物群落类型包括：芦苇群系、碱蓬群系等。植被面积35.51公顷
济南名泉源头湿地	本次调查共发现脊椎动物14目14科22种，其中鱼类5目4科9种、两栖类1目2科2种、爬行类2目2科2种、鸟类6目6科9种。鱼纲中鲫鱼、草鱼、鳙鱼较常见。两栖类主要有中华大蟾蜍、黑斑蛙，省级重点保护种为黑斑蛙。爬行类主要有白条锦蛇、中华鳖。鸟类的优势种为白鹭、家燕、喜鹊，省级重点保护鸟类：白鹭	调查记录到高等植物18科28属32种。主要优势种包括：芦苇、杂交杨、柽柳、艾蒿、银杏、火炬树等。主要植物群落类型包括：芦苇群系、柽柳群系、银杏群系、火炬树群系等。植被面积8.52公顷
济南遥墙清荷省级湿地公园	本次调查共发现脊椎动物8目11科12种，其中鱼类1目2科2种、两栖类1目2科2种、爬行类1目1科1种、鸟类4目5科6种，哺乳类1目1科1种。鱼纲中草鱼较常见。两栖类主要有中华大蟾蜍、黑斑蛙，省级重点保护种为黑斑蛙。爬行类主要有白条锦蛇。鸟类的优势种为家燕、喜鹊，省级重点保护鸟类：白鹭、环颈雉。哺乳类中常见有东方蝙蝠	调查记录到高等植物11科15属15种。主要优势种包括：黑杨、小花鬼针草、牛膝、马唐、狗牙根、醴肠、金鱼藻、黑藻、竹叶眼子菜。主要植物群落类型包括：黑杨群系、狗牙根群系、金鱼藻群系。植被面积2.01公顷
济西湿地	本次调查共发现脊椎动物13目18科31种，其中鱼类1目2科4种、两栖类1目2科4种、爬行类3目2科4种、鸟类8目12科18种、哺乳类1目1科1种。鱼纲中麦穗鱼比较常见。两栖类主要有泽蛙、中华大蟾蜍、花背蟾蜍及省级重点保护种黑斑蛙。爬行类主要有丽斑麻蜥。鸟类的优势种为山麻雀、家燕、大苇莺，省级重点保护鸟类：苍鹭、白鹭、环颈雉、四声杜鹃等。哺乳类中常见种有草兔	调查记录到高等植物45科79属95种。主要优势种包括：黑杨、小花鬼针草、牛膝、马唐、狗牙根、醴肠、金鱼藻、黑藻、竹叶眼子菜。主要植物群落类型包括：黑杨群系、狗牙根群系、金鱼藻群系。植被面积216.08公顷
济阳澄波湖省级湿地公园	本次调查共发现脊椎动物6目9科10种，其中鱼类2目3科4种、两栖类1目1科1种、鸟类1目3科3种，哺乳类2目2科2种。鱼类中鲫鱼较常见。两栖类主要是省级重点保护种黑斑蛙。鸟类的优势种为山麻雀、喜鹊、家燕。哺乳类常见种为草兔、东方田鼠	调查记录到高等植物13科17属18种。主要优势种包括：三棱草、芦苇、香蒲、莲、金鱼藻等。主要植物群落类型包括：芦苇群系、莲群系、葎草群系、金鱼藻群系等。植被面积5公顷
济阳燕子湾省级湿地公园	本次调查共发现脊椎动物6目8科11种，其中鱼类2目2科3种、鸟类2目4科6种，哺乳类2目2科2种。鱼类中黄颡、鲫鱼较常见。鸟类的优势种为山麻雀、喜鹊，省级重点保护鸟类：中白鹭。哺乳类主要有草兔、东方田鼠	调查记录到高等植物10科16属17种。主要优势种包括：芦苇、香蒲、黄花蒿、双穗雀稗、狗尾草、小篷草、水稗、节节草、黑藻、菹草、金鱼藻、猪毛菜、葎草、鸭跖草等。主要植物群落类型包括：香蒲群系、黄花蒿群系、芦苇群系、黑藻群系、狗尾草群系、葎草群系等。植被面积0.39公顷

（续）

名称	湿地野生动物	湿地植物群落和植被状况
金乡彭越湖省级湿地公园	本次调查共发现脊椎动物10目14科18种，其中鱼类2目3科5种，两栖类1目1科2种，鸟类4目6科6种。哺乳类3目4科5种。鱼类主要有鲤鱼、草鱼、泥鳅等。两栖类主要有中华大蟾蜍及省级重点保护种金线蛙。鸟类优势种为小鸊鷉、山麻雀、大山雀。哺乳类主要有东方田鼠及省级重点保护种狗獾、黄鼬	调查记录到高等植物17科25属26种。主要优势种包括：垂柳、莲、睡莲、慈姑、狗尾草、藜、小蓟、刺儿菜等。主要植物群落类型包括：黑杨群系、莲群系、狗尾草群系等。植被面积2.89公顷
崆峒岛省级自然保护区	本次调查共发现脊椎动物8目11科12种，其中鱼类1目1科2种、爬行类3目4科7种、鸟类6目11科11种。鱼纲中鲤鱼、青鱼较常见。爬行类主要有黄脊游蛇等，其中省级重点保护种为黑眉蝮蛇。鸟类优势种为黑尾鸥、山麻雀、白腰针尾雨燕，国家重点保护鸟类为雀鹰、海鸬鹚、黑浮鸥、白尾鹞，省级重点保护鸟类为扁嘴海雀	
莱州湾自然保护区	本次调查共发现鸟类3目4科4种，优势种为红嘴鸥、山麻雀，省重点保护鸟类：白鹭	调查记录到高等植物21科38属42种。主要优势种包括：芦苇、扁杆藨草、大蓟、水烛、狭叶香蒲等。主要植物群落类型包括：芦苇群系、狭叶香蒲群系、睡莲群系等。植被面积11.73公顷
梁山水泊省级湿地公园	本次调查共发现脊椎动物20目28科58种，其中鱼类5目7科18种、两栖类1目2科5种、爬行类3目3科4种、鸟类7目11科25种，哺乳类4目5科6种。鱼类中鲫鱼较常见，其中棒花鱼国家级保护动物。两栖类主要有中华大蟾蜍等，省级重点保护种为黑斑蛙。爬行类主要有中华鳖，丽斑麻蜥，其中中华鳖为国家级保护动物。鸟类优势种为大苇莺、小鸊鷉，省级重点保护鸟类为白鹭、栗尾鳲、环颈雉、普通秧鸡等。哺乳类主要有东方田鼠、刺猬等，省级重点保护种为黄鼬	调查记录到高等植物24科43属52种。主要优势种包括：芦苇、狼把草、莲、浮萍等。主要植物群落类型包括：芦苇群系、莲群系、浮萍群系等。植被面积15.35公顷
临朐巨洋湖省级湿地公园	本次调查共发现脊椎动8目11科16种，其中鱼类2目2科6种、两栖类1目2科2种、鸟类3目5科6种、哺乳类2目2科2种。鱼纲中鲫鱼、鳙鱼、鲢鱼、鲤鱼较常见。两栖类主要有北方狭口蛙及省级重点保护种黑斑蛙。鸟类优势种为山麻雀、家燕，省级重点保护鸟类：白鹭。哺乳类中常见种有草兔及省级重点保护种黄鼬	调查记录到高等植物21科36属41种。主要优势种包括：旱柳、紫萍、构树、芦苇、山楂、葎草、小蓬草等。主要植物群落类型包括：旱柳群系、紫萍群系、柳树群系、构树群系、芦苇群系、山楂群系、葎草群系。植被面积9.38公顷
临沂祊河省级湿地公园	本次调查共发现脊椎动物17目25科43种，其中鱼类4目8科21种、两栖类1目3科4种、爬行类1目1科1种、鸟类6目7科9种、哺乳类5目6科8种。鱼类中鲫鱼、麦穗鱼较常见。两栖类主要有泽蛙、中华大蟾蜍、北方狭口蛙，省级重点保护种黑斑蛙。爬行类主要有黄脊游蛇。白鹭为鸟类中的优势种，省级重点保护鸟类：白鹭。哺乳类中常见种有小家鼠、黑线仓鼠、东方田鼠、东方蝙蝠等，省级重点保护种黄鼬	调查记录到高等植物40科84属96种。主要优势种包括：刺槐、碱蓬、柽柳、构树、毛樱桃、山槐、黄荆、葎草、蒲公英、肾叶打碗花、芦苇、苍耳、草木犀、枸杞、茜草、狗尾草等。主要植物群落类型包括：刺槐群系、碱蓬群系、毛樱桃群系、山槐群系、构树群系、黄荆群系、葎草群系、艾蒿群系、早熟禾群系等。植被面积8.05公顷

（续）

名称	湿地野生动物	湿地植物群落和植被状况
临沂沭河省级湿地公园	本次调查共发现脊椎动物15目23科43种，其中鱼类4目8科21种、两栖类1目2科3种、爬行类2目2科2种、鸟类3目5科9种、哺乳类5目6科8种。鱼类中鲫鱼、鲤鱼、鲢鱼较常见。两栖类主要有泽蛙、中华大蟾蜍，省级重点保护种黑斑蛙。爬行类主要有中华鳖、黄脊游蛇。调查中观察到白鹭、山麻雀、家燕为鸟类中的优势种，省级重点保护鸟类为白鹭、苍鹭。哺乳类中常见种有小家鼠、褐家鼠、东方田鼠、东方蝙蝠等	调查记录到高等植物45科93属116种。主要优势种包括：碱蓬、茵陈蒿、艾蒿、小蓬草、地肤、马唐、灰绿藜、补血草、狗尾草等。主要植物群落类型包括：碱蓬群系、茵陈蒿群系、艾蒿群系、茵陈蒿群系、小花山桃草群系等。植被面积4.17公顷
临沂武河国家湿地公园	本次调查共发现脊椎动物13目16科19种，其中两栖类1目2科2种、爬行类2目2科3种、鸟类6目7科9种，哺乳类4目4科4种。两栖类主要有中华大蟾蜍及省级重点保护种黑斑蛙。爬行类主要有红点锦蛇。鸟类优势种为白骨顶、黑水鸡、小鸊鷉，省级重点保护鸟类1种：白鹭。哺乳类主要有草兔、刺猬等，省级重点保护种为黄鼬	调查记录到高等植物38科75属84种。主要优势种包括：白茅、芦苇、毛茛、香蒲、芡实、慈姑、莲、穗状狐尾藻、篦齿眼子菜等。主要植物群落类型包括：白茅群系、芦苇群系、旋覆花、香蒲群系、荆三棱、莲群系。植被面积2.47公顷
龙口市王屋水库湿地公园	本次调查共发现脊椎动物6目8科12种，其中鱼类3目3科7种、两栖类1目1科1种、鸟类2目4科4种。鱼类主要有鲤鱼和泥鳅。两栖类主要有中华大蟾蜍。鸟类主要有白鹭、山麻雀、喜鹊，省级重点保护鸟类：白鹭	调查记录到高等植物11科14属15种。主要优势种包括：葎草、水蓼、芦苇、狗尾草、酸枣、浮萍等。主要植物群落类型包括：狗尾草群系、芦苇群系、葎草群系、荻群系等。植被面积1公顷
马踏湖湿地	本次调查共发现脊椎动物19目29科39种，其中鱼类2目3科6种、两栖类1目2科2种、爬行类4目4科6种、鸟类10目17科23种、哺乳类2目2科2种。鱼类中黄鳝、草鱼、泥鳅较常见。两栖类主要有中华大蟾蜍及省级重点保护种黑斑蛙。爬行类主要有壁虎、丽斑麻蜥。鸟类的优势种为苍鹭、山麻雀、家燕，省级重点保护鸟类为苍鹭、草鹭、灰斑鸠、环颈雉等。哺乳类中常见种有东方田鼠、刺猬	调查记录到高等植物18科33属34种。主要优势种包括：黑杨、旱柳、牛膝、芦苇、葎草、假稻、黑藻、狐尾藻、金鱼藻。主要植物群落类型包括：黑杨群系、芦苇群系、黑藻群系。植被面积159.63公顷
牟平区养马岛湿地公园	本次调查共发现脊椎动物10目12科19种，其中鱼类1目1科4种、两栖类2目2科2种、爬行类2目2科2种、鸟类3目5科7种，哺乳类2目2科2种。鱼类主要有鲤鱼。两栖类主要有中华大蟾蜍，省级重点保护种黑斑蛙。爬行类主要有黄脊游蛇、丽斑麻蜥。鸟类优势种为灰背鸥，省级重点保护鸟类为苍鹭、草鹭、白鹭。哺乳类主要有东方田鼠、草兔	调查记录到高等植物19科18属19种。主要优势种包括:：黑杨、牛膝、芦苇、葎草、地笋、黑藻、狐尾藻属、金鱼藻。主要植物群落类型包括：黑杨群系、芦苇群系、黑藻群系。植被面积2.56公顷
南四湖自然保护区	本次调查共发现脊椎动物31目45科117种，其中鱼类8目14科20种、两栖类1目3科5种、爬行类2目2科3种、鸟类14目20科81种、哺乳类6目6科8种。鱼类中鲫鱼较常见，其中以鲤科鱼类最多，常见鱼类主要包括黄蚴、鲫鱼、乌鳢等。两栖类主要有中华大蟾蜍等，省级重点保护种为黑斑蛙、金线蛙。爬行类主要是黑眉锦蛇等。鸟类的优势种为家燕、树麻雀、大杜鹃，国家重点保护鸟类有燕隼，省级重点保护鸟类为白鹭、四声杜鹃、黑枕黄鹂、灰斑鸠、普通夜鹰等。哺乳类主要有刺猬、东方田鼠等，省级重点保护种为黄鼬	调查记录到高等植物69科151属206种。主要优势种包括：黑杨、旱柳、葎草、芦苇、菖蒲、盒子菜、香蒲、水花生。主要植物群落类型包括：黑杨群系、芦苇群系、香蒲群系。植被面积1145.36公顷

（续）

名称	湿地野生动物	湿地植物群落和植被状况
蟠龙河国家湿地公园	本次调查共发现脊椎动物6目6科11种，其中鱼类2目2科7种、鸟类3目3科3种，哺乳类1目1科1种。鱼类主要有鲤鱼、鲢鱼、棒花鱼等。鸟类优势种为白鹭、绿头鸭，省级重点保护鸟类：白鹭。哺乳类主要有刺猬	调查记录到高等植物40科83属90种。主要优势种包括：芦苇、艾蒿等。主要植物群落类型包括：芦苇群系、艾蒿群系等。植被面积23.24公顷
蓬莱平畅河省级湿地公园	本次调查共发现脊椎动物10目14科23种，其中鱼类1目1科4种、两栖类1目2科2种、爬行类2目2科2种、鸟类4目7科13种，哺乳类2目2科2种。鱼类主要有草鱼、鲢鱼、鲤鱼。爬行类主要有丽斑麻蜥、虎斑游蛇。两栖类主要有东方铃蟾及省级重点保护种黑斑蛙。鸟类优势种为黄嘴白鹭、灰背鸥、普通秋沙鸭，省级重点保护鸟类为白鹭、草鹭、苍鹭、牛背鹭。哺乳类主要是刺猬、东方田鼠	调查记录到高等植物19科42属49种。主要优势种包括：芦苇、狗尾草、加拿大杨、地肤等。主要植物群落类型包括：罗布麻群系、芦苇群系加拿大杨群系、地肤群系等。植被面积15.37公顷
平阴玫瑰湖湿地	本次调查共发现脊椎动物15目20科27种，其中鱼类2目4科7种、两栖类2目3科5种、爬行类2目2科2种、鸟类5目7科9种、哺乳类4目4科4种。鱼纲中鲤鱼、草鱼、泥鳅较常见。两栖类主要有花背蟾蜍、中华大蟾蜍、金线蛙、黑斑蛙、泽蛙，省级重点保护种为金线蛙、黑斑蛙。爬行类主要有黄脊游蛇、虎斑游蛇。鸟类的优势种为斑嘴鸭、山麻雀、灰喜鹊，省级重点保护鸟类为草鹭。哺乳类中常见种有草兔、大仓鼠、刺猬、黄鼬，省级重点保护种为黄鼬	调查记录到高等植物49科85属100种。主要优势种包括：刺儿菜、无芒稗、鹅绒藤、假鼠妇草、稗等。主要植物群落类型包括：芦苇群系、刺儿菜群系、滨麦群系、扁秆藨草群系、杞柳群系、稗草群系、香蒲群系等。植被面积4.79公顷
栖霞白洋河省级湿地公园	本次调查共发现脊椎动8目12科20种，其中鱼类1目2科7种、两栖类1目3科3种、爬行类1目1科1种、鸟类4目6科9种、哺乳类2目2科2种。鱼纲中鲤鱼、鲫鱼、泥鳅较常见。两栖类主要有中华大蟾蜍、北方狭口蛙及省级重点保护种黑斑蛙。爬行类主要有赤链蛇。鸟类的优势种为山麻雀、家燕、喜鹊，国家重点保护鸟类：鸳鸯，省级重点保护鸟类苍鹭、白鹭、环颈雉。哺乳类中常见种有东方田鼠、刺猬	调查记录到高等植物18科32属36种。主要优势种包括：芦苇、丝毛飞廉、水花生、莲、加拿大杨、双穗雀稗、长芒稗、水烛、香蒲、大狼把草、菰、天名精、醴肠、野大豆、水鳖、荇菜、空心莲子草、竹叶眼子菜、水芹、狐尾藻、双穗雀稗。主要植物群落类型包括：芦苇群系、丝毛飞廉群系、水花生群系、莲群系、加拿大杨群系、狗牙根群系、水烛群系、香蒲群系、大狼把草群系、菰群系、天名精群系、醴肠群系、野大豆群系、水鳖群系、荇菜群系、空心莲子草群系、眼子菜群系、水芹群系、狐尾藻群系、双穗雀稗群系。植被面积11.22公顷
青岛胶州湾湿地自然保护区	本次调查共发现脊椎动物21目27科40种，其中鱼类2目4科9种、两栖类1目2科3种、爬行类3目2科3种、鸟类11目15科20种、哺乳类4目4科5种。鱼纲中鲫鱼、黄颡、鲢鱼、鳙鱼、泥鳅、弹涂鱼比较常见。两栖类主要有中华大蟾蜍、北方狭口蛙，省级重点保护种黑斑蛙。爬行类主要有黄脊游蛇。鸟类的优势种为林鹬，省级重点保护鸟类：苍鹭、绿鹭、牛背鹭、白鹭等。哺乳类中常见种有草兔等，省级重点保护种为黄鼬、狗獾	调查记录到高等植物7科7属8种。主要优势种包括：芦苇、香蒲、秕壳草、喜旱莲子草、狗牙根、睡莲、浮萍、鸭跖草、地丁、苍耳等。主要植物群落类型包括：香蒲群系、芦苇群系、喜旱莲子草群系、葎草群系、睡莲群系、苍耳群系、喜旱莲子草群系、狗尾草群系、杓儿菜群系等。植被面积21.78公顷

（续）

名称	湿地野生动物	湿地植物群落和植被状况
青岛少海国家湿地公园	本次调查共发现脊椎动物11目12科21种，其中两栖类1目3科3种、爬行类4目3科4种、鸟类5目5科13种、哺乳类1目1科1种。两栖类主要有北方狭口蛙、中华大蟾蜍，省级重点保护种黑斑蛙。爬行类主要有虎斑游蛇等。鸟类的优势种为白鹭、斑嘴鸭、红嘴鸥，省级重点保护鸟类：苍鹭、绿鹭、牛背鹭、白鹭。哺乳类中常见黄鼬为省级重点保护种	调查记录到高等植物7科7属8种。主要优势种包括：旱柳、马唐、水田碎米荠、狭叶香蒲、金鱼藻、节节草、芦苇、雀麦、火炬树、滨麦等。主要植物群落类型包括：金鱼藻群系、节节草群系、芦苇群系、旱柳林群系、扁杆藨草群系、水田碎米荠群系、火炬树群系、狭叶香蒲群系、滨麦群系等。植被面积2.74公顷
曲阜崇文湖省级湿地公园	本次调查共发现脊椎动物9目11科18种，其中鱼类4目5科8种、两栖类1目2科3种、鸟类3目3科6种，哺乳类1目1科1种。鱼类中草鱼较常见。两栖类主要有中华大蟾蜍及省级重点保护种金线蛙、黑斑蛙。鸟类优势种为夜鹭、白鹭，省级重点保护鸟类为苍鹭、白鹭。哺乳类主要有猪獾	调查记录到高等植物24科47属59种。主要优势种包括：黑杨、芦苇、白茅、野大豆、金鱼藻、黑藻、香蒲等。主要植物群落类型包括：黑杨群系、芦苇群落、金鱼藻群系等。植被面积4.34公顷
曲阜孔子湖省级湿地公园	本次调查共发现脊椎动物8目10科19种，其中鱼类3目4科8种、两栖类1目2科3种、鸟类3目3科6种。哺乳类1目1科1种。鱼类中草鱼较常见，其中以鲤科鱼类最多。主要包括鲢鱼、鲤鱼等。两栖类主要有中华大蟾蜍及省级重点保护种金线蛙、黑斑蛙。鸟类优势种为白鹭、白骨顶、斑嘴鸭，省级重点保护鸟类：白鹭。哺乳类主要是猪獾	调查记录到高等植物41科76属89种。主要优势种包括：香蒲、苘麻、芦苇、灰绿藜、白车轴草、小窃衣、艾蒿等。主要植物群落类型包括：芦苇群系、香蒲群系、苘麻群系、水蓼群系、荇菜群系、菹草群系、小灯芯草群系、小飞蓬群系、北水苦荬群系等。植被面积100.53公顷
荣成大天鹅自然保护区	本次调查共发现脊椎动物20目29科51种，其中鱼类3目5科8种、两栖类1目3科8种、爬行类3目2科6种、鸟类10目16科25种、哺乳类3目3科4种。鱼类中鲫鱼、鲤鱼、草鱼较常见。两栖类主要有中华大蟾蜍等，其中省级重点保护种有黑斑蛙、金线蛙、中国林蛙。爬行类主要有丽斑麻蜥、虎斑游蛇、黄脊游蛇等。大天鹅、绿头鸭为鸟类中的优势种，国家重点保护鸟类：大天鹅、黑脸琵鹭、灰鹤。省级重点保护鸟类为白鹭、苍鹭、扁嘴海雀等。哺乳类中常见种刺猬、草兔，省级重点保护种为黄鼬、狗獾	调查记录到高等植物11科18属18种。主要优势种包括：柽柳、芦苇、砂引草、旱柳、黑松、碱蓬、盐地碱蓬、艾蒿等。主要植物群落类型包括：芦苇群系、旱柳群系、柽柳群系、碱蓬群系、艾蒿群系等。植被面积2.34公顷
桑沟湾国家城市湿地公园	本次调查共发现脊椎动物8目9科15种，其中鱼类2目3科7种、两栖类1目1科2种、爬行类2目2科2种、鸟类2目2科3种、哺乳类1目1科1种。鱼类中鲫鱼、鲤鱼、鳙鱼较常见。两栖类主要有省级重点保护种黑斑蛙、金线蛙。爬行类主要有丽斑麻蜥、虎斑游蛇。调查中观察到白鹭为鸟类中的优势种，省级重点保护鸟类为白鹭、苍鹭。哺乳类中常见种有省级重点保护种黄鼬	调查记录到高等植物8科12属12种。主要优势种包括：水杉、柳树、雪松、芦苇、香蒲、莲、睡莲、浮萍等。主要植物群落类型包括：水杉群系、芦苇群系、睡莲群系等。植被面积150.67公顷

（续）

名称	湿地野生动物	湿地植物群落和植被状况
商河大沙河省级湿地公园	本次调查共发现脊椎动物8目10科14种，其中鱼类2目2科4种、两栖类1目2科4种、爬行类1目1科1种、鸟类3目3科3种，哺乳类1目2科2种。鱼类中鲫鱼、鲢鱼较常见。两栖类主要有泽蛙、黑斑蛙、花背蟾蜍、中华大蟾蜍，省级重点保护种：黑斑蛙。爬行类主要有虎斑锦蛇。鸟类的优势种为白鹭、灰喜鹊，省级重点保护鸟类：白鹭、四声杜鹃。哺乳类中草兔较常见	调查记录到高等植物34科66属76种。主要优势种包括：旱柳、芦苇、喜旱莲子草、狭叶香蒲、金鱼藻。主要植物群落类型包括：芦苇、喜旱莲子草群系、狭叶香蒲群系、芦苇、白茅群系。植被面积0.8公顷
寿光滨海公园	本次调查共发现脊椎动13目18科26种，其中鱼类1目1科3种、两栖类1目2科2种、爬行类1目1科1种、鸟类7目12科17种、哺乳类3目3科3种。鱼纲中鲫鱼、青鱼、鲤鱼较常见。两栖类主要有中华大蟾蜍及省级重点保护种黑斑蛙。爬行类主要有白条锦蛇。鸟类的优势种为苍鹭、山麻雀、家燕，省级重点保护鸟类为苍鹭、栗尾鵙、白鹭。哺乳类中常见种有刺猬、草兔及省级重点保护种黄鼬	调查记录到高等植物36科53属57种。主要优势种包括：垂柳、瘦脊伪针茅、狭叶香蒲、稗、浮萍、芦苇、狐尾藻等。主要植物群落类型包括：、芦苇群系、狭叶香蒲群系、稗、瘦脊伪针茅群系、狐尾藻群系。植被面积3.38公顷
泗水青源省级湿地公园	本次调查共发现脊椎动物17目22科41种，其中鱼类3目5科18种、两栖类1目3科5种、爬行类3目3科3种、鸟类6目6科10种，哺乳类4目5科5种。鱼类中常见鱼类主要包括鲤鱼、鲫鱼、鲢鱼、鳙鱼等。两栖类主要有中华大蟾蜍等，省级重点保护种为黑斑蛙。爬行类主要有黑眉锦蛇，中华鳖。鸟类优势种为小鹏鹏、环颈雉，省级重点保护鸟类为苍鹭、白鹭。哺乳类主要有草兔、刺猬等	调查记录到高等植物21科34属3种。主要优势种包括：芦苇、扁穗莎草、藾草、筛草、沙参、单叶蔓荆。主要植物群落类型包括：芦苇群系、沙参、筛草群系。植被面积0.71公顷
泗水尹城省级湿地公园	本次调查共发现脊椎动物16目22科31种，其中鱼类1目2科5种、两栖类1目3科5种、爬行类3目3科3种、鸟类7目9科12种，哺乳类4目5科6种。鱼类中鲫鱼较常见。两栖类主要有中华大蟾蜍等，省级重点保护种为黑斑蛙。爬行类主要有黑眉锦蛇、山地麻蜥。鸟类优势种为喜鹊、黑雨燕、大嘴乌鸦，省级重点保护鸟类苍鹭、白鹭、环颈雉。哺乳类主要有东方田鼠、草兔等	调查记录到高等植物20科41属45种。主要优势种包括：榆树、芦苇、香蒲等。主要植物群落类型包括：杨柳群系、芦苇群系、香蒲群系、狗尾草群系等。植被面积7.37公顷
台儿庄运河国家湿地公园	本次调查共发现脊椎动物15目17科32种，其中鱼类4目5科15种、两栖类1目1科1种、爬行类1目1科1种、鸟类5目6科11种，哺乳类4目4科4种。鱼类主要有鲫鱼、鲤鱼。两栖类主要有中华大蟾蜍。爬行类主要有中华鳖。鸟类优势种为白鹭、黑水鸡，国家重点保护鸟类为鸳鸯，省级重点保护鸟类为普通鸬鹚、白鹭等。哺乳类主要有刺猬、小家鼠、草兔	调查记录到高等植物32科59属64种。主要优势种包括：芦苇、浮萍、茵陈蒿、碱蓬、紫萍、灰绿藜、鹅绒藤、小茨藻等。主要植物群落类型包括：莲群系、茵陈蒿群系、芦苇群系、浮萍群系、盐地碱蓬群系等。植被面积3.51公顷

（续）

名称	湿地野生动物	湿地植物群落和植被状况
滕州滨湖国家湿地公园	本次调查共发现脊椎动物19目29科32种，其中鱼类3目4科5种、两栖类1目2科3种、爬行类3目3科3种、鸟类7目14科14种，哺乳类5目6科7种。鱼类主要有鲤鱼、鲫鱼、乌鳢。两栖类主要有中华大蟾蜍、花背蟾蜍及省级重点保护种金线蛙。爬行类主要有乌龟、中华鳖、壁虎，省级重点保护种为乌龟。鸟类优势种为黑水鸡、山麻雀、普通翠鸟，国家重点保护鸟类：大天鹅、鸳鸯，省级重点保护鸟类为白鹭。哺乳类主要有东方田鼠、草兔等，省级重点保护种为黄鼬	调查记录到高等植物66科144属191种。主要优势种包括：垂柳、油松、翼果薹草、一年蓬、酸模叶蓼、白茅、薄荷。主要植物群落类型包括：、翼果薹草群系、酸模叶蓼群系。植被面积6.62公顷
微山湖国家湿地公园	本次调查共发现脊椎动物19目36科63种，其中鱼类8目14科22种，两栖类1目3科5种，爬行类1目1科1种，鸟类9目18科35种。调查中鱼类主要有鲤鱼、草鱼、鲢鱼。两栖类主要有中华大蟾蜍等，省级重点保护种为黑斑蛙。爬行类主要是黄脊游蛇。鸟类优势种为家燕、大尾莺，省级重点保护鸟类为苍鹭、环颈雉、四声杜鹃、灰斑鸠等	调查记录到高等植物40科94属116种。主要优势种包括：打碗花、天蓝苜蓿、小花鬼针草、荇菜、金鱼藻、金盏银盘、菹草、芦苇、香蒲等。主要植物群落类型包括：狗牙根群系、水芹群系、打碗花群系、荇菜群系、芦苇群系、稗草群系、石湖菱群系、芦苇群系、金鱼藻群系。植被面积76.62公顷
潍坊峡山湖国家湿地公园	本次调查共发现脊椎动11目12科18种，其中鱼类3目3科9种、两栖类1目1科1种、爬行类1目1科1种、鸟类4目4科4种、哺乳类2目3科3种。鱼纲中鳙鱼、鲢鱼、鲤鱼、鲫鱼较常见。两栖类主要有中华大蟾蜍。爬行类主要有虎斑游蛇。鸟类的优势种为白鹭、小鸊鷉、白骨顶，省级重点保护鸟类：白鹭。哺乳类中常见种有草兔、臭鼩及省级重点保护种黄鼬	调查记录到高等植物25科35属35种。主要优势种包括：狗牙根、白茅、南牡蒿、抱茎苦荬菜、石湖菱、狗尾草、芦苇、香蒲、酸枣等。主要植物群落类型包括：狗牙根群系、芦苇群系、白茅群系、酸枣群系、石湖菱群系、香附子群系。植被面积193.21公顷
汶上大汶河省级湿地公园	本次调查共发现脊椎动物8目12科16种，其中鱼类3目4科6种、鸟类5目8科10种。鱼类中草鱼较常见。鸟类优势种为黑喜鹊，省级重点保护鸟类为苍鹭、白鹭	调查记录到高等植物19科28属28种。主要优势种包括：杂交杨。旱柳、芦苇、菱、菰等。主要植物群落类型包括：芦苇群系、莲群系等。植被面积60.26公顷
汶上莲花湖省级湿地公园	本次调查共发现脊椎动物15目17科29种，其中鱼类4目6科12种、两栖类1目2科4种、爬行类3目3科3种、鸟类5目6科7种，哺乳类2目2科3种。鱼类中鲫鱼、鲢鱼较常见。两栖类主要有中华大蟾蜍、花背蟾蜍及省级重点保护种金线蛙、黑斑蛙。爬行类主要有中华鳖、山地麻蜥、赤链蛇。鸟类的优势种为黑雨燕、大嘴乌鸦。哺乳类主要有刺猬及省级重点保护种狗獾、黄鼬	调查记录到高等植物16科28属29种。主要优势种包括：野胡萝卜、野大豆、葎草、加拿大杨、香蒲、莲、大狼把草、黄花蒿、平车前、浮萍、紫萍等。主要植物群落类型包括：加拿大杨群系、香蒲群系、莲群系、大狼巴草群系、野胡萝卜群系、紫穗槐群系等。植被面积20.37公顷
五龙河省级湿地公园	本次调查共发现脊椎动10目16科21种，其中鱼类2目2科3种、两栖类1目3科4种、爬行类2目3科4种、鸟类4目6科8种、哺乳类2目2科2种。鱼纲中鲫鱼、鲅鱼、鲤鱼较常见。两栖类主要有中华大蟾蜍、东方铃蟾及省级重点保护种黑斑蛙、金线蛙。爬行类主要有丽斑麻蜥、黄脊游蛇。鸟类中的优势种为山麻雀、喜鹊，省级重点保护鸟类白鹭、苍鹭、草鹭。哺乳类中常见种有刺猬、草兔	调查记录到高等植物20科35属38种。主要优势种包括：芦竹、黑杨、香蒲、狼把草、杞柳、钻叶紫菀、马唐、假稻、莲、葎草、大豆等。主要植物群落类型包括：芦竹群系、黑杨群系、芦苇群系、加拿大蓬群系、葎草群系、莲群系等。植被面积14.88公顷

（续）

名称	湿地野生动物	湿地植物群落和植被状况
兖州兴隆省级湿地公园	本次调查共发现脊椎动物18目24科31种，其中鱼类2目3科6种、两栖类1目3科5种、爬行类1目1科1种、鸟类9目12科13种、哺乳类5目5科6种。鱼类中鲤鱼较常见，其中以鲤科鱼类最多，常见鱼类主要包括鲢鱼、鲤鱼等。两栖类主要有中华大蟾蜍等，省级重点保护种为黑斑蛙、金线蛙。调查中观察到白鹭为鸟类的优势种，省级重点保护鸟类为白鹭、四声杜鹃、环颈雉。哺乳类主要是草兔、东方田鼠等，省级重点保护种为狗獾	调查记录到高等植物12科22属23种。主要优势种包括：杂交杨、芦苇、莲、狭叶香蒲、荇菜、浮萍、满江红等。主要植物群落类型包括：满江红群系、芦苇群系、莲群系、荇菜群系、萍群系、等。植被面积17.23公顷
沂河湿地	本次调查共发现脊椎动物15目22科51种，其中鱼类5目8科21种、两栖类1目3科4种、鸟类4目5科17种，哺乳类5目6科9种。鱼类中鲫鱼、麦穗鱼、鲤鱼、鲢鱼较常见。两栖类主要有中华大蟾蜍、北方狭口蛙、泽蛙，省级重点保护种黑斑蛙。鸟类优势种为山麻雀、家燕、灰喜鹊，省级重点保护鸟类白鹭、中白鹭。哺乳类中主要有小家鼠、东方蝙蝠、黑线仓鼠等，省级重点保护种为黄鼬	调查记录到高等植物41科95属129种。主要优势种包括：芦苇、构树、香蒲、荇菜、金鱼藻、狐尾藻属、稗草、酸模叶蓼、藜等。主要植物群落类型包括：芦苇群系、荇菜群系、稗草群系、喜旱莲子草群系、黄花蒿群系等。植被面积18.91公顷
峄城古运荷乡省级湿地公园	本次调查共发现脊椎动物10目12科19种，其中鱼类1目1科4种、两栖类1目3科5种、鸟类3目3科4种，哺乳类5目5科6种。鱼类主要有鲤鱼、鲫鱼、鲢鱼。两栖类主要有北方狭口蛙、中华大蟾蜍、花背蟾蜍及省级重点保护种黑斑蛙、金线蛙。鸟类优势种为白鹭、池鹭，省级重点保护鸟类：白鹭。哺乳类主要有刺猬、草兔	调查记录到高等植物8科15属15种。主要优势种包括：悬铃木、芦苇、葎草、香蒲等。主要植物群落类型包括：、芦苇群系、葎草群系等。植被面积6.15公顷
银湖自然保护区	本次调查共发现脊椎动物15目22科51种，其中鱼类5目8科21种、两栖类1目3科4种、鸟类4目5科17种，哺乳类5目6科9种。鱼类中鲫鱼、麦穗鱼、鲤鱼、鲢鱼较常见。两栖类主要有中华大蟾蜍、北方狭口蛙、泽蛙，省级重点保护种黑斑蛙。鸟类优势种为山麻雀、家燕、灰喜鹊，省级重点保护鸟类白鹭、中白鹭。哺乳类中主要有小家鼠、东方蝙蝠、黑线仓鼠等，省级重点保护种为黄鼬	调查记录到高等植物14科20属23种。主要优势种包括：芦苇、碱蓬、香蒲、马唐、狗牙根、黄花蒿、地笋、旋鳞莎草、苘麻、灯芯草、旱柳、苍耳等。主要植物群落类型包括：芦苇群系、香蒲群系、旋鳞莎草群、野艾蒿群系、黄花蒿群系等。植被面积3.74公顷
鱼台鹿洼省级湿地公园	本次调查共发现脊椎动物12目16科31种，其中鱼类2目2科3种，两栖类1目3科4种，爬行类2目2科3种，鸟类4目5科12种，哺乳类3目4科7种。鱼类主要有鲤鱼、草鱼等。两栖类主要有中华大蟾蜍、北方狭口蛙等。爬行类主要是白条锦蛇。鸟类优势种为家燕、树麻雀，省级重点保护鸟类为四声杜鹃、灰斑鸠等。哺乳类主要有省级重点保护种艾鼬、黄鼬	调查记录到高等植物18科28属30种。主要优势种包括：芦苇、牛鞭草、苍耳、黄蒿、莲、菖蒲、旱柳、黄蒿、玉米等。主要植物群落类型包括：芦苇群系、菖蒲群系、旱柳群系、睡莲群系、玉米群系。植被面积4.75公顷
枣庄九龙湾国家湿地公园	本次调查共发现脊椎动物4目8科12种，其中鱼类1目1科3种、两栖类1目2科4种、鸟类2目5科5种。鱼类主要有草鱼、鲢鱼。两栖类主要有泽蛙、中华大蟾蜍及省级重点保护种金线蛙、黑斑蛙。鸟类优势种为山麻雀、家燕等	调查记录到高等植物11科14属14种。主要优势种包括：黑杨、旱柳、稗、醴肠、黑藻、狐尾藻、金鱼藻、垂柳、狗尾草、苘麻、石胡荽、葎草、苍耳、马唐、苦草、篦齿眼子菜、竹叶眼子菜。主要植物群落类型包括：黑杨群系、稗群系、黑藻群系、苘麻群系、青蒿群系。植被面积10.69公顷

（续）

名称	湿地野生动物	湿地植物群落和植被状况
枣庄月亮湾国家湿地公园	本次调查共发现脊椎动物17目31科54种，其中鱼类4目6科23种、两栖类1目4科5种、鸟类8目17科21种、哺乳类4目4科5种。鱼纲中主要是鲫鱼、鲤鱼、泥鳅比较常见。两栖类主要有主要有中华大蟾蜍等，其中省级重点保护种为黑斑蛙、金线蛙、东方铃蟾。鸟类的优势种为喜鹊、苍鹭等，省级重点保护鸟类为苍鹭、灰斑鸠、牛背鹭、环颈雉、白鹭等。哺乳类中常见种有刺猬、东方田鼠	调查记录到高等植物38科70属82种。主要优势种包括：黑杨、旱柳、稗、醴肠、黑藻、狐尾藻、金鱼藻、垂柳、狗尾草、苘麻、石胡荽、葎草、苍耳、马唐、篦齿眼子菜、竹叶眼子菜。主要植物群落类型包括：黑杨群系、稗群系、黑藻群系、苘麻群系、青蒿群系。植被面积20.66公顷
沾化海岸带自然保护区	本次调查共发现脊椎动物16目20科26种，其中鱼类3目5科8种、两栖类1目2科3种、爬行类1目1科1种、鸟类5目5科7种，哺乳类6目7科7种。鱼类中梭鱼、小黄鱼、鲤鱼、草鱼较常见。两栖类主要有中华大蟾蜍、花背蟾蜍，省级重点保护种黑斑蛙。爬行类主要有红点锦蛇。鸟类优势种为银鸥、斑嘴鸭、中杓鹬、海鸥，省级重点保护鸟类1种：白鹭。哺乳类中主要有刺猬、草兔、大仓鼠、东方田鼠，省级重点保护种为麝鼹、豹猫、黄鼬	调查记录到高等植物14科21属22种。主要优势种包括：白茅、艾蒿、葎草、芦苇、稗。主要植物群落类型包括：白茅群系芦苇群系、瘦脊伪针茅群系等。植被面积168.17公顷
长岛国家级自然保护区	本次调查共发现鸟类13种，优势种主要是黑尾鸥，数量极多，其次是海鸥、银鸥，国家级重点保护鸟类为海鸬鹚、黄嘴白鹭、白鹳、黑鹳等，省级重点保护鸟类有白鹭、草鹭、黑枕黄鹂等	调查记录的高等植物24科51属57种，主要优势种包括：芦苇、莎草、稗、蕉草等。主要植物群落类型包括：芦苇群系、稗群系、菹草群系等。植被面积69.65公顷
邹城北宿省级湿地公园	本次调查共发现脊椎动物17目28科49种，其中鱼类4目9科20种、两栖类1目3科5种、爬行类2目2科3种、鸟类6目9科15种、哺乳类4目5科6种。鱼类中鲫鱼较常见，其中以鲤科鱼类最多，常见鱼类主要包括鲢鱼、鲫鱼等。两栖类主要有中华大蟾蜍等，省级重点保护种为黑斑蛙、金线蛙。鸟类的优势种为黑翅长脚鹬、小鸊鷉、大苇莺，省级重点保护鸟类为凤头鸊鷉、白鹭、环颈雉等。哺乳类主要是东方田鼠、刺猬等，省级重点保护种为黄鼬	调查记录到高等植物23科39属46种。主要优势种包括：芦苇、杞柳、加拿大飞蓬等。主要植物群落类型包括：杞柳群系、加拿大飞蓬群系等。植被面积2.56公顷
邹城太平省级湿地公园	本次调查共发现脊椎动物19目30科52种，其中鱼类4目9科19种、两栖类1目3科5种、爬行类3目3科3种、鸟类7目10科19种、哺乳类4目5科6种。鱼类中鲫鱼较常见，其中以鲤科鱼类最多，常见鱼类主要包括鲢鱼、鲫鱼等。两栖类主要有中华大蟾蜍等，省级重点保护种为黑斑蛙、金线蛙。黑翅长脚鹬、大苇莺、凤头鸊鷉为鸟类中的优势种，省级重点保护鸟类为凤头鸊鷉、苍鹭、环颈雉、红胸田鸡等。哺乳类主要有刺猬、东方田鼠等，省级重点保护种为黄鼬	调查记录到高等植物39科83属99种。主要优势种包括：杂交杨、香蒲、芦苇、莲、水蓼、狗牙根、苘麻等。主要植物群落类型包括：黑杨群系、香蒲群系、水花生群系、芦苇群系、莲群系、水蓼群系、苘麻群系等。植被面积5.83公顷

（续）

名称	湿地野生动物	湿地植物群落和植被状况
邹城香城省级湿地公园	本次调查共发现脊椎动物17目24科39种，其中鱼类4目8科17种、两栖类1目3科5种、爬行类2目2科3种，鸟类6目7科10种。哺乳类4目4科4种。鱼类中鲫鱼较常见，其中以鲤科鱼类最多。常见鱼类主要包括鲢鱼、鲫鱼等。两栖类主要有中华大蟾蜍等，省级重点保护种为黑斑蛙、金线蛙。调查中鸟类优势种为小鹏鹏、白鹡鸰，省级重点保护鸟类为白鹭、环颈雉等。哺乳类主要是东方田鼠、刺猬等，省级重点保护种为黄鼬	调查记录到高等植物17科34属34种。主要优势种包括：芦苇、黑杨、旱柳、构树、荇菜等。主要植物群落类型包括：黑杨群系、芦苇群系、香蒲群系等。植被面积0.04公顷

3 人文资源

齐鲁大地悠久的历史，丰富的思想学说和文化风尚创造了不同区域、不同文化特质的地域文化。这些地域文化多姿多彩、内蕴深厚，其中有天人合一和帝王文化色彩的泰山文化；有开拓、坚韧的黄河文化；有创建仁义、礼制思想的孔孟文化；有早期商业文明的运河文化；有忠义、刚烈的水浒文化；有开放、纳新的海洋文化；有新工业革命的城市文化；有忠诚、奉献的沂蒙文化；有兼容并蓄的对外交流文化等。山东不同的地域文化既各具特色，各领风骚，又相互影响，相互融合，铺就了广袤无垠的齐鲁文化大地，支撑起坚实巍峨的齐鲁文化大厦。

黄河文化。黄河是中华民族的母亲河，下游横穿山东，山东境内河长617公里，流域面积1.83万平方公里。现行河道是咸丰五年(1855年)改道而形成的，流经菏泽、聊城、泰安、德州、济南、滨州、东营7市，含25个县(市、区)，在东营市垦利县流入渤海。在山东境内，由于泥沙的不断淤积、延伸和流路的摆动、改造，形成了黄河河口三角洲，并在继续填海造陆。山东是黄河入海的地方，奔腾不息的黄河在这里孕育了内涵丰富的黄河文化。九曲黄河流入大海孕育了古老的齐鲁文明。在黄河两岸，包括地上和地下，保存着众多的文化遗址和风物遗存，使黄河文化有着深厚的文化底蕴。菏泽曾是曹国领地，相传尧、舜、禹三位著名的氏族部落首领主要活动在这一地区，尧根据这一带气候变化规律创立的历法沿用至今；定陶县被史学家称为“天下之中”，曾是齐、秦、赵三国长期激战争夺的目标；东汉末年，曹操屯兵于鄄(今鄄城县旧城镇)，以此为根据地，形成了统一北方的大业。春秋战国时期，聊城是齐国西部的重要城邑，是诸侯国必争之地。今境内仍存孙膑用兵的马陵道、迷魂阵遗址及鲁仲连射书救聊城的遗迹；聊城最早的城址聊古庙，至今已有2500余年的历史，为春秋战国至南北朝北魏时聊城故。新石器时代的滨州、东营古文化遗存主要有滨城区卧佛台遗址、惠民大郭遗址、邹平丁公遗址、鲍家遗址、博兴利城遗址、曹家遗址、村高遗址、阳信小韩遗址、广饶傅家遗址等。

黄河三角洲是我国最大的三角洲，是我国温带最广阔、最完整、最年轻的湿地，也形成了独具特色的生态文化。年轻的黄河三角洲自明初以来的600多年间，已经先后接收了三次大的移民，来自不同时代、不同地域的移民，将各自的乡土文化载入黄河三角洲，既彰显着各自的特点，又相互融合互补，形成了黄河三角洲兼容并包、一体多元的移民文化。

黄河三角洲的石油工业在近几十年的发展中也形成了自己的文化特征。这里拥有中国第二大油田——胜利油田。油田人大多是从鲁西和全国各大油田迁徙来的移民，带来了各地的精神和文化，这种多元性导致了黄河三角洲文化迅速融合，并创造出巨大的活力。正是这种新的、具有顽强生命力的文化和精神，促使了作为黄河三角洲的中心城市——东营市的发展和跨越。

运河文化。早在春秋战国时期，山东境内就有了人工开挖的运河，但是直至元代以前，这些运河都是区域性的、短暂的。元代开挖会通河，明代对其进行改造修整，使山东运河通航情况发生了根本的变化，逐渐形成了集商业文化与市井文化为特色的山东运河文化。

水浒文化。发生在宋代时期山东省济宁市梁山境内的农民战争，引发和演变成了一种超越地域范围的水浒文化，刚烈、忠义、勇猛、彪悍的水浒文化延续了近千年。

海洋文化。山东海疆外受黄、渤海的天然滋润，内承齐鲁大地的人文孕育，形成了鲜明的文化体系。这种文化体系从远古时期有人类居住以来就开始构筑，并随着人们对海洋认知能力的提高和沿海地区的开发而持续充实，以至在历史文明长河中显示出强大生命力。

4 重点调查湿地功能与利用方式

湿地的利用方式包括，提供水资源，指从湿地提取的工、农业、生活和生态用水量等；天然动物产品指提供的野生动物、鸟类、鱼虾蟹、蛤贝种类、产量和价值；天然植物产品指提供林产品、芦苇、蔬菜、果品、药材的数量和(或)价值；人工养殖与种植、矿产品及工业原料指泥炭、石油、芦苇等的产量和(或)价值；航运、休闲/旅游、体育运动、调蓄指调蓄河川径流和滞洪能力。山东省各重点调查湿地功能与利用方式见表4-3。

表4-3 山东省各重点调查湿地功能与利用方式

重点调查湿地名称	湿地功能与利用方式
安丘拥翠湖国家湿地公园	水资源、天然动物产品、调蓄
岸堤水库	水资源、调蓄
滨州贝壳堤岛与湿地自然保护区	水资源、天然动物产品、养殖、矿产品及工业原料
博兴麻大湖省级湿地公园	天然动植物产品、人工养殖和种植
曹县黄河故道省级湿地公园	天然动物产品、人工养殖和种植、调蓄
昌乐仙月湖省级湿地公园	养殖、调蓄
昌邑柽柳林省级湿地公园	天然动物产品、养殖
大沽夹河自然保护区	水资源
东明黄河省级湿地公园	水资源、养殖
东明庄子湖省级湿地公园	人工养殖
东平湖自然保护区	水资源、天然动植物产品、养殖、种植、调蓄、休闲旅游
海阳小孩儿口省级湿地公园	旅游和休闲
寒亭禹王省级湿地公园	水资源、天然动植物产品、养殖业、调蓄
黄河三角洲国家级自然保护区	水资源
黄垒河和乳山河河口	养殖
黄水河河口自然保护区	旅游和休闲

（续）

重点调查湿地名称	湿地功能与利用方式
会宝岭水库	水资源、调蓄
济南白云湖省级湿地公园	养殖、天然植物、种植、旅游和休闲
济南名泉源头湿地	水资源
济南遥墙清荷省级湿地公园	旅游和休闲
济西湿地	养殖、种植
济阳澄波湖省级湿地公园	旅游和休闲
济阳燕子湾省级湿地公园	旅游和休闲
金乡彭越湖省级湿地公园	旅游休闲
崆峒岛省级自然保护区	水资源、天然动物产品、矿产品及工业原料
莱州湾自然保护区	水资源、养殖、矿产品及工业原料
梁山水泊省级湿地公园	水资源、天然动物产品、养殖、种植
临朐巨洋湖省级湿地公园	水资源、养殖、调蓄
临沂祊河省级湿地公园	水资源、调蓄
临沂沭河省级湿地公园	天然植物产品、人工养殖和种植、调蓄
临沂武河国家湿地公园	天然植物产品、人工养殖和种植、调蓄
龙口市王屋水库湿地公园	水资源、动物产品、旅游
马踏湖湿地	水资源、天然动植物产品、人工养殖和种植、调蓄、体育
牟平区养马岛湿地公园	水资源
南四湖自然保护区	水资源、天然动植物产品、养殖、种植、通航、调蓄、旅游
蟠龙河国家湿地公园	提供动物产品、养殖、旅游
蓬莱平畅河省级湿地公园	水资源、调蓄、养殖
平阴玫瑰湖湿地	旅游、天然动物产品、调蓄
栖霞白洋河省级湿地公园	水资源、天然动物产品、养殖、调蓄等
青岛胶州湾湿地自然保护区	养殖、天然动物产品、种植和调蓄
青岛少海国家湿地公园	天然动物产品、养殖、调蓄
曲阜崇文湖省级湿地公园	水资源、养殖、调蓄
曲阜孔子湖省级湿地公园	水资源、养殖、调蓄
荣成大天鹅自然保护区	旅游休闲
桑沟湾国家城市湿地公园	旅游休闲
商河大沙河省级湿地公园	养殖、调蓄、水资源
寿光滨海公园	水资源、天然动物产品
泗水青源省级湿地公园	水资源、天然动物产品、调蓄
泗水尹城省级湿地公园	水资源、天然动物产品、养殖、调蓄等
台儿庄运河国家湿地公园	水资源、天然动物产品、养殖、航运

（续）

重点调查湿地名称	湿地功能与利用方式
滕州滨湖国家湿地公园	种植、航运与旅游疗养
微山湖国家湿地公园	天然植物产品、人工养殖和种植
潍坊峡山湖国家湿地公园	水资源
汶上大汶河省级湿地公园	水资源、调蓄
汶上莲花湖省级湿地公园	调蓄
五龙河省级湿地公园	水资源
兖州兴隆省级湿地公园	水资源、养殖
沂河湿地	水资源、天然动物产品、养殖、调蓄等
峄城古运荷乡省级湿地公园	水资源、天然动植物产品、养殖、航运
银湖自然保护区	水资源、调蓄
鱼台鹿洼省级湿地公园	天然动物、养殖、种植
枣庄九龙湾国家湿地公园	旅游和休闲、养殖
枣庄月亮湾国家湿地公园	天然动物产品、养殖、调蓄
沾化海岸带自然保护区	水资源、天然动物产品、养殖、调蓄等
长岛国家级自然保护区	水资源、天然动物产品、矿产品及工业原料、调蓄
邹城北宿省级湿地公园	水资源、天然动物产品、人工养殖、调蓄。
邹城太平省级湿地公园	水资源、天然动物产品、养殖、种植、调蓄
邹城香城省级湿地公园	水资源、天然动物产品、养殖、调蓄等

5 湿地生态系统服务功能及利用状况

5.1 供给服务

湿地的供给服务包括水资源供给，天然动物产品指提供的野生动物、鸟类、鱼虾蟹、蛤贝种类、产量和价值；天然植物产品指提供林产品、芦苇、蔬菜、果品、药材的数量和(或)价值；人工养殖与种植、矿产品及工业原料指泥炭、石油、芦苇等的产量和(或)价值。山东省各重点调查湿地可提供的服务见表4-4。

表4-4 山东省各重点调查湿地供给可能性

湿地名称	农产品	水产品	林产品	矿产	旅游	水源	其他
安丘拥翠湖国家湿地公园						○	
岸堤水库						○	
滨州贝壳堤岛与湿地自然保护区		○			○	○	○
博兴麻大湖省级湿地公园					○		
曹县黄河故道省级湿地公园		○			○	○	
昌乐仙月湖省级湿地公园					○		
昌邑柽柳林省级湿地公园				○	○	○	

（续）

湿地名称	农产品	水产品	林产品	矿产	旅游	水源	其他
大沽夹河自然保护区	○				○	○	
东明黄河省级湿地公园					○		○
东明庄子湖省级湿地公园		○			○	○	
东平湖自然保护区		○			○	○	○
海阳小孩儿口省级湿地公园						○	
寒亭禹王省级湿地公园	○					○	
黄河三角洲国家级自然保护区	○	○		○	○	○	○
黄垒河和乳山河河口		○				○	○
黄水河河口自然保护区						○	
会宝岭水库		○				○	
济南白云湖省级湿地公园		○			○		
济南名泉源头湿地						○	
济南遥墙清荷湿地公园					○		
济西湿地					○		
济阳澄波湖省级湿地公园					○		
济阳燕子湾省级湿地公园							○
金乡彭越湖省级湿地公园					○		
崆峒岛省级自然保护区					○		
莱州湾自然保护区		○					○
梁山水泊省级湿地公园	○				○		
临朐巨洋湖省级湿地公园						○	
临沂祊河省级湿地公园						○	
临沂沭河省级湿地公园						○	○
临沂武河国家湿地公园			○		○		
龙口市王屋水库湿地公园						○	
马踏湖湿地					○		
牟平区养马岛湿地公园		○				○	
南四湖自然保护区		○			○	○	○
蟠龙河国家湿地公园						○	
蟠龙河国家湿地公园						○	
蓬莱平畅河省级湿地公园						○	
平阴玫瑰湖湿地		○			○		
栖霞白洋河省级湿地公园					○	○	
青岛胶州湾湿地自然保护区		○			○	○	○
青岛少海国家湿地公园					○		
曲阜崇文湖省级湿地公园							○
曲阜孔子湖省级湿地公园					○	○	
荣成大天鹅自然保护区					○		

（续）

湿地名称	农产品	水产品	林产品	矿产	旅游	水源	其他
桑沟湾国家城市湿地公园					○	○	○
商河大沙河省级湿地公园					○		
寿光滨海公园					○		○
泗水青源省级湿地公园					○		
泗水尹城省级湿地公园					○	○	
台儿庄运河国家湿地公园					○		
滕州滨湖国家湿地公园		○					○
微山湖国家湿地公园	○	○				○	○
潍坊峡山湖国家湿地公园			○		○	○	
汶上大汶河省级湿地公园		○			○	○	
汶上莲花湖省级湿地公园					○	○	
五龙河省级湿地公园						○	
兖州兴隆省级湿地公园		○					
沂河湿地			○			○	
峄城古运荷乡省级湿地公园						○	
银湖自然保护区					○	○	
鱼台鹿洼省级湿地公园					○		
枣庄九龙湾国家湿地公园					○		
枣庄月亮湾国家湿地公园						○	
沾化海岸带自然保护区		○				○	○
长岛国家级自然保护区					○		○
邹城北宿省级湿地公园		○			○		
邹城太平省级湿地公园					○	○	
邹城香城省级湿地公园	○						

山东省各重点调查湿地水资源供给能力情况见表4-5。天然动物产品指提供的野生动物、鸟类、鱼虾蟹、蛤贝等；天然植物产品指提供林产品、芦苇、蔬菜、果品、药材等；人工养殖与种植、矿产品及工业原料指泥炭、石油、芦苇等，这些生物质资源的供给能力见表4-6。

表4-5　山东省各重点调查湿地水资源供给能力（万吨）

湿地名称	总取水量	工业	农业	生活	生态
安丘拥翠湖国家湿地公园	8020	120	0	3000	4900
岸堤水库	37900	0	17000	14000	6900
滨州贝壳堤岛与湿地自然保护区	110000	91000	10000	4000	5000
博兴麻大湖省级湿地公园	0	0	0	0	0
曹县黄河故道省级湿地公园	10	0	10	0	0
昌乐仙月湖省级湿地公园	10	7	0	4	0
昌邑柽柳林省级湿地公园	0	0	0	0	0

（续）

湿地名称	总取水量	工业	农业	生活	生态
大沽夹河自然保护区	10000		6000	3000	1000
东明黄河省级湿地公园	48	0	40	0	8
东明庄子湖省级湿地公园	65	0	0	60	5
东平湖自然保护区	6000		4000		2000
海阳小孩儿口省级湿地公园	0	0	0		0
寒亭禹王省级湿地公园	600	0	100	0	500
黄河三角洲国家级自然保护区	3000		800	200	2000
黄垒河和乳山河河口	0	0	0	0	0
黄水河河口自然保护区	0	0	0	0	0
会宝岭水库	12100	2300	6000	1500	2300
济南白云湖省级湿地公园	0	0	0	0	0
济南名泉源头湿地	198	0	0	0	198
济南遥墙清荷省级湿地公园	0				
济西湿地	198	0	0	0	198
济阳澄波湖省级湿地公园	0	0	0	0	0
济阳燕子湾省级湿地公园	0				
金乡彭越湖省级湿地公园	0	0	0	0	
崆峒岛省级自然保护区	36	1	5	27	3
莱州湾自然保护区	22523	22523			
梁山水泊省级湿地公园	110		45	15	50
临朐巨洋湖省级湿地公园	8200	1100	6000	1100	
临沂祊河省级湿地公园	6000	0	0	0	6000
临沂沭河省级湿地公园	0				
临沂武河国家湿地公园	260	0	0	0	260
龙口市王屋水库湿地公园	3800	900	1500	1200	200
马踏湖湿地	60	0	60	0	0
牟平区养马岛湿地公园	2			2	
南四湖自然保护区	102366	4964	70502	0	26900
蟠龙河国家湿地公园	0	0	0	0	0
蓬莱平畅河省级湿地公园	50	0	50	0	0
平阴玫瑰湖湿地	0	0	0	0	0
栖霞白洋河省级湿地公园	8829	270	8034	515	10
青岛胶州湾湿地自然保护区	130000		30000	90000	10000
青岛少海国家湿地公园	6000	0	5000	1000	0
曲阜崇文湖省级湿地公园	1100	0	1000	50	50
曲阜孔子湖省级湿地公园	19000	2000	15000	1000	1000

（续）

湿地名称	总取水量	工业	农业	生活	生态
荣成大天鹅自然保护区	0				
桑沟湾国家城市湿地公园	0				
商河大沙河省级湿地公园	1130	460	670	0	0
寿光滨海公园	1200		300	60	840
泗水青源省级湿地公园	337		207	86	44
泗水尹城省级湿地公园	960	236	367	124	233
台儿庄运河国家湿地公园	1639	1454		185	
滕州滨湖国家湿地公园	0				
微山湖国家湿地公园	0				
潍坊峡山湖国家湿地公园	0	0	0	0	0
汶上大汶河省级湿地公园	12000	0	12000	0	0
汶上莲花湖省级湿地公园	0	0	0	0	0
五龙河省级湿地公园	4773	261	4054	258	200
兖州兴隆省级湿地公园	1000		1000		
沂河湿地	52429	5883	35361	8416	2769
峄城古运荷乡省级湿地公园	1563	212	1186	0	165
银湖自然保护区	4380			4380	
鱼台鹿洼省级湿地公园	0				
枣庄九龙湾国家湿地公园	100		100		
枣庄月亮湾国家湿地公园	61		60		1
沾化海岸带自然保护区	4579	224	3832	518	6
长岛国家级自然保护区	153	13	20	110	10
邹城北宿省级湿地公园	965	223	367	36	339
邹城太平省级湿地公园	3294	436	1864	205	789
邹城香城省级湿地公园	1329	213	497	169	450
总　计	474770	135166	243617	135513	75818

表 4-6　山东省重点调查湿地生物质资源供给能力（万元）

提供生物质产品	平均	总量	最大
天然鱼	1922	132614	51079
天然虾	3748	258595	118255
天然蟹	326	22478	7402
天然软体类	7	514	29
林产品	203	14009	8000
蔬　菜	34	2376	1500
果　品	12	797	480
药　材	0	17	17

（续）

提供生物质产品	平均	总量	最大
人工鱼	10944	755102	339986
人工虾	3008	207529	66441
人工蟹	2120	146262	52105
人工贝	3826	263971	232930
泥　炭	16982	1171752	1100000
石　油	816	56325	22000
芦　苇	1268	87477	78030
合　计		3119817	

5.2 调节服务

调节服务主要是指蓄河川径流和滞洪能力。山东省湿地调节服务功能见表4-7。

表4-7 山东省湿地调节能力（立方米）

调节河流	调蓄能力	调节河流	调蓄能力
大沽河	1204000000	清洋河、内夹河	5660000
洋　河	350000000	济　河	3370000
东汶河	309000000	城　河	3000000
三里河	309000000	滑将河	3000000
云溪河	290000000	东猪龙河	2700000
沂　河	288000000	芦城河	2600000
汶　河	263570000	预备河	1600000
白沙河	230000000	大沙河	1500000
黄　河	105650000	唐邱河	150000
弥　河	88660000	锦水河	30000
西迦河	88000000	大汶河	3000
白洋河	50000000	秦口河	1230
徒骇河	44400000	泉　河	400
丘山水库	41000000	白浪河	50
沙河故道	12000000	羊山运河	6

5.3 文化服务

随着城市化的不断发展，人类对具有审美意义且令人赏心悦目的自然景观的要求不断增加，人们普遍能从湿地生态系统中发现湿地的美学价值，青山绿水、鸟语花香，可以满足这种需求的地区在数量上和质量上越来越少，因此，湿地作为一种重要的旅游新资源，受到全省各地的高度重视。湿地植被是湿地旅游环境中的重要组成部分，湿地植被在生态旅游中充当着重要的角色。一些地方把湿地旅游作为旅游胜地和环保教育基地，这样不但增强公民保护湿地的意识，而且很好地开发了湿地的科研价值和教育价值。山东省已建立了湿地类自然保护区 17 处，湿地公园 187 处，这将更好地开发利用山东省的湿地资源，更好地发挥湿地的文化服务价值。

5.4 支持服务

湿地环境中植物种类多，浮游植物及微生物种类丰富，为其他动物尤其是鸟类提供了很好的觅食、栖息、越冬以及繁殖的场所，所以保护湿地植物是保护珍稀濒危动物的基础，在动物保护方面，湿地植物具有很大的支持服务价值。

6 存在问题与合理利用建议

6.1 存在问题

6.1.1 湿地水资源相对不足，季节分布严重不均

湿地是国民经济各行业和居民生活的主要水源，过度和不合理利用已使众多湿地供水能力受到严重影响。山东省属暖温带季风大陆性气候，雨热同季，降水集中。6～9 月占年降水量的 75%；其他时期仅占 25%，加上生产、生活用水量大，由于过度从湿地取水或开采地下水，导致湿地水资源严重短缺，经常出现大面积湿地干涸和退化现象。近年来，黄河水量干枯的趋势加剧，如 1997 年黄河 226 天断流，使黄河三角洲大片湿地干涸和盐渍化；在莱州湾的莱州至烟台海岸，由于湿地水量不足和过量超采地下水，导致海平面上升，海水倒灌，400 平方公里的湿地盐渍化。目前，山东的工业企业单位产值耗水量是发达国家的 5～10 倍；农业用水利用率也很低，只有 20%～40%，远远低于发达国家的 70%～80%，另外传统的灌溉方式往往导致湿地次生盐碱化。

6.1.2 湿地面积日趋减少，淤积和退化仍未遏制

当前，我省湿地围垦、改造和破坏相当严重，一些地方湿地被随意侵占甚至转为建设用地。有些地方植被破坏、农作和开发建设等造成的水土流失，使河口淤积严重，湿地面积不断萎缩。黄河三角洲随着大规模的石油和农业综合开发，正在迅速改变着湿地的原始自然面貌；鲁东丘陵海岸由于景观资源条件优越，海岸湿地面临城市扩张和无序开发带来的巨大压力。全省有 34% 的湿地已经遭到盲目开垦和改造的威胁，特别是在沿海、沿湖地区，湿地不断受到蚕食，沿海湿地面积以每年约 3000 公顷的速度减少，全省围垦湖泊面积达 2 万公顷以上，由于围垦湖泊而失去调蓄容积 10 亿立方米以上。由于河流上游水土流失，使河流中的泥沙含量增大，造成河床、湖底淤积，功能衰退。

生物资源过度利用，严重影响着湿地的生态平衡，威胁着湿地生物多样性和生态安全。水资源的不合理利用，导致湿地干涸、风化和水蚀加剧，局部出现沙化或盐渍化。以黄河口带鱼、小黄鱼、鳓鱼为例，20 世纪 50 年代年渔获量约 8700 吨以上，而近些年几近绝迹；荣成海岸近几年由于大天鹅数量的增多，成为当地一大亮点，海岸周围修建了许多旅游服务设施，给湿地景观造成了严重破坏；南四湖网箔如同天罗地网遍布湖区，长度已达 200 公里，使大型水禽无法栖身。另外，冬季猎杀鸟类现象也相当严重。

海岸侵蚀在我省滨海湿地区是比较普遍的问题，尤其是在黄河三角洲和莱州湾沿海更为明

显。海浪、风暴潮、植被破坏、开采沙石矿物是造成海岸侵蚀的主要因素。在沙质海岸区，由于采挖建筑用沙，已使许多良好的沙质海岸遭受破坏，海岸侵蚀加剧。沿海湿地的破坏，使许多沿海城镇受到海水严重的侵蚀和渗透，海水对淡水系统的影响直接威胁着当地的淡水资源供应。

6.1.3 水质污染没有彻底改观，湿地自净能力依然不佳

大量的废水、污水和有毒物质排入湿地水体，加之化肥、除草剂等用量增加导致的富营养化，影响了湿地的水体质量，如全省近岸海域 101 个测点中，按《海水水质标准》，Ⅳ类和以上水体达 28%，一些海域更是连年发生大面积赤潮危害。全省主要河流和湖泊均受到不同程度的污染，除省控河流源头河段和部分出境断面外，大部分河段(77%)超过Ⅴ类标准。大汶河每年接纳流域内城镇和工业排放的废水 1.2 亿立方米左右，许多河段和支流污水混浊、臭味难闻，水生生物几近绝迹；小清河两岸工厂林立，居民众多，每年接纳各种废水、污水 2 亿～3 亿立方米。南四湖流域内有 3000 家以上工矿企业，这些企业排放的废水和周围城镇居民生活污水全部汇集湖中，造成全湖污染；另一方面，湖泊换水周期长达 503 天，稀释降解能力差，南四湖水质已不符合国家地表水Ⅰ、Ⅱ类标准。

6.1.4 湿地管理体制仍需完善，立法保护缺乏系统性

一些地方政府和部门对湿地重要性缺乏认识，不能正确处理保护和发展的关系，存在只顾眼前、不顾长远，重视局部、轻视整体的现象。湿地保护多头管理，责任不清、管理缺位等现象严重，保护上缺乏综合协调和监督机制；多数地方湿地保护没有纳入当地国民经济和社会发展计划，保护和管理带有很大随意性和盲目性。

目前国家和省还没有湿地保护的专门法律和地方法规，湿地保护的法律条款分散于相关的法律规定中，系统性、关联性和可操作性差；除位于自然保护区内的湿地相对得到较好保护外，对其他湿地开展的保护管理、恢复改造、执法监督等都缺乏明确的法律依据；同时，存在执法人员不足，缺少必要装备，影响了正常的执法工作。

6.1.5 湿地监测体制不健全，基础研究和技术支撑不足

全省各部门湿地研究、监测、保护、利用工作缺乏统一的湿地效益评价指标，所采取的观测和研究方法也不一致；湿地监测体系不协调，站点布局不合理，造成功能重叠或缺失，导致对湿地生态、生物多样性的系统监测与动态分析不足，缺少部门、单位之间的成果、数据共享机制和技术条件。目前湿地保护的基础研究还十分薄弱，湿地保护管理的技术手段也比较落后，缺乏现代化的管理技术和手段。

6.1.6 湿地保护资金不足，投资渠道不畅通

资金严重不足是湿地保护和管理面临的主要问题，很大程度上束缚和制约了保护工作的开展。在湿地调查与监测、保护区及示范区建设、污水治理、湿地研究与宣教、执法手段及队伍建设等方面都缺乏专门的资金支持。自然保护区建设严重滞后，保护管理力量薄弱。目前的湿地自然保护区的布局和类型还很不完善，现有保护区的管理工作水平不高，设备、资金严重不足，湿地自然保护区管理和建设力度不够，湿地自然保护区该建的无钱建设，已建的由于管理不善等原因不能有效发挥应有的功能。

6.2 合理利用建议

6.2.1 广泛开展宣传教育，提高全社会对湿地保护重要性的认识

湿地是自然界最富生物多样性的生态景观和人类最重要的生存环境之一。保护好现有湿地资源、促进其良性健康发展，既是维护生态安全和经济社会可持续发展的重要基础，也是生态省建设的重要内容。要在全社会进一步提高对湿地保护重要性的认识。通过开展各种形式的宣传教育活动，使广大干部群众认识到湿地是具有重大生态、经济、社会、科学、文化等巨大价值的资源，牢固树立科学的发展观，坚持经济发展与生态保护协调发展，正确处理开发与保护，长远利益和当前利益、整体利益和局部利益的关系，摒弃重用轻养和破坏湿地资源的狭隘短视行为。

6.2.2 切实加强组织领导，建立健全林业部门综合协调分部门实施的管理体制

加强湿地的保护管理，尽快建立起“综合协调、分部门实施”的管理体制。林业部门作为牵头部门，要切实负起责任，做好组织协调工作；各有关部门要按照职责分工，互相配合，团结协作，共同做好相关的湿地保护工作。在重要湿地分布区，各部门都要把湿地保护列入重要议事日程，纳入工作重要职责和考核范围，推行领导干部任期目标责任制和责任追究制度，对因失职、渎职造成严重后果的，要依法追究领导者的责任。要切实加强湿地管理机构能力建设，提高从业人员的管理能力和业务素质。

6.2.3 采取一切有效措施，加大执法力度

加强对自然湿地的监管，坚决制止当前肆意侵占和非法破坏湿地的行为，尽快扭转湿地不断减少和生态环境破坏的局面。要严格控制各类开发占用天然湿地的活动，凡是列入国际重要湿地和国家重要湿地名录以及位于自然保护区的湿地，一律禁止开垦占用或随意改变用途。要依法做好湿地的登记、确权、发证工作，建立湿地资源档案，为保护管理提供依据。

6.2.4 严格落实湿地规划，保证各项工程顺利实施

工程建设要按照全面质量管理的要求，建立起一整套高效的管理制度。要积极推行项目法人责任制，重点项目实行招投标制，并实施合同管理。工程建设过程中，要严格按照国务院办公厅关于加强基础设施建设工程质量管理的要求，积极探索项目监理制，要严格按照国家技术标准和质量要求施工。项目完工后，要组织有关部门进行检查验收，对检查不合格的，视情况扣减下年度投资，直至终止合同执行、取消建设项目等处罚。

6.2.5 广筹资金，调动社会参与湿地保护的积极性

除主要依靠国家、地方基建、财政安排外，还要全面推动湿地保护和合理利用的社会化进程，广开谋资渠道，多种形式发展湿地保护事业。要鼓励社会团体、企业、个人建立保护区，开展湿地恢复、示范和合理利用项目，采取社会集资、股份制等多种形式发展湿地保护事业。各湿地保护区也要在立足保护前提下，因地制宜，发挥优势，开展多种经营，增加保护和发展的实力。

第二节 湿地资源可持续利用前景分析

本次调查结果显示，山东省湿地面积大，类型多样。山东省湿地面积1737499.68公顷，可分为5类18型，其中近海与海岸湿地面积728508.3公顷，占全部湿地面积的41.93%；河流湿地面积257795.20公顷，占全部湿地的14.84%；湖泊湿地面积62628.82公顷，占全部湿地面积的3.60%；沼泽湿地面积54112.50公顷，占全部湿地面积的3.11%；人工湿地面积634454.86公顷，占全部湿地面积的36.52%(不包括水稻田)。

根据本次调查结果可知，山东省湿地组成与分布具有以下特点：

(1)近海与海岸湿地比例高。近海和海岸湿地占41.93%，体现了海洋大省的特点。

(2)人工湿地的比例较高。人工湿地占36.52%，多数天然湿地都经过了人工改造，主要是由于水产养殖所致。

(3)具有良好功能的沼泽湿地比例偏低。沼泽湿地仅占3.11%，其中草本沼泽占2.81%，灌木沼泽占0.3%。

(4)存在具有重要功能的湿地。如黄河三角洲是重要的河口滨海湿地，位于黄河入海口，是国务院批复的《黄河三角洲高效生态经济区发展规划》中的主体功能区的禁止开发区；南四湖对保障南水北调水质具有重要作用；济南名泉源头湿地对于济南市名泉的保护具有重大意义。

1 山东省湿地资源利用的潜力

根据山东省湿地分布的特点和利用现状，可分析湿地资源可持续利用的潜力所在。

1.1 加强滨海湿地的利用与管理

滨海湿地属于比较复杂的开放式生态系统，影响因子大多是随机性强的变量，确定因子对系统的影响是滨海湿地持续利用的关键。必须对主要因子进行长期观测和研究，选择有代表性的滨海湿地类型，布设监测站位和断面，并构成网络，定期定位观测。滨海湿地属于生物繁衍生存的空间，也是人类向大自然获取物质财富的重要基地，应建立人与自然依存共荣的和谐关系。滨海湿地的开发项目，都必须严格进行环境影响评价和科学论证。

1.2 有效降低人工湿地比例

人工湿地的比例较高，且主要是由于水产养殖所致。解决好农民收入与环境保护之间的矛盾，采取多样措施，在保证农民利益的前提下，退养还湿，退养还湖，退养还滩，有效降低人工湿地比例。缩小养殖面积，推广工业化养殖；开发绿色产业，适当发展旅游；增建湿地保护区和湿地公园，提高湿地质量，发挥湿地功能。

1.3 提高具有良好功能的沼泽湿地比例

由本次调查结果可知，山东省具有良好功能的沼泽湿地比例偏低，沼泽湿地仅占3.11%，其中草本沼泽占2.81%，灌木沼泽占0.3%，且分布极不均匀，山东省沼泽湿地主要分布在东营市、济宁市、潍坊市、泰安市和滨州市等市，特别是东营市占山东省沼泽湿地的77.35%。沼泽湿地具有重要的直接或间接价值，特别是在物质循环、环境自净、气候调节等方面，可以说沼泽湿地的多少在一定程度上决定着该地区环境质量的高低。因地制宜，大力提倡退养还沼，退耕还沼，改荒为沼，扩大沼泽湿地面积，提高具有良好功能的沼泽湿地比例，应是山东省湿地资源可持续利用的重点方向之一。

1.4　加强重要湿地保护与开发利用的研究

黄河三角洲生态类型独特，湿地资源和生物多样性丰富，是中国暖温带保存最完整、最广阔、最年轻的湿地生态系统，是东北亚内陆和环西太平洋鸟类迁徙的“中转站”、越冬地和繁殖地，兼有调节气候、蓄洪防旱等重要生态功能。南四湖是中国十大淡水湖之一，流域面积3.17万平方公里，是山东省最大的淡水渔业基地，同时，南四湖对保障南水北调水质具有重要作用。济南素有“泉城”美誉，全市遍布着700多处天然泉涌，构成济南市“家家泉水，户户杨柳”的独特泉水景观，济南名泉源头湿地位于地表水和地下水向城区汇集区，这一区域湿地对于济南市名泉的保护具有重大意义。对于重要湿地要坚持保护优先的原则，维护其基本功能，开发利用应以无污染、少干扰的绿色产业为主，大力发展旅游业。

2　山东省湿地资源的可持续利用对策

2.1　建立湿地保护与可持续利用的管理协调机制

加强湿地资源的管理工作，建立高效的湿地保护与管理协调机制是关键。为此，有必要在政府部门设置一个能够促进各管理部门协调发展的功能，以便于对湿地资源进行有效的保护和管理。尽快建立起“综合协调、分部门实施”的管理体制，林业部门作为牵头部门，要切实负起责任，做好组织协调工作，各有关部门要按照职责分工，互相配合，团结协作，共同做好湿地相关的保护工作。

2.2　建立并完善湿地保护与利用的法制体系

加快湿地保护的立法进度、制定完善的法制体系是有效保护湿地和实现湿地资源可持续利用的关键。要评估现行政策和法律法规在湿地保护中的作用，及时建立并完善与湿地有关的政策和法规。加强湿地保护相关法规体系建设，制定各项标准和规范，完善管理机制和加强技术培训，提高全省湿地保护管理水平。

2.3　加强湿地资源的综合保护，开展退化湿地的恢复与重建

要加大退耕(养)还湖、退耕(养)还沼的力度，防止水土流失，减少河湖淤积。要严格控制湿地周围的污染源、污染物数量和排污途径，而对于已受污染的海域、湖泊和河流等，要有计划地进行治理并恢复其生态功能。

2.4 加强湿地保护区的建设和管理，保护生物多样性

通过建立湿地保护区可使湿地生物及其生境得到有效保护。要建立起布局合理、类型齐全、重点突出、面积适宜的湿地保护区网络体系，提高现有保护区的保护功能，进而使生物多样性得到有效保护。山东省现有国家级或省级湿地自然保护区17个，国家级或省级湿地公园120个，均成立了专门的管理机构，湿地保护总面积达到50多万公顷。加强引种管理，对外来种要严格检疫，建立外来入侵种早期预警体系，尽可能降低外来种入侵危害的风险，维护湿地生态系统的安全和健康。

2.5 加强湿地科学研究，积极开展国际交流与合作

为了更好地保护和利用湿地资源，必须加强湿地研究的国际交流与合作，通过引进国外先进的技术和管理经验，积极开展我国湿地资源的环境监测与评价，诊断其健康状况，预测其发展趋势，为湿地资源的有效管理与合理利用提供科学依据。

2.6 加强宣传教育和专业人才的培养，提高公众参与意识

通过一系列强有力的宣传教育和培训措施，提高公众对湿地功能和效益等方面的认识，增强公众的湿地保护意识，形成有利于湿地保护的良好氛围。通过开展各种形式的宣传教育活动，使公众充分认识到湿地在生态、经济、社会、科学、文化等方面的资源价值，牢固树立科学发展观，坚持经济发展与生态保护协调发展，正确处理开发与保护、长远利益和当前利益、整体利益和局部利益的关系，摒弃重用轻养和破坏湿地资源的狭隘短视行为。

2.7 广筹资金，调动社会参与湿地保护的积极性

除主要依靠国家、地方基建、财政安排外，还要全面推动湿地保护和合理利用的社会化进程，广开融资渠道，多种形式发展湿地保护事业。要鼓励社会团体、企业、个人建立保护区，开展湿地恢复、示范和合理利用项目，采取社会集资、股份制等多种形式发展湿地保护事业。各湿地保护区也要在立足保护前提下，因地制宜，发挥优势，开展多种经营，增加保护和发展的实力。

第五章 湿地资源评价

第一节 湿地生态状况

1 生态状况概述

以68块重点调查湿地数据为基础，山东省湿地的水源补给方式以综合补给和地表径流补给为主。其中综合补给为19块占27.94%，地表径流补给为17块占25.00%，地表径流—大气降水补给方式为14块占20.59%，大气降水补给为6块占8.82%，其他补给方式比例较低。

地面水流出方式，永久性流出为33块占48.53%，季节性流出为20块占29.41，其他流出方式比例较低。地表水积水状况主要是永久性积水，为62块占91.18%，其余6块为季节性积水。

从水质和营养化的状况分析，地表水pH值为6.7～8.8，弱碱性为38块占55.88%，中性27块占39.71%。矿化度为0.15～2.80(克/升)，其中淡水为55块占80.88%，微咸水9块占13.24%，盐水3块占4.41%。透明度变化范围较大为0～50米，浑浊的为28块占41.18%，清的为37块占54.41%。富营养状况贫营养为36块占52.94%，中营养为30块占44.18，富营养为2块占2.94%。

2 生态状况评价

2.1 评价指标与方法

湿地生态状况直接反映湿地生态系统的健康水平，也是评价湿地生态功能是否正常发挥和满足人类需要的重要依据。依据本次调查成果数据，综合利用反映湿地生态状况的自然湿地面积、生物多样性、水环境，及湿地利用和受威胁状况等方面指标，对本次重点调查湿地进行了湿地生态状况的综合评价。

各指标标准值计算(表5-1)。

表 5-1 指标体系与权重一览表

一级	二级	三级	因子
自然指标 0.6	景观指标 0.10	自然湿地率 0.030	自然湿地面积/湿地总面积
		湿地密度 0.012	平均斑块面积/湿地总面积
		湿地斑块密度 0.018	湿地斑块数/湿地总面积
	生物多样性指标 0.45	单位面积物种多度 0.108	物种数量/湿地面积
		植被覆盖度 0.108	植被面积/湿地面积
		外来物种入侵 0.054	有、无
	水环境指标 0.45	污染物 0.054	有、无
		富营养 0.081	贫、中、富 3 级
		水质级别 0.135	Ⅰ、Ⅱ、Ⅲ、Ⅳ、Ⅴ5 级
人为干扰指标 0.4	社会指标 0.40	人口密度 0.064	人口数量/重点调查面积
		利用情况 0.096	工(旅游)、农、水、未 4 级
	威胁指标 0.60	威胁因子数量 0.084	数量
		威胁程度 0.156	安全、轻、重 3 级

自然湿地率、湿地密度、湿地斑块密度、单位面积物种多度、植被覆盖度、人口密度六个指标根据大小分为五级，分别赋值 1、3、5、7、9，指标值越高反映的生态状况越好；

外来物种入侵、污染物两个指标，分两个等级，“有”赋值 2，“无”赋值 8；

营养状况分三级，贫营养赋值 8，中营养赋值 5，富营养赋值 2；

水质级别分五级，分别赋值 9、7、5、3、1；

利用情况分四级，工业(旅游)赋值 3，农业(种植、牧业、林业)赋值 5，水源地赋值 7，未利用赋值 9；

威胁因子数量，分为十级，采用“10 - 数量”来赋值；

威胁程度分为三级，安全赋值 8，轻度赋值 5，重度赋值 2。

根据统计学累计求和公式，计算每处重点调查湿地生态状况综合得分。

$$综合得分 = \sum 指标值 \times 指标权重$$

2.2 湿地生态状况评价

根据综合得分，对重点调查湿地的生态状况进行综合评定，再利用统计学的自然断点法(natural breaks)对重点调查湿地的生态状况综合得分进行划分，分为好、中、差三个等级。

从结果可以看出，湿地生态质量好的湿地有 26 块，占 38.24%，生态质量中等的为 31 块湿地，占 45.59%，生态质量差的为 11 块占 16.17%。生态质量差的湿地中，分布于河口海岸的有大沽夹河自然保护区、黄水河河口自然保护区、沾化海岸带自然保护区、滨州贝壳堤岛与湿地自然保护区、莱州湾自然保护区、牟平区养马岛湿地公园、青岛胶州湾湿地自然保护区等 7 块，占质量差的比例为 63.64%说明河口海岸湿地生态环境仍需加强保护。龙口市王屋水库湿地公园、会宝岭水库为库塘型人工湿地，水体污染是环境质量较差的主要原因。济南白云湖省级湿地公园、南四湖自然保护区是山东省的重要湖泊，生态环境质量仍不乐观，生态建设与生态保护的任务仍需加强(表5-2)。

表5-2　重点调查湿地生态状况评价结果

序号	名称	得分	等级
1	济阳燕子湾省级湿地公园	1.5989	好
2	桑沟湾国家城市湿地公园	1.4896	好
3	济阳澄波湖省级湿地公园	1.4852	好
4	东明黄河省级湿地公园	1.4536	好
5	济南遥墙清荷省级湿地公园	1.4358	好
6	荣成大天鹅自然保护区	1.4233	好
7	济西湿地	1.3817	好
8	寒亭禹王省级湿地公园	1.3729	好
9	汶上莲花湖省级湿地公园	1.3728	好
10	海阳小孩儿口省级湿地公园	1.3387	好
11	黄垒河和乳山河河口	1.3361	好
12	微山湖国家湿地公园	1.3112	好
13	金乡彭越湖省级湿地公园	1.3045	好
14	东明庄子湖省级湿地公园	1.3036	好
15	蓬莱平畅河省级湿地公园	1.2988	好
16	黄河三角洲国家级自然保护区	1.2868	好
17	临沂沭河省级湿地公园	1.2760	好
18	昌邑柽柳林省级湿地公园	1.2587	好
19	泗水尹城省级湿地公园	1.2538	好
20	临沂祊河省级湿地公园	1.2453	好
21	泗水青源省级湿地公园	1.235	好
22	崆峒岛省级自然保护区	1.2225	好
23	邹城香城省级湿地公园	1.2218	好
24	鱼台鹿洼省级湿地公园	1.2069	好
25	梁山水泊省级湿地公园	1.2032	好
26	滕州滨湖国家湿地公园	1.1982	好
27	寿光滨海公园	1.1833	中
28	汶上大汶河省级湿地公园	1.1713	中
29	济南名泉源头湿地	1.1712	中
30	峄城古运荷乡省级湿地公园	1.1678	中
31	安丘拥翠湖国家湿地公园	1.1580	中
32	枣庄九龙湾国家湿地公园	1.1487	中
33	蟠龙河国家湿地公园	1.1482	中
34	马踏湖湿地	1.1466	中

（续）

序号	名称	得分	等级
35	平阴玫瑰湖湿地	1.1393	中
36	台儿庄运河国家湿地公园	1.1341	中
37	曹县黄河故道省级湿地公园	1.1140	中
38	邹城太平省级湿地公园	1.0910	中
39	银湖自然保护区	1.0871	中
40	临朐巨洋湖省级湿地公园	1.0857	中
41	曲阜崇文湖省级湿地公园	1.0765	中
42	潍坊峡山湖国家湿地公园	1.0697	中
43	临沂武河国家湿地公园	1.0661	中
44	东平湖自然保护区	1.0605	中
45	青岛少海国家湿地公园	1.0523	中
46	沂河湿地	1.0456	中
47	长岛国家级自然保护区	1.0402	中
48	栖霞白洋河省级湿地公园	1.0357	中
49	五龙河省级湿地公园	1.0302	中
50	岸堤水库	1.0302	中
51	枣庄月亮湾国家湿地公园	1.0273	中
52	博兴麻大湖省级湿地公园	1.0219	中
53	曲阜孔子湖省级湿地公园	1.0214	中
54	昌乐仙月湖省级湿地公园	0.9991	中
55	兖州兴隆省级湿地公园	0.9966	中
56	邹城北宿省级湿地公园	0.9744	中
57	商河大沙河省级湿地公园	0.9693	中
58	大沽夹河自然保护区	0.9415	差
59	黄水河河口自然保护区	0.9313	差
60	龙口市王屋水库湿地公园	0.9185	差
61	会宝岭水库	0.9129	差
62	济南白云湖省级湿地公园	0.9121	差
63	沾化海岸带自然保护区	0.8761	差
64	南四湖自然保护区	0.8495	差
65	滨州贝壳堤岛与湿地自然保护区	0.8262	差
66	莱州湾自然保护区	0.8257	差
67	牟平区养马岛湿地公园	0.8251	差
68	青岛胶州湾湿地自然保护区	0.7842	差

第二节
湿地受威胁状况

1　受威胁基本情况

以68块重点调查湿地为基础，分析湿地受威胁状况。对调查12类湿地威胁因子进行分析结果如表5-3。重点调查湿地中，按湿地受威胁状况等级来划分，安全的占45%，轻度威胁占52%，重度威胁占3%，受威胁状况等级为重度的重点调查湿地为青岛胶州湾湿地自然保护区、莱州湾自然保护区。从威胁因子来分析，山东省湿地安全影响的主要因子为围垦，其次为污染、过度捕捞和采集、泥沙淤积、基建和城市化、外来物种入侵。盐碱化、水利工程和引排水的负面影响、非法狩猎、过牧和森林过度采伐也有一定影响。不存在沙化的问题。

表5-3　山东省湿地受威胁状况统计

威胁因子	总面积(公顷)	比例(%)	湿地数量	比例(%)
围　垦	26729.16	6.30%	17	25.00
污　染	17161.98	4.04%	23	33.82
过度捕捞和采集	16917.70	3.99%	13	19.12
泥沙淤积	12623.88	2.97%	15	22.06
基建和城市化	6334.16	1.49%	15	22.06
外来物种入侵	2728.37	0.64%	11	16.18
盐碱化	1225.00	0.29%	3	4.41
水利工程和引排水的负面影响	39.52	0.01%	6	8.82
非法狩猎	28.40	0.01%	7	10.29
过　牧	22.68	0.01%	7	10.29
森林过度采伐	19.59	0.01%	6	8.82
沙　化	0	0.00%	0	0.00

2　威胁原因分析

2.1　湿地的盲目开垦和改造，导致湿地面积减少

农用地开垦、改变天然湿地用途和城市开发占用天然湿地是造成我省天然湿地面积削减、功能下降的主要原因。特别是人口密集的沿海地区，湿地不断受到蚕食。黄河三角洲随着大规模的盐田、农业综合开发及新的城市建设规划的实施，湿地面积不断减少，功能下降；鲁东丘陵海岸由于景观资源条件优越，海岸湿地面临城市扩张和无序开发的巨大压力。全省有34%的湿地已经遭到盲目开垦和改造的威胁，沿海湿地面积以每年约3000公顷的速度减少，全省围垦湖泊面积达

20000 公顷以上。

2.2 湿地污染依然存在，导致湿地功能下降

污染湿地的因子包括工业废水、生活污水的排放，油气开发等引起的漏油、溢油事故，以及农药、化肥的面源污染等。湿地环境污染不仅对生物多样性造成严重危害，也致使水质变差，同时环境污染对湿地的威胁正随着经济的发展而迅速增大。据山东省环境状况公报显示，2013 年，全省例行监测河流断面中，水质优于Ⅲ类的 68 个，占 50.7%；Ⅳ类的 20 个，占 14.9%；Ⅴ类的 26 个，占 19.4%；劣Ⅴ类的 20 个，占 14.9%。化学需氧量平均浓度 24.5 毫克/升，同比下降 3.3%；氨氮平均浓度 1.04 毫克/升，同比下降 6.8%。流域水环境质量连续 11 年持续改善。全省设置 4 个湖泊、6 座水库共 26 个省控以上断面，其中水质优于Ⅲ类的 25 个，占 96.2%，劣于Ⅴ类的 1 个，占 3.8%，达标率为 96.2%。主要超标项目是总磷。采用湖泊水库综合营养指数进行评价，马踏湖属中度富营养，崂山水库属轻度富营养，南四湖、东平湖、大明湖和其他 5 个监测水库均属于中营养。与上年同期相比，富营养化呈改善趋势。2013 年山东省海洋环境公报显示，山东省主要入海河流的化学需氧量、总磷和重金属入海量较上年有所增加。山东省海洋与渔业厅对 69 个陆源入海排污口进行监测，结果显示，排放的主要污染物为化学需氧量、氨氮、活性磷酸盐和悬浮物，陆源入海排污口达标排放率依然较低。入海排污口邻近海域环境质量状况总体较差，监测的排污口邻近海域的水质、沉积物质量、生物质量达到所在海洋功能区要求标准的比例分别为 27.3%、90.9% 和 62.5%。

2.3 生物资源过度利用，导致湿地生产力下降

对湿地重用轻养，资源衰退严重。在我省的重要经济海区，酷渔滥捕的现象依然存在，不仅使重要的天然经济鱼类资源受到很大的破坏，而且严重影响着这些湿地的生态系统的结构与功能，威胁着其他水生物种的安全。以黄河口带鱼、小黄鱼为例，20 世纪 50 年代年渔获量 8700 吨以上，而近些年几近绝迹。我省部分沿海地区的贝壳砂以及沙岸，也因为过度或不合理开采而受到破坏。南四湖人工养殖区域大型水禽栖息地基本丧失。

2.4 破坏性利用，导致海岸湿地侵蚀不断扩展

海岸侵蚀在我省滨海湿地区是比较普遍的问题，尤其是在黄河三角洲和莱州湾沿海更为明显。海浪、风暴潮、植被破坏、开采沙石矿物是造成海岸侵蚀的主要因素。在沙质海岸区，由于采挖建筑用沙，已使许多良好的沙质海岸遭受破坏，海岸侵蚀加剧。沿海湿地的破坏，使许多沿海城镇受到海水的侵蚀和渗透，海水对淡水系统的影响直接威胁着当地的淡水资源供应。

2.5 湿地水资源不合理利用，导致湿地生境退化

湿地是国民经济各行业和居民生活的主要水源，过度和不合理利用已使众多湿地供水能力受到严重影响。由于过度从湿地取水或开采地下水，导致湿地水资源严重短缺，经常出现大面积湿地干涸和退化现象。黄河小浪底水库修建前，黄河水量干枯的问题比较突出，最严重的 1997 年黄河曾断流 226 天，使黄河三角洲大片湿地干涸和盐渍化，全面恢复仍需一定时间；莱州至烟台海

岸，由于湿地水量不足和过量超采地下水，海水倒灌，导致湿地盐渍化。目前山东的工业企业单位产值耗水量是发达国家的 5～10 倍；农业用水利用率也很低，只有 20%～40%，远远低于发达国家的 70%～80%，另外传统的灌溉方式往往导致湿地次生盐碱化。

第三节
湿地资源变化及其原因分析

1　山东省第一次湿地资源调查与第二次湿地资源调查情况

山东省第一次湿地资源调查时间为 2000 年，根据第一次调查结果，山东省湿地资源总面积为 178.5 万公顷，在第一次湿地资源调查中，山东省湿地划分为 5 类 12 型，近海与海岸湿地 120.7 万公顷，其中近海湿地 60.53 万公顷，岩石海岸 6.69 万公顷，沙石海滩 4.18 万公顷，淤泥质海滩 21.03 万公顷，河口水域 0.53 万公顷，三角洲 22.9 万公顷，海岸性咸水湖 4.85 万公顷；河流湿地 30.6 万公顷，其中永久性河流 9.81 万公顷，季节性或间歇性河流 20.87 万公顷；湖泊湿地 16.5 万公顷，永久性淡水湖 16.5 万公顷；沼泽湿地 0.4 公顷，其中草本沼泽 0.4 万公顷；库塘 10.3 万公顷。

第二次湿地资源调查时间为 2012 年，根据调查结果，山东省湿地面积 1737499.68 公顷，分为 5 类 18 型，近海与海岸湿地面积 728508.30 公顷，其中浅海水域湿地 538220.51 公顷，岩石海岸 5073.22 公顷，沙石海滩 16365.22 公顷，淤泥质海滩 126267.63 公顷，潮间盐水沼泽 6009.83 公顷，河口水域 32267.48 公顷，三角洲 2848.38 公顷，海岸性咸水湖 1456.03 公顷；河流湿地面积 257795.20 公顷，其中永久性河流 205303.54 公顷，季节性河流 3815.95 公顷，洪泛平原湿地 48675.71 公顷；湖泊湿地面积 62628.82 公顷，其中永久性湖泊湿地 62628.82 公顷；沼泽湿地 54112.5 公顷，其中草本沼泽 48893.92 公顷，灌丛沼泽 5218.58 公顷；人工湿地 634454.86 公顷，其中库塘 177401.99 公顷，运河/输水河 44021.32 公顷，水产养殖场 294122.04 公顷，盐田 118909.51 公顷。

2　两次调查结果对比

2.1　湿地总面积对比

第一次湿地资源调查与第二次湿地资源调查的对比情况见表 5-4、图 5-1 和表 5-5。

表 5-4　山东省两次湿地资源调查湿地类面积比较(公顷)

湿地类	第一次湿地资源调查面积	第二次湿地资源调查面积	变　化
近海与海岸湿地	1207142	728508.30	-478633.70
河流湿地	306785	257795.20	-48989.80
湖泊湿地	164736	62628.82	-102107.18

（续）

湿地类	第一次湿地资源调查面积	第二次湿地资源调查面积	变 化
沼泽湿地	3941	54112.50	50171.50
人工湿地	102662	634454.86	531792.86
合 计	1785266	1737499.68	-47766.32

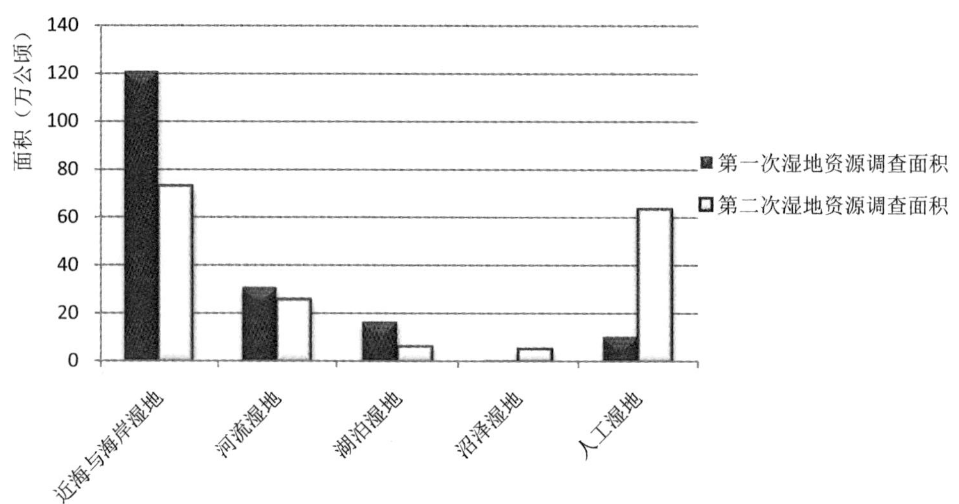

图 **5-1** 山东省两次湿地资源调查面积变化

表 5-5 山东省两次湿地资源调查湿地型面积比较（公顷）

湿地型	第一次湿地资源调查面积	第二次湿地资源调查面积	变 化
浅海水域	605326	538220.51	-67105.49
岩石海岸	66942	5073.22	-61868.78
沙石海滩	41750	16365.22	-25384.78
淤泥质海滩	210292	126267.63	-84024.37
潮间盐水沼泽		6009.83	6009.83
河口水域	5317	32267.48	26950.48
三角洲	229000	2848.38	-226151.62
海岸性咸水湖	48515	1456.03	-47058.97
永久性河流	98120	205303.54	107183.54
季节性或间歇性河流	208665	3815.95	-204849.05
洪泛平原湿地		48675.71	48675.71
永久性淡水湖	164736	62628.82	-102107.18
草本沼泽	3941	48893.92	44952.92
灌木沼泽		5218.58	5218.58
库 塘	102662	177401.99	74739.99
运河/输水河		44021.32	44021.32
水产养殖场		294122.04	294122.04
盐 田		118909.51	118909.51
合 计	1785266	1737499.68	-47766.32

2.2　100 公顷以上湿地面积对比

第一次湿地资源调查和第二次湿地资源调查 100 公顷以上湿地面积变化情况见表 5-6、表 5-7。

表 5-6　山东省两次湿地资源调查 100 公顷以上面积的湿地类变化对比(公顷)

湿地类	第一次湿地资源调查面积	第二次湿地资源调查面积	变　化
近海与海岸湿地	1207142	725213.29	-481928.71
河流湿地	306785	203665.81	-103119.19
湖泊湿地	164736	62379.71	-102356.29
沼泽湿地	3941	53068.56	49127.56
人工湿地	102662	544745.11	442083.11
合　计	1785266	1589072.48	-196193.52

表 5-7　山东省两次湿地资源调查 100 公顷以上面积的湿地型变化对比(公顷)

湿地型	第一次湿地资源调查面积	第二次湿地资源调查面积	变化
浅海水域	605326	538062.78	-67263.22
岩石海岸	66942	4218.06	-62723.94
沙石海滩	41750	14869.02	-26880.98
淤泥质海滩	210292	125992.37	-84299.63
潮间盐水沼泽	0	5940.06	5940.06
河口水域	5317	31855.19	26538.19
三角洲	229000	2848.38	-226151.62
海岸性咸水湖	48515	1427.43	-47087.57
永久性河流	98120	154231.29	56111.29
季节性或间歇性河流	208665	1206.73	-207458.27
洪泛平原湿地	0	48227.79	48227.79
永久性淡水湖	164736	62379.71	-102356.29
草本沼泽	3941	48197.12	44256.12
灌丛沼泽	0	4871.44	4871.44
库　塘	102662	126834.36	24172.36
运河/输水河	0	16828.44	16828.44
水产养殖场	0	283154.71	283154.71
盐　田	0	117927.60	117927.60
合　计	1785266	1589072.48	-196193.52

3　对比结果

根据两次湿地资源调查对比情况，从 2000 年到 2012 年，山东省近海与海岸湿地、河流湿地和人工湿地面积减少，沼泽湿地和人工湿地的面积增加，但山东省湿地总面积增加。

通过对两次湿地资源调查各湿地型面积进行对比，可以看出，从2000年到2012年，近海湿地、岩石海岸、沙石海岸、淤泥质海岸、三角洲、海岸性咸水湖、季节性或间歇性河流、永久性淡水湖的面积减少，永久性河流、库塘的面积增加。新增潮间盐水沼泽、洪泛平原湿地、灌木沼泽、运河/输水河、盐田、水产养殖场等湿地型。

4 原因分析

4.1 变化原因分析

(1)调查方法和手段不同，导致两次调查斑块数和斑块面积有显著差异，导致湿地面积增加。由于两次调查方法和手段不同，第一次调查主要采用收集资料为主，湿地斑块主要在地形图上进行勾划，野外调查和现地验证较少。第二次湿地调查面积上采用的是3S技术，采用最新的中巴资源卫星遥感数据，并对重点和一般湿地斑块进行了现地验证，比第一次调查方法更为先进、调查手段更为科学，导致第二次调查湿地斑块数量比第一次湿地调查有显著增加，湿地斑块面积有较大变化，从而导致第二次湿地调查面积较第一次调查有显著变化。

例如，第一次湿地资源调查调查的斑块为449块，第二次湿地资源调查斑块为6700块，相对第一次湿地资源调查，斑块划分的准确度增加，并且采取了遥感解译与现地验证相结合的方法，最大程度地保证了本次调查数据的准确性。

(2)两次湿地资源调查起调面积不同。第一次湿地资源调查起调面积为100公顷，第二次湿地资源调查起调面积为8公顷，扩大了调查范围，将第一次未调查的湿地斑块也开展了调查。

4.2 面积减少原因分析

4.2.1 人为干扰导致部分地区湿地面积萎缩

当前，我省湿地围垦、改造和破坏相当严重，一些地方湿地被随意侵占甚至转为建设用地。有些地方因植被破坏、农业耕作和开发建设等造成的水土流失，使河床、河口、湖泊、库塘淤积严重，湿地面积不断萎缩。全省有34%的湿地已经遭到盲目开垦和改造的威胁，特别是在沿海、沿湖地区，湿地不断受到蚕食。

以滨州市为例，滨州市海岸线238.9公里，长期以来，由于缺乏必要的防潮工程设施，经常遭受海潮的侵袭，潮灾发生频繁，严重威胁着区内人民生命财产安全。特别是1992年、1997年和2003年的3次特大海潮，造成海水吞没盐田，农作物受灾，房屋损坏，冲毁交通道路、供电线路和多处水利工程等基础设施，造成直接经济损失20.3亿元，给滨州市造成了重大的经济损失。为此，2003年11月，滨州市委、市政府决定规划建设防潮工程。2004～2007年共建成防潮堤202.4公里，挡潮闸2座，防潮工程初具规模。自2007年开始，随着滨州北海新区的规划建设，区内船舶制造基地、中海沥青、盐化工、风力发电等一大批项目先后入住，经济载量不断加大。以上因素都对滨州湿地近海与海岸湿地的面积减少有着重要影响。

4.2.2 海岸侵蚀导致近海与海岸湿地破坏加剧

海岸侵蚀在我省滨海湿地区是比较普遍的问题，尤其是在黄河三角洲和莱州湾沿海更为明显。在莱州湾的莱州至烟台海岸，由于湿地水量不足和过量超采地下水，造成海水倒灌，400平方公里的湿地盐渍化。海浪、风暴潮、植被破坏、开采沙石矿物是造成海岸侵蚀的主要因素。在沙质海岸区，由于采挖建筑用沙，已使许多良好的沙质海岸遭受破坏，海岸侵蚀加剧。沿海湿地的破坏，使许多沿海城镇受到海水严重的侵蚀和渗透，海水对淡水系统的影响直接威胁着当地的淡水资源供应。

4.2.3　湿地水资源不足导致部分湿地退化

湿地是国民经济各行业和居民生活的主要水源，过度和不合理利用已使众多湿地供水能力受到严重影响。山东属暖温带季风大陆性气候，雨热同季，降水集中。6～9 月占年降水量的 75%；其他时期仅占 25%。加上生产、生活用水量大，水资源利用率低，由于过度从湿地取水或开采地下水，导致湿地水资源严重短缺，经常出现大面积湿地干涸和退化现象。

4.3　部分湿地类湿地面积增加原因

4.3.1　实施综合的生物治理措施

省里积极实施了湿地和自然保护区建设、沿海防护林体系、平原绿化、封山育林和退耕还林等五大林业重点工程；同时，各地大力调整产业结构，加大资源循环利用，实施污染物达标排放，对污染严重的企业实行关停并转，严格控制湿地各种污染和富营养化。南四湖、东平湖作为南水北调东线工程的重要调蓄地，水质安全至关重要，周边济宁、枣庄、泰安 3 市积极实施了退田还湖、污染控制、湿地恢复重建、流域综合整治等措施，有效地改善了湿地生态环境。济宁市坚持“治、保、用”并举，实行退田还湖、退垦还湿，恢复自然湿地 0.77 万公顷，还在微山、任城、鱼台 3 个濒湖县区湿地种植芦苇、菱、莲、芡、马蹄等 640 公顷，实施了人工湿地水质净化试点，成效显著。枣庄市境内 65 公里的运河湿地和境内的界河、城郭河、北沙河，大沙河，伊家河、新沟河等 120 公里河道两岸已实现退垦还湿和全部绿化，滕州市推广上林下渔模式，改造滨湖涝洼地 0.17 万公顷，开发红荷湿地 0.07 万公顷。滨州市着力利用拥有广阔的沿海滩涂湿地的优势，已将退化的盐碱地改良成 0.53 万公顷芦苇湿地，并开始利用芦苇湿地净化工业废水。东营市通过投巨资修筑防潮大堤、围堰蓄水、在重盐碱地培育柽柳和芦苇等措施，使 0.42 万公顷湿地恢复了原貌，全市还实施了 0.87 万公顷柽柳林、3.33 万公顷芦苇、1.33 万公顷牧草种植工程。黄河三角洲保护区针对近年黄河来水偏少、湿地缺水的实际，开展了湿地生态补水工程，恢复和重建湿地 1 万公顷，保护区还建立了 3 处面积 1400 公顷的食物补给区，主要养殖贝类和种植小麦、谷物等，适应鸟类取食和数量增加的需要。

4.3.2　加快保护区、湿地公园建设的步伐

近几年，山东省按照“保护优先、科学修复、合理利用、持续发展”的原则，不断强化湿地保护，维护了湿地生态系统健康。一是加快自然保护区、湿地公园发展步伐。截至目前，全省林业系统共建立湿地类型自然保护区 25 个，总面积 67.7 万公顷，占全省湿地面积的 37.9%，其中国家级 3 个、省级 4 个，市、县级 18 个；建立了 13 个国家级、31 个省级、20 多个市、县级湿地公园和 50 多个湿地生态保护小区，基本形成了较为完善的自然生态保护网络。同时，还在黄河三角洲、莱州湾、胶州湾、南四湖、东平湖、马踏湖等地，开展了 3 万多公顷的湿地保护与修复工程。这些项目的建设，有效地保护了我省 50% 的湿地野生动物种群、70% 的湿地高等植物群落和 40% 的湿地生态系统。

4.3.3 加强了湿地的保护与管理

近年来，山东省林业厅在加强保护区、湿地公园建设的同时，也加强了对湿地的保护与管理。对部分湿地公园内的河流，进行了河道清淤、扩宽、加固工作，并栽植了湿地植被，河流湿地面积有所增加；在部分地区实施国家大中型病险水库除险加固工程，枣庄市周村水库及全市部分库塘通过清淤、除险、加固等工作，水库的抗洪能力增强了，湿地面积增加了，其中周村水库校核防洪标准达到2000年一遇。2009年国家林业局批准实施了“单县黄河故道湿地保护与恢复示范项目”，该项目属中央2009年第四批扩大内需投资项目，总投资798万元，经过3年多对湿地生态进行抢救性的恢复建设，取得了明显效果。菏泽市对全市境内的河流、湖泊、沼泽、水库、鱼塘等湿地类型，积极采取保护措施，使全市湿地资源得到有效保护和恢复。

4.3.4 各地大力发展人工湿地

近年来，随着人们对湿地越来越深入的认识，各地充分认识到将保护和恢复湿地的重要性，大力发展人工湿地。如菏泽开发区在修建日南高速公路时集中取土，将取土坑新建成用于工业用水的东雷泽湖水库；牡丹区将废弃七里河改造成供菏泽市民生活用水的西雷泽水库；单县将城东昔日蚊蝇滋生的垃圾坑，变成了今日美丽的东沟河湿地公园；成武县将高低不平的养鱼塘改造成碧波荡漾的文亭湖；郓城县拓宽了城东的宋金河，俨然变成了“宋金湖”。各地通过采取多种措施，使山东省人工湿地面积得到较大程度的增加。

第六章 湿地保护管理现状评价

第一节 湿地保护和管理现状

1 湿地保护政策法规

山东省先后制定下发了《关于加强湿地保护管理的通知》《关于加强全省水系生态建设的意见》，出台了《山东省湿地公园管理办法》《山东省湖泊保护条例》《胶州湾保护条例》《山东省湿地保护办法》等。一些市、县和部分湿地保护区也制定了保护管理办法，如《长岛县自然保护区管理暂行规定》(1990)《黄河三角洲国家级自然保护区管理暂行办法》(1993)《南四湖自然保护区管理办法》(2005)《枣庄市湿地公园管理办法》等。东营市委、市政府印发了《关于加强湿地保护管理的意见》。济宁市出台了《南四湖省级自然保护区湿地生态损失补偿管理办法》。济南、东营、潍坊等地林业部门向市人大、政府和法制办等作了大量的汇报和协调工作，积极为出台"条例或办法"做好准备工作。

2 湿地保护宣传教育

近几年，山东省各地从实际出发，精心组织了图片展览、知识竞赛、科普讲座、文艺演出、夏令营、野外观鸟、湿地论坛等丰富多彩的活动，形式新颖、影响面广、实效性强。全省各地以"国际湿地日""爱鸟周"和"野生动物宣传月"为契机，充分利用电视、广播、网络、报纸等媒体广泛宣传湿地，举办了"湿地文化节""湿地红荷节""湿地保护高层论坛"；发起了"繁荣生态文化，建设生态文明"科普教育活动，开展了"保护湿地，共创美好家园"为主题的摄影、书画比赛，录制了多部专题片；黄河三角洲、长岛国家级保护区和滕州国家湿地公园以保护区和湿地公园为窗口或基地，经常举办野外考察、教学实习、专题讲座等活动，分别建起了湿地博物馆、鸟展馆和湿地文化馆，集中展示了湿地功能、生物多样性、湿地生态和湿地文化，分别被国家和省、市有关部门命名为全国和省、市科普教育基地。通过宣传教育，社会公众的湿地保护意识不断提高，保护湿地的社会氛围逐步形成。

3 湿地保护机构和队伍建设

东营、烟台、济宁、枣庄等市把湿地保护纳入经济和社会发展规划，积极为保护区解决了机构编制、经费等问题。目前，在全省已建的17个湿地保护区中，有10个保护区成立了管理机构，其中，黄河三角洲、长岛、荣成大天鹅、南四湖、福山银湖、马踏湖等6个保护区成立了副处级以上管理机构；在已建的37处国家、省级湿地公园中，多数有明确的管护机构，滕州滨湖、济西等5处湿地公园成立了副处级以上管理机构。为强化管理，多数保护区、湿地公园进行了确权定界、登记发证和标桩立界工作，大部分还编制了总体规划。为强化湿地管理，各地普遍建立起了较完善的执法监督和定期检查制度。黄河三角洲、滕州滨湖等保护区、湿地公园在保护优先的前提下，积极开展了多种经营，可持续利用湿地资源，增加了自身发展的实力。

4 湿地保护体系建设

山东省已初步建立了以湿地自然保护区为主体，湿地公园和自然保护小区并存，其他保护形式为补充的湿地保护体系。纳入保护体系的湿地面积63.10万公顷，湿地保护率36.32%。其中，自然湿地保护面积34.54万公顷，自然湿地保护率31.32%。

本次重点调查湿地主要分布在济宁(15个)、烟台(12个)、济南(8个)、潍坊(7个)、枣庄(6个)、临沂(6个)、威海(3个)、滨州(3个)、菏泽(3个)、青岛(2个)，东营、泰安、淄博各1个。从地域上看，鲁西南(30个)和胶东半岛(17个)分布较多，约占重点调查湿地总数的70%，鲁中丘陵区也较多(17个)；鲁西北重点调查湿地较少。

“十一五”期间，全省林业系统新建湿地类型自然保护区7个，总面积7.7万公顷，占全省湿地面积的4.3%，其中国家级1个、省级2个，市县级4个；续建湿地类型保护区14个，总面积46.5万公顷，占全省湿地面积的26.0%，其中国家级2个、省级2个，市县级10个。建立了6个国家级、31个省级、20多个市县级湿地公园和50多个湿地生态保护小区，基本形成了较为完善的湿地生态保护网络。同时，还在黄河三角洲、莱州湾、胶州湾、南四湖、东平湖、马踏湖等地，开展了3万多公顷的湿地保护与修复工程。这些项目的建设，有效地保护了我省50%的湿地野生动物种群、70%的湿地高等植物群落和40%的湿地生态系统。

“十二五”期间，将实施自然保护区建设项目30个，面积85.45万公顷，约占全省湿地总面积的48%。其中，国家级保护区4个，国际、国家和省属重要湿地区域范围内的省级湿地自然保护区15个，其他省级湿地自然保护区11个。规划对已建和新建的国家、省级湿地公园中用于湿地资源和生态保护的公益性部分实施湿地保护工程建设，规划建设项目计82个。

5 湿地规划编制

2005年，经省政府同意，省林业厅、省发改委等9部门联合印发了《关于认真贯彻〈国务院办公厅关于加强湿地保护管理的通知〉的通知》；经省政府同意，省林业厅、省发改委、省财政厅编制下发了《山东省湿地保护工程规划(2006～2020年)》及湿地保护“十二五”“十三五”实施规划。近几年，为加强湿地保护，山东省林业厅还主持或参与制定了《山东省湿地和自然保护区建设规划》《山东省自然保护区发展规划(2008～2020年)》《山东沿海防护林体系建设规划》《山东省水系生态建设规划(2011~2020年)》等一系列规划。

6 湿地保护基础研究

山东省从1995年开始，历经6年的时间，开展了全省首次湿地资源调查，对我省主要湿地类型、面积和分布、湿地野生动植物种类、湿地资源保护与管理等情况进行了较为全面的调查，掌握了全省湿地资源、湿地保护和利用以及受威胁状况的主要情况。多年来，有关部门和科研院所就湿地生物多样性、滨海湿地造林、湿地鸟类、湿地污染治理、湿地合理开发与利用开展了多方面的科学研究。在一些珍稀水鸟的地理分布、种群数量、生态习性、致危因素以及保护对策等方面做了大量研究。先后开展了《山东湿地生物多样性研究》《滨海湿地造林技术》《黄河三角洲鸻形目鸟类研究》《中国东部沿海猛禽迁徙规律的研究》《黄河三角洲和莱州湾湿地水鸟栖息地恢复和重建技术》等许多项课题。通过鸟类环志，对我省鸟类特别是水鸟的迁徙活动有了深入了解，这些基础性的调查科研工作为湿地保护和管理提供了决策依据。

7 湿地交流合作

中德生物多样性保护合作项目以黄河三角洲自然保护区为试点顺利开展，新西兰生态专家带来生态评估的先进技术，中科院专家帮助保护区建立地理信息系统，湿地专家为保护区申请国际重要湿地名录提供了技术帮助，大大提升了保护区的保护管理水平。合作项目还输送了两批考察队到德国、西班牙考察，学习西方湿地保护管理的先进经验和做法。2013年8月，美国渔业与野生动物局、尼斯夸利野生动物保护区、奥克诺基野生动物保护区、环保局湿地海洋与流域办公室等多个湿地保护与野生动物保护部门来山东省开展湿地交流，参观考察了滕州微山湖湿地公园、黄河三角洲国家级自然保护区等地，表达了与山东省加强交流，建立长期稳定合作关系，共同促进湿地保护与利用事业持续发展的强烈愿望。这些对外交流合作不仅引入了湿地保护的先进理念，开拓了视野，也为山东省的湿地保护管理工作带来新的思路和参照。

8 湿地保护与恢复工程

湿地保护工程“十一五”规划建设项目包括湿地保护、湿地恢复、可持续利用示范和能力建设4大类54个项目。规划建设总投资11.6亿元。初步统计，实际完成工程投资13亿元，有效地保护了湿地生物多样性，提高了保护管理能力。“十一五”期间，国家先后批准实施了黄河三角洲、南四湖、东平湖、马踏湖、单县黄河故道、黄河河口生态补水、微山湖湿地修复等一批湿地监测和保护恢复工程，总投资1.0009亿元，其中中央投资4057万元，地方配套5952万元。在国家骨干工程的带动下，各设区市、县(市、区)普遍加大了对湿地保护修复的投入，共完成投资12亿元。黄河三角洲国家级自然保护区完成基建投资5000多万元，实施了保护区基础设施二期工程和湿地监测工程，投资1200万元建设了湿地博物馆，投资2200万元组织实施了1.33万公顷湿地恢复工程；长岛国家级自然保护区完成基建投资1460.3万元；荣成大天鹅自然保护区完成基建投资1742万元。目前，这些保护区基础设施建设初具规模，管护能力得到了显著增强，科研、监测、宣教设施得到一定改善。

“十二五”期间，全省湿地保护工程涉及湿地保护体系、湿地综合治理、湿地资源合理利用和保护能力建设四个方面，共4大类。规划投资37.986亿元按项目分为湿地保护工程9.17亿元，占总投资的24.14%；重点湿地恢复与综合治理工程投资17.396亿元，占总投资的45.79%；可持续利用示范投资6.1亿元，占总投资的16.06%；能力建设投资3.32亿元，占总投资的8.74%；湿地生态效益补偿资金2.0亿元，占总投资的5.27%。基建投资主要用于湿地保护工程、恢复示范工程、可持续利用示范工程基建补助以及能力建设中的基础设施建设及大型仪器设备购置。财政投入主要用于能力建设，包括湿地资源的调查、监测、人员培训、项目运行，仪器设备维护，以及开展国际合作和履行《湿地公约》等方面。

第二节 保护与管理建议

1 加快湿地保护法制体系和规范化建设

山东省湿地保护法制和规范化体系还不健全，只有通过制定完善的法规政策和标准规范，才能逐步解决制约发展的体制、机制性障碍。省里应加强湿地保护相关法规体系建设，制定各项标准和规范，完善管理机制和加强技术培训，提高全省湿地保护管理水平。各地和湿地自然保护区、湿地公园也要制定相应的法规或规范，使重要湿地受到严格的保护。认真贯彻湿地保护法规，加大执法力度，扭转湿地减少和生态恶化的局面。严格重点湿地认证制度，凡列入国际、国家和省重要湿地，禁止开垦、占用或擅自改变用途。设立和划定湿地生态保护红线，抓紧拟定出台湿地生态红线划定技术规范，指定管控原则和措施。

2 积极实施重点湿地修复工程

以《山东省湿地保护工程规划(2006～2020年)》为基础，启动湿地保护“十三五”规划编制工作，科学深化好湿地保护项目布局，优先方向和重点建设内容。加强重要区域湿地保护恢复和综合治理，优先实施近海海岸、黄河三角洲、南水北调沿线、小清河沿岸和采煤塌陷湿地等重大湿地修复工程，扩大湿地面积，提高湿地环境容量。抢救性建设东平湖、乳山河口等一批湿地自然保护区、湿地公园，建设和完善以湿地自然保护区为主体，湿地公园和自然保护小区并存的湿地保护体系。

加强对湿地的科学研究，特别是为湿地保护与合理利用服务的应用基础研究和应用研究，为湿地保护与合理利用提供科学依据。山东湿地科学研究与资源监测能力相对薄弱，极大地增加了湿地保护管理工作开展的难度，制约了湿地保护与管理的进行。要建立健全湿地保护的科技支撑体系，加大投入，及时掌握国外最新的学术研究，总结湿地保护、开发、利用的最新经验，加强在湿地功能、湿地保护管理模式、湿地生态效益、湿地生物多样性、湿地合理开发利用等方面的科学研究，提高科研能力和水平，在此基础上提出科学合理的湿地保护管理措施和方案。在加强湿地科技试点示范工作，总结出适合湿地湿地保护与恢复的成功模式，尽快在实际工作中推广应用，真正转化为现实生产力，提高科技对湿地保护的贡献率。

3　建立多单位互动机制

湿地的保护管理涉及林业、发改委、农业、财政、国土资源、住房城乡建设、水利、海洋与渔业厅、环保等多个单位。为提高湿地保护成效，林业部门作为牵头部门，建立“综合协调、分部门实施”的管理体制。通过定期召开湿地保护协作会议，加强各单位之间的信息交流，同时就湿地保护存在的问题进行沟通，避免重复建设，形成各个单位共同参与的湿地保护互动机制。

4　进一步完善湿地科研监测体系

在湿地保护恢复的同时，加强湿地保护与恢复机理研究，制定科学的保护恢复措施，是湿地保护与恢复工程成功的关键。应根据具体情况经常性地开展湿地科学考察和专项调查，定期开展生态、资源、环境等各项监测活动，实现对湿地资源变化、重点保护对象、生态旅游开发影响等方面进行全面动态监测。加强湿地保护基础研究和关键技术研究。加强湿地保护的国内外交流和合作，不断拓展合作领域，创新合作模式。学习借鉴国外运用综合生态交流方法保护恢复湿地的经验，促进湿地保护管理的科学化、现代化。

5　增加湿地保护建设的投入

积极争取各级政府和有关部门的支持，不断增加湿地保护的公共财政收入。按照“谁利用，谁补偿”的原则，建立多元化投入机制，探索和建立湿地生态补偿制度。充分调动社会积极性，逐步建立政府主导，市场化运作，多方参与的投融资机制。由于物价和人工费不断上涨，湿地保护工程投资标准明显偏低，项目投资与实际需求差距较大，需要提高湿地保护工程投资标准，增加投资总量，提高工程建设资金保障程度。同时，应建立完善社区共建机制，实行利益相关者共同参与的战略性湿地管理模式，建立保护管理与利益相关者良好的双向互动机制，全方位地开展湿地保护管理工作。

6　强化科技和人才保障

加强全省湿地保护工程管理系统、本底数据库和信息化基础设施建设。及时掌握国内外最新的学术动态，借鉴和运用国内外先进的湿地保护修复的成功经验。积极总结、筛选和推广适用的湿地保护、开发、利用的科技成果和经验。全面强化科技保障工作，做到对工程建设全面实施科学规划、科学设计、科学实施，切实将科技保障贯穿于工程规划和实施的全过程。提高工程实施决策人员素质，培养和充实大量优秀的基层管理人才。通过各种方式对工程实施单位的人员进行管理和技术培训，提高他们实施项目的能力。邀请高校、科研院所和企业的研究和技术人员参与项目实施工作，依靠他们的力量及时解决工程实施过程中的各种技术问题。各项目实施单位要挑选优秀应届毕业生，充实项目实施队伍。

7　加强宣教培训工作

湿地保护是社会性很强的公益事业，必须依靠全社会的共同参与和齐抓共管。要继续把加强宣传教育、提高全民湿地保护意识作为湿地保护管理的基础性、前提性工作来抓；要不断创新形式，丰富内容，弘扬湿地文化，提交全民湿地保护意识，凝聚社会各方的力量关注和保护湿地。加强湿地自然保护区、湿地公园的宣传教育培训体系，形成较为完整的宣教网络。各地要把湿地保护的项目办成对公众开展湿地保护宣传教育的重要阵地。

附录1 山东湿地调查区域植物名录

序号	科	属	种	
			中文名	拉丁名
一、苔藓植物				
1	地钱科	地钱属	地钱	*Marchantia polymorpha*
2	钱苔科	钱苔属	叉钱苔	*Riccia fluitans*
3			钱苔	*Riccia glauca*
4	柳叶藓科	柳叶藓属	柳叶藓	*Amblystegium serpens*
5	丛藓科	石灰藓属	石灰藓	*Hydrogonium ehrenbergii*
二、维管束植物				
(一)蕨类植物				
1	槐叶萍科	槐叶萍属	槐叶萍	*Salvinia natans*
2	满江红科	满江红属	满江红	*Azolla imbricata*
3	木贼科	木贼属	问荆	*Equisetum arvense*
4			节节草	*Equisetum ramosissimum*
5	苹科	苹属	苹	*Marsilea quadrifolia*
(二)裸子植物				
1	柏科	扁柏属	日本扁柏	*Chamaecyparis obtusa*
2		侧柏属	塔枝圆柏	*Juniperus komarovii*
3			侧柏	*Platycladus orientalis*
4			千头柏	*Platycladus orientalis* cv. Sieboldii
5		圆柏属	圆柏	*Sabina chinensis*
6			龙柏	*Sabina chinensis*
7	杉科	柳杉属	柳杉	*Cryptomeria fortunei*
8		水杉属	水杉	*Metasequoia glyptostroboides*
9		落羽杉属	落羽杉	*Taxodium distichum*
10	松科	雪松属	雪松	*Cedrus deodara*
11		云杉属	青扦	*Picea wilsonii*
12		松属	白皮松	*Pinus bungeana*
13			湿地松	*Pinus elliotti*
14			海岸松	*Pinus pinaster*

（续）

序号	科	属	种	
			中文名	拉丁名
15	松科	松属	油松	*Pinus tabulaeformis*
16			黑松	*Pinus thunbergii*
17	银杏科	银杏属	银杏	*Ginkgo biloba*
（三）被子植物				
1	白花丹科	补血草属	二色补血草	*Limonium bicolor*
2			补血草	*Limonium sinense*
3	百合科	葱属	小根蒜	*Allium macranthum*
4			薤白	*Allium macrostemon*
5		天门冬属	攀援天门冬	*Asparagus brachyphyllus*
6			兴安天门冬	*Asparagus dauricus*
7		绵枣儿属	绵枣儿	*Barnardia japonica*
8		萱草属	黄花菜	*Hemerocallis citrina*
9			萱草	*Hemerocallis flava*
10		玉簪属	紫萼	*Hosta ventricoaa*
11			玉簪	*Hosta plantaginea*
12		沿阶草属	麦冬	*Ophiopogon japonicus*
13	败酱科	败酱属	败酱	*Patrinia scabiosifolia*
14	车前科	车前属	芒苞车前	*Plantago aristata*
15			车前	*Plantago asiatica*
16			平车前	*Plantago depressa*
17			大车前	*Plantago major*
18	柽柳科	柽柳属	柽柳	*Tamarix chinensis*
19	唇形科	夏至草属	夏至草	*Lagopsis supina*
20		益母草属	益母草	*Leonurus japonicus*
21		地笋属	地笋	*Lycopus lucidus*
22		薄荷属	田野薄荷	*Mentha arvensis*
23			薄荷	*Mentha haplocalyx*
24		荆芥属	荆芥	*Nepeta cataria*
25		紫苏属	紫苏	*Perilla frutescens*
26			白苏	*Perilla frutescens* var. *frutescens*
27		随意草属	随意草	*Physostegia virginiana*
28		迷迭香属	迷迭香	*Rosmarinus officinalis*
29		鼠尾草属	深蓝鼠尾草	*Salvia guaranitica*
30			荔枝草	*Salvia plebeia*
31		黄芩属	黄芩	*Scutellaria baicalensis*

（续）

序号	科	属	种	
			中文名	拉丁名
32	唇形科	黄芩属	半枝莲	*Scutellaria barbata*
33		水苏属	水苏	*Stachys japonica*
34		百里香属	地椒	*Thymus quinquecostatus*
35	茨藻科	茨藻属	大茨藻	*Najas marina*
36			小茨藻	*Najas minor*
37	酢浆草科	酢浆草属	酢浆草	*Oxalis corniculata*
38			铜锤草	*Oxalis corymbosa*
39			黄花酢浆草	*Oxalis pes-caprae*
40	大戟科	铁苋菜属	铁苋菜	*Acalypha australis*
41		大戟属	乳浆大戟	*Euphorbia esula*
42			泽漆	*Euphorbia helioscopia*
43			地锦	*Euphorbia humifusa*
44			猫眼草	*Euphorbia lunulata*
45			斑地锦	*Euphorbia maculata*
46		白饭树属	一叶萩	*Flueggea suffruticosa*
47		叶下珠属	蜜柑草	*Phyllanthus matsumurae*
48			叶下珠	*Phyllanthus urinaria*
49	大麻科	大麻属	大麻	*Cannabis sativa*
50		葎草属	葎草	*Humulus scandens*
51	大叶藻科	大叶藻属	大叶藻	*Zostera marina*
52	灯心草科	灯心草属	小灯芯草	*Juncus bufonius*
53			灯芯草	*Juncus effusus*
54	蝶形花科	合萌属	合萌	*Aeschynomene indica*
55		紫穗槐属	紫穗槐	*Amorpha fruticosa*
56		两型豆属	三籽两型豆	*Amphicarpaea trisperma*
57		落花生属	落花生	*Arachis hypogaea*
58		黄耆属	华黄耆	*Astragalus chinensis*
59			达呼里黄芪	*Astragalus dahuricus*
60			膜荚黄耆	*Astragalus membranaceus*
61			黄芪	*Astragalus penduliflorus*
62		大豆属	大豆	*Glycine max*
63			野大豆	*Glycine soja*
64		甘草属	甘草	*Glycyrrhiza uralensis*
65		米口袋属	米口袋	*Gueldenstaedtia multiflora*
66			狭叶米口袋	*Gueldenstaedtia stenophylla*

（续）

序号	科	属	种	
			中文名	拉丁名
67	蝶形花科	木蓝属	本氏木蓝	*Indigofera bungeana*
68		鸡眼草属	长萼鸡眼草	*Kummerowia stipulacea*
69			鸡眼草	*Kummerowia striata*
70		香豌豆属	海滨山黧豆	*Lathyrus maritimus*
71		胡枝子属	胡枝子	*Lespedeza bicolor*
72			长叶铁扫帚	*Lespedeza caraganae*
73			截叶铁扫帚	*Lespedeza cuneata*
74			兴安胡枝子	*Lespedeza davurica*
75			阴山胡枝子	*Lespedeza inschanica*
76			细梗胡枝子	*Lespedeza virgata*
77		苜蓿属	野苜蓿	*Medicago falcata*
78			天蓝苜蓿	*Medicago lupulina*
79			小苜蓿	*Medicago minima*
80			苜蓿	*Medicago sativa*
81		草木犀属	黄香草木犀	*Melilotus officinalis*
82		菜豆属	山绿豆	*Phaseolus minimus*
83		刺槐属	刺槐	*Robinia pseudoacacia*
84		田菁属	田菁	*Sesbania cannabina*
85		槐属	槐	*Sophora japonica*
86		车轴草属	白车轴草	*Trifolium repens*
87		豇豆属	绿豆	*Vigna radiata*
88	杜鹃花科	吊钟花属	灯笼花	*Enkianthus quinque*
89	椴树科	田麻属	光果田麻	*Corchoropsis psilocarpa*
90	防己科	木防己属	木防己	*Cocculus orbiculatus*
91		蝙蝠葛属	蝙蝠葛	*Menispermum dauricum*
92	浮萍科	浮萍属	浮萍	*Lemna minor*
93		紫萍属	紫萍	*Spirodela polyrrhiza*
94	含羞草科	合欢属	合欢	*Albizia julibrissi*
95			山槐	*Albizia kalkora*
96	禾本科	獐毛属	马绊草	*Aeluropus littoralis*
97			獐毛	*Aeluropus sinensis*
98		看麦娘属	看麦娘	*Alopecurus aequalis*
99		水蔗草属	水蔗草	*Apluda mutica*
100		燕麦草属	燕麦草	*Arrhenatherum elatius*
101		荩草属	荩草	*Arthraxon hispidus*

（续）

序号	科	属	种	
			中文名	拉丁名
102	禾本科	荩草属	矛叶荩草	*Arthraxon lanceolatus*
103		芦竹属	芦竹	*Arundo donax*
104			花叶芦竹	*Arundo donax* var. *versicolor*
105		燕麦属	野燕麦	*Avena fatua*
106			燕麦	*Avena sativa*
107		菵草属	菵草	*Beckmannia syzigachne*
108		孔颖草属	白羊草	*Bothriochloa ischaemum*
109		雀麦属	雀麦	*Bromus japonicus*
110			疏花雀麦	*Bromus remotiflorus*
111		拂子茅属	拂子茅	*Calamagrostis epigeios*
112			假苇拂子茅	*Calamagrostis pseudophragmites*
113		细柄草属	细柄草	*Capillipedium parviflorum*
114		隐子草属	丛生隐子草	*Cleistogenes caespitosa*
115			北京隐子草	*Cleistogenes hancei*
116		狗牙根属	狗牙根	*Cynodon dactylon*
117		发草属	发草	*Deschampsia caesptosa*
118		野青茅属	野青茅	*Deyeuxia pyramidalis*
119		马唐属	毛马唐	*Digitaria chrysoblephara*
120			升马唐	*Digitaria ciliaris*
121			马唐	*Digitaria sanguinalis*
122		油芒属	油芒	*Eccoilopus cotulifer*
123		稗属	长芒稗	*Echinochloa caudata*
124			稗	*Echinochloa crusgalli*
125			无芒稗	*Echinochloa crusgalli*
126			水稗	*Echinochloa phyllopogon*
127		穇属	牛筋草	*Eleusine indica*
128		披碱草属	披碱草	*Elymus dahuricus*
129		画眉草属	画眉草	*Eragrostis pilosa*
130		野黍属	野黍	*Eriochloa villosa*
131		羊茅属	高羊茅	*Festuca elata*
132			羊茅	*Festuca ovina*
133		甜茅属	假鼠妇草	*Glyceria leptolepis*
134		牛鞭草属	大牛鞭草	*Hemarthria altissima*
135			牛鞭草	*Hemarthria sibirica*
136		白茅属	白茅	*Imperata cylindrica*

（续）

序号	科	属	种	
			中文名	拉丁名
137	禾本科	柳叶箬属	柳叶箬	*Isachne globosa*
138		鸭嘴草属	毛鸭嘴草	*Ischaemum antephoroides*
139			鸭嘴草	*Ischaemum aristatum* var. *glaucum*
140			纤毛鸭嘴草	*Ischaemum indicum*
141		落草属	落草	*Koeleria cristata*
142		假稻属	假稻	*Leersia japonica*
143			秕壳草	*Leersia sayanuka*
144		赖草属	滨麦	*Leymus mollis*
145		珍珠菜属	虎尾草	*Lysimachia barystachys*
146		臭草属	臭草	*Melica scabrosa*
147			大臭草	*Melica turczaninowana*
148		莠竹属	柔枝莠竹	*Microstegium vimineum*
149		芒属	芒	*Miscanthus sinensis*
150		乱子草属	乱子草	*Muhlenbergi hugelii*
151		求米草属	求米草	*Oplismenus undulatifolius*
152		黍属	稷	*Panicum miliaceum*
153			细柄黍	*Panicum psilopodium*
154		雀稗属	双穗雀稗	*Paspalum paspaloides*
155			雀稗	*Paspalum thunbergii*
156			海雀稗	*Paspalum vaginatum*
157		狼尾草属	狼尾草	*Pennisetum alopecuroides*
158		虉草属	虉草	*Phalaris arundinacea*
159		芦苇属	芦苇	*Phragmites australis*
160		刚竹属	刚竹	*Phyllostachys sulphurea*
161		早熟禾属	早熟禾	*Poa annua*
162			华东早熟禾	*Poa faberi*
163		棒头草属	棒头草	*Polypogon fugax*
164			长芒棒头草	*Polypogon monspeliensis*
165		伪针茅属	瘦脊伪针茅	*Pseudoraphis spinescens*
166		碱茅属	碱茅	*Puccinellia distans*
167		鹅观草属	纤毛鹅观草	*Roegneria ciliaris*
168			竖立鹅观草	*Roegneria japonensis*
169			鹅观草	*Roegneria kamoji*
170			东瀛鹅观草	*Roegneria mayebarana*
171		囊颖草属	囊颖草	*Sacciolepis indica*

（续）

序号	科	属	种	
			中文名	拉丁名
172	禾本科	狗尾草属	狗尾草	*Setaria viridis*
173			金色狗尾草	*Setaria glauca*
174			谷子	*Setaria italica*
175			巨大狗尾草	*Setaria viridis*
176		高粱属	高粱	*Sorghum bicolor*
177		米草属	大米草	*Spartina anglica*
178		针茅属	长芒草	*Stipa bungeana*
179		菅属	黄背草	*Themeda japonica*
180		荻属	荻	*Triarrhena sacchariflora*
181		小麦属	普通小麦	*Triticum aestivum*
182		玉蜀黍属	玉米	*Zea mays*
183		菰属	菰	*Zizania latifolia*
184		结缕草属	结缕草	*Zoysia japonica*
185			中华结缕草	*Zoysia sinica*
186	黑三棱科	黑三棱属	黑三棱	*Sparganium stoloniferum*
187	胡桃科	胡桃属	核桃	*Juglans regia*
188		枫杨属	枫杨	*Pterocarya stenoptera*
189	胡颓子科	胡颓子属	大叶胡颓子	*Elaeagnus macrophylla*
190	葫芦科	盒子草属	盒子草	*Actinostemma tenerum*
191		黄瓜属	小马泡	*Cucumis bisexualis*
192			甜瓜	*Cucumis melo*
193		绞股蓝属	绞股蓝	*Gynostemma pentaphyllum*
194		赤瓟属	赤瓟	*Thladiantha dubia*
195	虎耳草科	落新妇属	落新妇	*Astilbe chinensis*
196		绣球属	绣球	*Hydrangea macrophylla*
197		扯根菜属	扯根菜	*Penthorum chinense*
198	花蔺科	花蔺属	花蔺	*Butomus umbellatus*
199	桦木科	鹅耳枥属	鹅耳枥	*Carpinus turczaninowii*
200	黄杨科	黄杨属	长叶黄杨	*Buxus megistophylla*
201			锦熟黄杨	*Buxus sempervirens*
202			小叶黄杨	*Buxus sinica*
203	蒺藜科	白刺属	白刺	*Nitraria tangutorum*
204		蒺藜属	蒺藜	*Tribulus terrester*
205	夹竹桃科	罗布麻属	罗布麻	*Apocynum venetum*
206		蔓长春花属	蔓长春花	*Vinca major*

（续）

序号	科	属	种	
			中文名	拉丁名
207	角果藻科	角果藻属	角果藻	*Zannichellia palustria*
208	金鱼藻科	金鱼藻属	金鱼藻	*Ceratophyllum demersum*
209			五刺金鱼藻	*Ceratophyllum oryzetorum*
210	堇菜科	堇菜属	茜堇菜	*Viola phalacrocarpa*
211			紫花地丁	*Viola philippica*
212			早开堇菜	*Viola prionantha*
213			堇菜	*Viola verecumda*
214	锦葵科	苘麻属	苘麻	*Abutilon theophrasti*
215		蜀葵属	蜀葵	*Alcea rosea*
216		棉属	陆地棉	*Gossypium hirsutum*
217		木槿属	大花秋葵	*Hibiscus grandiflorus*
218			木槿	*Hibiscus syriacus*
219			野西瓜苗	*Hibiscus trionum*
220	景天科	八宝属	八宝	*Hylotelephium erythrostictum*
221		费菜属	费菜	*Phedimus aizoon*
222		景天属	垂盆草	*Sedum sarmentosum*
223	桔梗科	沙参属	沙参	*Adenophora stricta*
224		半边莲属	半边莲	*Lobelia chinensis*
225			思茅狭叶山梗菜	*Lobelia colorata*
226	蔷薇科	梨属	杜梨	*Pyrus betulaefolia*
227			白梨	*Pyrus bretschneideri*
228		蔷薇属	月季	*Rosa chinensis*
229			蔷薇	*Rosa multiflora*
230			刺梨	*Rosa roxbunghii*
231			玫瑰	*Rosa rugosa*
232		悬钩子属	茅莓	*Rubus parvifolius*
233		地榆属	细叶地榆	*Sanguisorba tenuifolia*
234		绣线菊属	中华绣线菊	*Spiraea chinensis*
235		龙芽草属	龙芽草	*Agrimonia pilosa*
236		桃属	桃	*Amygdalus persica*
237		杏属	杏	*Armeniaca vulgaris*
238		樱属	山樱花	*Cerasus serrulata*
239			东京樱花	*Cerasus yedoensis*
240		蛇莓属	蛇莓	*Duchesnea indica*
241		苹果属	西府海棠	*Malus micromalus*

（续）

序号	科	属	种	
			中文名	拉丁名
242	蔷薇科	苹果属	苹果	*Malus pumila*
243		石楠属	红叶石楠	*Photinia* × *fraseri*
244		委陵菜属	委陵菜	*Potentilla chinensis*
245			蛇含委陵菜	*Potentilla kleiniana*
246			直立委陵菜	*Potentilla recta*
247			绢毛匍匐委陵菜	*Potentilla reptans* var. *sericophylla*
248			朝天委陵菜	*Potentilla supina*
249		李属	紫叶李	*Prunus cerasifera*
250	茄科	曼陀罗属	毛曼陀罗	*Datura innoxia*
251			曼陀罗	*Datura stramonium*
252		枸杞属	枸杞	*Lycium chinense*
253		酸浆属	酸浆	*Physalis alkekengi*
254			挂金灯	*Physalis alkekengi* var. *franchetii*
255		茄属	白英	*Solanum lyratum*
256			龙葵	*Solanum nigrum*
257			青杞	*Solanum septemlobum*
258	忍冬科	忍冬属	忍冬	*Lonicera japonica*
259			金银忍冬	*Lonicera maackii*
260		接骨木属	接骨草	*Sambucus chinensis*
261	三白草科	三白草属	三白草	*Saururus chinensis*
262	伞形科	柴胡属	红柴胡	*Bupleurum scorzonerifolium*
263		山茴香属	山茴香	*Carlesia sinensis*
264		蛇床属	蛇床	*Cnidium monnieri*
265		胡萝卜属	野胡萝卜	*Daucus carota*
266		藁本属	藁本	*Ligusticum sinense*
267		水芹属	水芹	*Oenanthe javanica*
268			中华水芹	*Oenanthe sinensis*
269		泽芹属	泽芹	*Sium suave*
270		窃衣属	小窃衣	*Torilis japonica*
271			窃衣	*Torilis scabra*
272	桑科	构属	构树	*Broussonetia papyrifera*
273		橙桑属	柘	*Maclura tricuspidata*
274		桑属	桑	*Morus alba*
275			蒙桑	*Morus mongolica*
276	莎草科	水蜈蚣属	水蜈蚣	*Kyllinga polyphylla*

（续）

序号	科	属	种	
			中文名	拉丁名
277	莎草科	水蜈蚣属	光鳞水蜈蚣	*Kyllinga brevifolia*
278		薹草属	青绿薹草	*Carex breviculmis*
279			二型鳞薹草	*Carex dimorpholepis*
280			白颖薹草	*Carex duriuscula*
281			异鳞薹草	*Carex heterolepis*
282			异穗薹草	*Carex heterostachya*
283			筛草	*Carex kobomugi*
284			乳突苔草	*Carex maximowiczii*
285			翼果薹草	*Carex neurocarpa*
286			矮生薹草	*Carex pumila*
287			白颖苔草	*Carex regescens*
288		莎草属	阿穆尔莎草	*Cyperus amuricus*
289			扁穗莎草	*Cyperus compressus*
290			异型莎草	*Cyperus difformis*
291			球穗莎草	*Cyperus globosus*
292			头状穗莎草	*Cyperus glomeratus*
293			碎米莎草	*Cyperus iria*
294			旋鳞莎草	*Cyperus michelianus*
295			具芒碎米莎草	*Cyperus microiria*
296			白鳞莎草	*Cyperus nipponicus*
297			纸莎草	*Cyperus papyrus*
298			香附子	*Cyperus rotundus*
299			褐穗莎草	*Cyperus fuscus*
300			山东白鳞莎草	*Cyperus shandongense*
301		荸荠属	刚毛荸荠	*Eleocharis valleculosa*
302			牛毛毡	*Eleocharis yokoscensis*
303			荸荠	*Heleocharis dulcis*
304			野荸荠	*Heleocharis plantagineiformis*
305		飘拂草属	扁鞘飘拂草	*Fimbristylis complanata*
306			两歧飘拂草	*Fimbristylis dichotoma*
307			烟台飘拂草	*Fimbristylis stauntonii*
308		水莎草属	水莎草	*Juncellus serotinus*
309		湖瓜草属	湖瓜草	*Lipocarpha microcephala*
310		扁莎属	球穗扁莎	*Pycreus globosus*
311			红鳞扁莎	*Pycreus sanguinolentus*

（续）

序号	科	属	种	
			中文名	拉丁名
312	莎草科	刺子莞属	华刺子莞	*Rhynchospora chinensis*
313		藨草属	萤蔺	*Scirpus juncoides*
314			华东藨草	*Scirpus karuizawensis*
315			扁秆藨草	*Scirpus planiculmis*
316			荣成藨草	*Scirpus rongchengensis*
317			球穗藨草	*Scirpus strobilinus*
318			水葱	*Scirpus tabernaemontani*
319			水毛花	*Scirpus triangulatus*
320			藨草	*Scirpus triqueter*
321			猪毛草	*Scirpus wallichii*
322			荆三棱	*Scirpus yagara*
323	商陆科	商陆属	商陆	*Phytolacca acinosa*
324	芍药科	芍药属	芍药	*Paeonia lactiflora*
325	十字花科	芸薹属	芥菜	*Brassica juncea*
326		荠属	荠菜	*Capsella bursa-pastoris*
327		碎米荠属	碎米荠	*Cardamine hirsuta*
328			弹裂碎米荠	*Cardamine impatiens*
329			水田碎米荠	*Cardamine lyrata*
330		播娘蒿属	播娘蒿	*Descurainia sophia*
331		花旗杆属	花旗杆	*Dontostemon dentatus*
332		糖芥属	糖芥	*Erysimum amurense*
333		菘蓝属	菘蓝	*Isatis indigotica*
334		独行菜属	独行菜	*Lepidium apetalum*
335			翼果独行菜	*Lepidium campestre*
336			北美独行菜	*Lepidium virginicum*
337		豆瓣菜属	豆瓣菜	*Nasturtium officinale*
338		蔊菜属	广东蔊菜	*Rorippa cantoniensis*
339			风花菜	*Rorippa globosa*
340			蔊菜	*Rorippa indica*
341			沼生焊菜	*Rorippa islandica*
342		旗杆芥属	旗杆芥	*Turritis glabra*
343	石榴科	石榴属	石榴	*Punica granatum*
344	石竹科	石竹属	石竹	*Dianthus chinensis*
345		石头花属	长蕊石头花	*Gypsophila oldhamiana*
346		牛繁缕属	鹅肠菜	*Malachium aquaticum*

（续）

序号	科	属	种	
			中文名	拉丁名
347	石竹科	蝇子草属	女娄菜	*Silene aprica*
348		繁缕属	繁缕	*Stellaria media*
349			雀舌草	*Stellaria uliginosa*
350	柿树科	柿属	柿树	*Diospyros kaki*
351			君迁子	*Diospyros lotus*
352	鼠李科	枣属	枣	*Ziziphus jujuba*
353			酸枣	*Ziziphus jujuba* var. *spinosa*
354	薯蓣科	薯蓣属	薯蓣	*Dioscorea opposita*
355	水鳖科	黑藻属	黑藻	*Hydrilla verticillata*
356		水鳖属	水鳖	*Hydrocharis dubia*
357		水车前属	水车前	*Ottelia alismoides*
358		苦草属	苦草	*Vallisneria natans*
359			刺苦草	*Vallisneria spinulosa*
360	睡菜科	荇菜属	水金莲花	*Nymphoides aurantiacum*
361			荇菜	*Nymphoides peltatum*
362	睡莲科	莼属	莼菜	*Brasenia schreberi*
363		芡属	芡实	*Euryale ferox*
364		莲属	莲	*Nelumbo nucifera*
365		萍蓬草属	萍蓬草	*Nuphar pumila*
366		睡莲属	睡莲	*Nymphaea tetragona*
367	天南星科	菖蒲属	菖蒲	*Acorus calamus*
368		半夏属	半夏	*Pinellia ternata*
369	卫矛科	南蛇藤属	南蛇藤	*Celastrus orbiculatus*
370		卫矛属	扶芳藤	*Euonymus fortunei*
371			白杜	*Euonymus maackii*
372	无患子科	栾树属	栾树	*Koelreuteria paniculata*
373	梧桐科	梧桐属	梧桐	*Firmiana platanifolia*
374	五加科	常春藤属	常春藤	*Hedera nepalensis* var. *sinensis*
375	苋科	牛膝属	牛膝	*Achyranthes bidentata*
376		莲子草属	喜旱莲子草	*Alternanthera philoxeroides*
377			莲子草	*Alternanthera sessilis*
378		苋属	凹头苋	*Amaranthus blitum*
379			绿穗苋	*Amaranthus hybridus*
380			合被苋	*Amaranthus polygonoides*
381			反枝苋	*Amaranthus retroflexus*

（续）

序号	科	属	种	
			中文名	拉丁名
382	苋科	苋属	腋花苋	*Amaranthus roxburghianus*
383			刺苋	*Amaranthus spinosus*
384			泰山苋	*Amaranthus taishanensis*
385			薄叶苋	*Amaranthus tenuifolius*
386			苋	*Amaranthus tricolor*
387			皱果苋	*Amaranthus viridis*
388		青葙属	青葙	*Celosia argentea*
389	香蒲科	香蒲属	长苞香蒲	*Typha angustata*
390			水烛	*Typha angustifolia*
391			宽叶香蒲	*Typha latifolia*
392			小香蒲	*Typha minima*
393			香蒲	*Typha orientalis*
394	小檗科	小檗属	红叶小檗	*Berberis thunbergii* cv. *atropurpurea*
395			日本小檗	*Berberis thunbergii*
396	小二仙草科	狐尾藻属	穗状狐尾藻	*Myriophyllum spicatum*
397			狐尾藻	*Myriophyllum verticillatum*
398	玄参科	金鱼草属	金鱼草	*Antirrhinum majus*
399		毛地黄属	毛地黄	*Digitalis purpurea*
400		通泉草属	通泉草	*Mazus japonicus*
401		泡桐属	毛泡桐	*Paulownia tomentosa*
402		元参属	钓钟柳	*Penstemon campanulatus*
403		地黄属	地黄	*Rehmannia glutinosa*
404		婆婆纳属	北水苦荬	*Veronica anagallis-aquatica*
405			穗花婆婆纳	*Veronica spicata*
406	悬铃木科	悬铃木属	二球悬铃木	*Platanus* ×*acerifolia*
407			一球悬铃木	*Platanus occidentalis*
408			三球悬铃木	*Platanus orientalis*
409	旋花科	打碗花属	打碗花	*Calystegia hederacea*
410			藤长苗	*Calystegia pellita*
411			肾叶打碗花	*Calystegia soldanella*
412		旋花属	田旋花	*Convolvulus arvensis*
413		菟丝子属	菟丝子	*Cuscuta chinensis*
414		牵牛属	牵牛	*Pharbitis nil*
415			圆叶牵牛	*Pharbitis purpurea*
416	鸭跖草科	鸭跖草属	饭包草	*Commelina bengalensis*

（续）

序号	科	属	种	
			中文名	拉丁名
417	鸭跖草科	鸭跖草属	鸭跖草	*Commelina communis*
418	眼子菜科	眼子菜属	菹草	*Potamogeton crispus*
419			眼子菜	*Potamogeton distinctus*
420			光叶眼子菜	*Potamogeton lucens*
421			微齿眼子菜	*Potamogeton maackianus*
422			篦齿眼子菜	*Potamogeton pectinatus*
423			小眼子菜	*Potamogeton pusillus*
424			竹叶眼子菜	*Potamogeton wrightii*
425		川蔓藻属	川蔓藻	*Ruppia maritima*
426	杨柳科	杨属	加拿大杨	*Populus* ×*canadensis*
427			黑杨	*Populus nigra*
428			杂交杨	*Populus* sp.
429			毛白杨	*Populus tomentosa*
430		柳属	金丝柳	*Salix alba*
431			垂柳	*Salix babylonica*
432			腺柳	*Salix chaenomeloides*
433			杞柳	*Salix integra*
434			竹柳	*Salix* sp.
435			簸箕柳	*Salix suchowensis*
436			旱柳	*Salix matsudana*
437	菊科	蒿属	黄花蒿	*Artemisia annua*
438			艾	*Artemisia argyi*
439			茵陈蒿	*Artemisia capillaries*
440			青蒿	*Artemisia earvifolia*
441			南牡蒿	*Artemisia eriopoda*
442			五月艾	*Artemisia indices*
443			野艾蒿	*Artemisia lavandulaefolia*
444			蒙古蒿	*Artemisia rnongolica*
445			红足蒿	*Artemisia rubripes*
446			白莲蒿	*Artemisia sacrorum*
447			猪毛蒿	*Artemisia scoparia*
448			蒌蒿	*Artemisia selengensis*
449			白蒿	*Artemisia sieuersiana*
450			阴地蒿	*Artemisia sylvatica*
451		紫菀属	三脉紫菀	*Aster ageratoides*

（续）

序号	科	属	种	
			中文名	拉丁名
452	菊科	紫菀属	钻叶紫菀	*Aster subulatus*
453		鬼针草属	婆婆针	*Bidens bipinnata*
454			金盏银盘	*Bidens biternata*
455			大狼巴草	*Bidens frondosa*
456			小花鬼针草	*Bidens parviflora*
457			狼把草	*Bidens tripartita*
458		飞廉属	丝毛飞廉	*Carduus crispus*
459		天名精属	天名精	*Carpesium abrotanoides*
460			烟管头草	*Carpesium cernuum*
461		石胡荽属	石胡荽	*Centipeda minima*
462		茼蒿属	小红菊	*Chrysanthemum chanetii*
463			野菊	*Chrysanthemum indicum*
464		菊苣属	栽培菊苣	*Cichorium endivia*
465		蓟属	蓟	*Cirsium japonicum*
466			刺儿菜	*Cirsium segetum*
467			大刺儿菜	*Cirsium setosum*
468		白酒草属	小蓬草	*Conyza canadensis*
469		金鸡菊属	大花金鸡菊	*Coreopsis grandiflora*
470		鳢肠属	鳢肠	*Eclipta prostrara*
471		飞蓬属	一年蓬	*Erigeron annuus*
472		泽兰属	林泽兰	*Eupatorium lindleyanum*
473		鼠麴草属	鼠麴草	*Gnaphalium affine*
474		向日葵属	向日葵	*Helianthus annuus*
475			菊芋	*Helianthus tuberosus*
476		泥胡菜属	泥胡菜	*Hemistepta lyrata*
477		狗娃花属	阿尔泰狗娃花	*Heteropappus altaicus*
478			狗娃花	*Heteropappus hispidus*
479		旋覆花属	欧亚旋覆花	*Inula britanica*
480			旋覆花	*Inula japonica*
481			线叶旋覆花	*Inula lineariifolia*
482		小苦荬属	中华小苦荬	*Ixeridium chinense*
483			抱茎小苦荬	*Ixeridium sonchifolia*
484		苦荬菜属	苦菜	*Ixeris chinensis*
485			秋苦荬菜	*Ixeris denticulata*
486			苦荬菜	*Ixeris polycephala*

（续）

序号	科	属	种	
			中文名	拉丁名
487	菊科	苦荬菜属	匍匐苦荬菜	*Ixeris repens*
488			抱茎苦荬菜	*Ixeris sonchifolia*
489		马兰属	马兰	*Kalimeris indica*
490			全叶马兰	*Kalimeris integrtifolia*
491		莴苣属	莴苣	*Lactuca sativa*
492			野莴苣	*Lactuca seriola*
493			蒙山莴苣	*Lactuca tatarica*
494		山莴苣属	山莴苣	*Lagedium sibiricum*
495		火绒草属	火绒草	*Leontopodium leontopodioides*
496		紫菀属	紫菀	*Michaelmas daisy*
497		乳苣属	乳苣	*Mulgedium tataricum*
498		黄瓜菜属	黄瓜菜	*Paraixeris denticulata*
499			羽裂黄瓜菜	*Paraixeris pinnatipartita*
500		毛连菜属	毛连菜	*Picris hieracioides*
501		翅果菊属	翅果菊	*Pterocypsela indica*
502			多裂翅果菊	*Pterocypsela laciniata*
503		金光菊属	黑心金光菊	*Rudbeckia hirta*
504			金光菊	*Rudbeckia laciniata*
505		风毛菊属	风毛菊	*Saussurea japonica*
506		鸦葱属	华北鸦葱	*Scorzonera albicaulis*
507			鸦葱	*Scorzonera austriaca*
508			蒙古鸦葱	*Scorzonera mongolica*
509			桃叶鸦葱	*Scorzonera sinensis*
510		豨莶属	豨莶	*Sigesbeckia orientalis*
511			腺梗豨莶	*Sigesbeckia pubescens*
512		苦苣菜属	苣荬菜	*Sonchus arvensis*
513			续断菊	*Sonchus asper*
514			长裂苦苣菜	*Sonchus brachyotus*
515			苦苣菜	*Sonchus oleraceus*
516		万寿菊属	万寿菊	*Tagetes erecta*
517		蒲公英属	蒲公英	*Taraxacum mongolicum*
518		碱菀属	碱菀	*Tripolium vulgare*
519		苍耳属	苍耳	*Xanthium sibiricum*
520		黄鹌菜属	黄鹌菜	*Youngia japonica*
521		百日菊属	百日菊	*Zinnia elegans*

（续）

序号	科	属	种	
			中文名	拉丁名
522	壳斗科	栗属	板栗	*Castanea mollissima*
523		栎属	麻栎	*Quercus acutissima*
524			槲树	*Quercus dentata*
525	苦木科	臭椿属	臭椿	*Ailanthus altissima*
526	狸藻科	狸藻属	黄花狸藻	*Utricularia aurea*
527			狸藻	*Utricularia vulgaris*
528	藜科	滨藜属	中亚滨藜	*Atriplex centralasiatica*
529			滨藜	*Atriplex patens*
530		藜属	藜	*Chenopodium album*
531			土荆芥	*Chenopodium ambrosioides*
532			灰绿藜	*Chenopodium glaucum*
533			小藜	*Chenopodium serotinum*
534		虫实属	毛果蝇虫实	*Corispermum tylocarpum*
535		地肤属	地肤	*Kochia scoparia*
536		盐角草属	盐角草	*Salicornia europaea*
537		猪毛菜属	猪毛菜	*Salsola collina*
538		猪毛菜属	无翅猪毛菜	*Salsola komarovii*
539		碱蓬属	碱蓬	*Suaeda glauca*
540			盐地碱蓬	*Suaeda salsa*
541	楝科	楝属	苦楝	*Melia azedarach*
542		香椿属	香椿	*Toona sinensis*
543	蓼科	荞麦属	苦荞麦	*Fagopyrum tataricum*
544		蓼属	两栖蓼	*Polygonum amphibium*
545			萹蓄	*Polygonum aviculare*
546			柳叶刺蓼	*Polygonum bungeanum*
547			虎杖	*Polygonum cuspidatum*
548			水蓼	*Polygonum hydropiper*
549			酸模叶蓼	*Polygonum lapathifolium*
550			棉毛酸膜叶蓼	*Polygonum lapathifolium* var. *salicifolium*
551			长鬃蓼	*Polygonum longisetum*
552			圆基长鬃蓼	*Polygonum longisetum* var. *rotundatum*
553			红蓼	*Polygonum orientale*
554			杠板归	*Polygonum perfoliatum*
555			春蓼	*Polygonum persicaria*
556			习见蓼	*Polygonum plebeium*

（续）

序号	科	属	种	
			中文名	拉丁名
557	蓼科	蓼属	丛枝蓼	*Polygonum posumbu*
558			伏毛蓼	*Polygonum pubescens*
559			刺蓼	*Polygonum senticosum*
560			西伯利亚蓼	*Polygonum sibiricum*
561			戟叶蓼	*Polygonum thunbergii*
562		酸模属	酸模	*Rumex acetosa*
563			皱叶酸模	*Rumex crispus*
564			齿果酸膜	*Rumex dentatus*
565			羊蹄	*Rumex japonicus*
566			巴天酸模	*Rumex patientia*
567			长刺酸模	*Rumex trisetifer*
568	菱科	菱属	乌菱	*Trapa bicornis*
569			菱	*Trapa bispinosa*
570			野菱	*Trapa incisa* var. *quadricaudata*
571			丘角菱	*Trapa japonica*
572			细果野菱	*Trapa maximowiezii*
573	柳叶菜科	柳叶菜属	柳叶菜	*Epilobium hirsutum*
574		山桃草属	小花山桃草	*Gaura parviflora*
575		丁香蓼属	丁香蓼	*Ludwigia prostrata*
576		月见草属	月见草	*Oenothera biennis*
577			黄花月见草	*Oenothera glazioviana*
578			粉花月见草	*Oenothera rosa*
579	萝藦科	鹅绒藤属	鹅绒藤	*Cynanchum chinense*
580			地梢瓜	*Cynanchum the-sioides*
581			隔山消	*Cynanchum wilfordii*
582		萝藦属	萝藦	*Metaplexis japonica*
583		杠柳属	杠柳	*Periploca sepium*
584	马鞭草科	大青属	臭牡丹	*Clerodendrum bungei*
585			海州常山	*Clerodendrum trichotomum*
586		马鞭草属	柳叶马鞭草	*Verbena bonariensis*
587		牡荆属	黄荆	*Vitex negundo*
588			牡荆	*Vitex negundo* var. *cannabifolia*
589			荆条	*Vitex negundo* var. *heterophylla*
590			单叶蔓荆	*Vitex trifolia* var. *simplicifolia*
591	马齿苋科	马齿苋属	马齿苋	*Portulaca oleracea*

（续）

序号	科	属	种	
			中文名	拉丁名
592	牻牛儿苗科	牻牛儿苗属	牻牛儿苗	*Erodium stephanianum*
593		老鹳草属	老鹳草	*Geranium wilfordii*
594	毛茛科	水毛茛属	水毛茛	*Batrachium bungei*
595		铁线莲属	长冬草	*Clematis hexapetala* var. *tchefouensis*
596			太行铁线莲	*Clematis kirilowii*
597		翠雀属	烟台翠雀花	*Delphinium chefoense*
598		碱毛茛属	水葫芦苗	*Halerpestes cymbalaria*
599		毛茛属	茴茴蒜	*Ranunculus chinensis*
600			毛茛	*Ranunculus japonicus*
601			石龙芮	*Ranunculus sceleratus*
602	美人蕉科	美人蕉属	美人蕉	*Canna indica*
603	木兰科	鹅掌楸属	马褂木	*Liriodendron chinense*
604		木兰属	玉兰	*Magnolia denudata*
605	木犀科	连翘属	连翘	*Forsythia suspensa*
606		梣属	白蜡树	*Fraxinus chinensis*
607	木犀科	梣属	绒毛梣	*Fraxinus velutina*
608		女贞属	金叶女贞	*Ligustrum* × *vicaryi*
609			女贞	*Ligustrum lucidum*
610			小叶女贞	*Ligustrum quihoui*
611	葡萄科	蛇葡萄属	光叶蛇葡萄	*Ampelopsis heterophylla*
612			葎叶蛇葡萄	*Ampelopsis humulifolia*
613		乌蔹莓属	乌蔹莓	*Cayratia japonica*
614		爬山虎属	五叶地锦	*Parthenocissus quinquefolia*
615		葡萄属	山葡萄	*Vitis amurensis*
616	七叶树科	七叶树属	七叶树	*Aesculus chinensis*
617	槭树科	槭属	红花槭	*Acer rubrum*
618			元宝槭	*Acer truncatum*
619	漆树科	黄栌属	黄栌	*Cotinus coggygria*
620		盐肤木属	火炬树	*Rhus typhina*
621	千屈菜科	紫薇属	紫薇	*Lagerstroemia indica*
622		千屈菜属	千屈菜	*Lythrum salicaria*
623	荨麻科	苎麻属	大叶苎麻	*Boehmeria japonica*
624	茜草科	拉拉藤属	猪殃殃	*Galium aparine*
625			蓬子菜	*Galium verum*
626		鸡矢藤属	鸡矢藤	*Paederia foetida*

（续）

序号	科	属	种	
			中文名	拉丁名
627	茜草科	茜草属	茜草	*Rubia cordifolia*
628	罂粟科	白屈菜属	白屈菜	*Chelidonium majus*
629		紫堇属	紫堇	*Corydalis edulis*
630			小花黄堇	*Corydalis racemosa*
631	榆科	朴属	朴树	*Celtis sinensis*
632		榆属	春榆	*Ulmus davidiana* var. *japonica*
633			榆树	*Ulmus pumila*
634	雨久花科	凤眼蓝属	凤眼莲	*Eichhornia crassipes*
635		雨久花属	雨久花	*Monochoria korsakowii*
636			鸭舌草	*Monochoria vaginalis*
637		梭鱼草属	梭鱼草	*Pontederia cordata*
638	鸢尾科	鸢尾属	黄菖蒲	*Iris pseudacorus*
639			鸢尾	*Iris tectorum*
640	云实科	决明属	豆茶决明	*Cassia nomame*
641			决明	*Cassia tora*
642		紫荆属	紫荆	*Cercis chinensis*
643		皂荚属	皂荚	*Gleditsia sinensis*
644	芸香科	花椒属	花椒	*Zanthoxylum bungeanum*
645	泽泻科	泽泻属	东方泽泻	*Alisma orientale*
646			泽泻	*Alisma plantago-aquatica*
647		泽薹草属	泽薹草	*Caldesia parnassifolia*
648		慈姑属	小慈姑	*Sagittaria potamogetifolia*
649			欧慈姑	*Sagittaria sagittifolia*
650			野慈姑	*Sagittaria trifolia*
651			慈姑	*Sagittaria trifolia* var. *sinensis*
652	竹芋科	再力花属	再力花	*Thalia dealbata*
653	紫草科	斑种草属	斑种草	*Bothriospermum chinense*
654			多苞斑种草	*Bothriospermum secundum*
655			柔弱斑种草	*Bothriospermum tenellam*
656		砂引草属	砂引草	*Messerschmidia sibirica*
657		附地菜属	附地菜	*Trigonotis peduncularis*
658	紫茉莉科	紫茉莉属	紫茉莉	*Mirabilis jalapa*
659	紫葳科	凌霄属	厚萼凌霄	*Campsis radicans*
660		梓属	楸树	*Catalpa bungei*

附录2 山东湿地调查区域动物名录

(一)鱼 类

序号	目	科	种		类型
			中文名	拉丁名	
1	灯笼鱼目	鲑科	虹鳟	*Salmo irideus*	淡水
2		鳗鲡科	鳗鲡	*Anguilla japonica*	淡水、海水
3	鲱形目	鲱科	青鳞鱼	*Harengula zunasi*	海水
4			沙丁鱼	*Squaliobarbus ourriculus*	海水
5		鳀科	鲚鱼	*Coilia mystus*	海水
6			刀鲚	*Coilia ectenes*	淡水
7			黄鲫	*Setipinna taty*	海水
8	鲑形目	银鱼科	太湖短吻银鱼	*Neosalanx tangkahdeii taihuensie*	淡水
9			大银鱼	*Protosalanx hyalocranius*	淡水
10	合鳃目	合鳃科	黄鳝	*Monopterus albus*	淡水
11	颌针鱼目	鱵科	九州鱵	*Hemiramphus kurumeus*	淡水
12			鱵	*Hemirhamphus kurumeus*	淡水、海水
13	鲤形目	鲤科	红鳍鲌	*Culter erythropterus*	淡水
14			红鲤	*Cyprinus flammans*	淡水
15			青梢红鲌	*Erythroculter dabryi*	淡水
16			翘嘴红鲌	*Erythroculter ilishaeformis*	淡水
17			蒙古红鲌	*Erythroculter mongolicus*	淡水
18			细纹颌须鮈	*Gnathopogon taeniellus*	淡水
19			油鳌鲦	*Hemiculter bleekeri*	淡水
20			鳌鲦	*Hemiculter leucisculus*	淡水
21			似鮈	*Pseudogobio vaillanti vaillanti*	淡水
22			彩石鳑鲏	*Rhodeus lighti*	淡水
23			高体鳑鲏	*Rhodeus ocellatus*	淡水
24			中华鳑鲏	*Rhodeus sinensis*	淡水
25			翘嘴鲌	*Culter alburnus*	淡水
26			鲫鱼	*Carassius auratus*	淡水
27			鲤	*Cyprinus carpio*	淡水
28	鲈形目	鲳科	鲳鱼	*Pampus sinensis*	海水
29			银鲳	*Stromateoides argenteus*	海水
30			燕尾鲳	*Stromateoides nozawae*	海水
31		弹涂鱼科	弹涂鱼	*Periophthalmus cantonensis*	淡水、海水

（续）

序号	目	科	种		类型
			中文名	拉丁名	
32	鲈形目	鳢科	黑鱼	*Channa argus*	淡水
33		丽鱼科	尼罗罗非鱼	*Tilapia nilotica*	海水
34		攀鲈科	圆尾斗鱼	*Macropodus chinensis*	淡水
35		鲭科	鲅鱼	*Scomberomorussinensis*	海水
36		石首鱼科	白姑鱼	*Argyrosomus argentatus*	海水
37			棘头梅童鱼	*Collichthys lucidus*	海水
38			黄姑鱼	*Nibea albifora*	海水
39			小黄鱼	*Larimichthys polyactis*	海水
40		塘鳢科	黄鲂	*Hypseleotris swinhonis*	淡水
41		乌鳢科	乌鳢	*Ophiocephalus argus*	淡水
42		鰕虎鱼科	黄鳍刺鰕虎鱼	*Acanthogobius flavimanus*	海水
43			波氏吻鰕虎鱼	*Rhinogobius cliffordpopei*	淡水
44			子陵吻鰕虎鱼	*Rhinogobius giurinus*	淡水、海水
45			李氏吻鰕虎鱼	*Rhinogobius leavelli*	淡水
46		鮨科	花鲈	*Lateolabrax japonicus*	海水
47			翘嘴鳜	*Siniperca chuatsi*	淡水
48	鳗鲡目	鳗科	欧洲鳗鲡	*Anguilla anguilla*	淡水、海水
49	鲶形目	鲿科	黄颡	*Pelteobagrus fulvidraco*	淡水
50		鮰科	斑点叉尾鮰	*Ietalurus punetaus*	淡水
51		鲶科	胡子鲶	*Clarias fuscus*	淡水
52			鲶	*Silurus asotus*	淡水
53		鮠科	黄颡鱼	*Pelteobagrus fulvidraco*	淡水
54			嘎牙鱼	*Pelteobagrus fulvidraco*	淡水
55	鲟形目	鲟科	俄罗斯鲟	*Acipenser gueldenstaedti*	淡水、海水
56	鲉形目	鲂鮄科	短鳍红娘鱼	*Lepidotrigla microptera*	海水
57	鲻形目	鲻科	梭鱼	*Liza haematocheila*	淡水、海水
58			鲻	*Mugil cepalus*	海水

（二）两栖类

序号	目	科	种		保护等级
			中文名	拉丁名	
1	无尾目	蟾蜍科	中华大蟾蜍	*Bufo gargarizans*	
2			花背蟾蜍	*Bufo raddei*	
3		姬蛙科	北方狭口蛙	*Kaloula borealis*	
4		铃蟾科	东方铃蟾	*Bombina orientalis*	省级
5		蛙科	中国林蛙	*Rana chensinensis*	省级

（续）

序号	目	科	种		保护等级
			中文名	拉丁名	
6	无尾目	蛙科	泽蛙	*Rana limnocharis*	
7			黑斑蛙	*Rana nigromaculatta*	省级
8			金线蛙	*Rana plancyi*	省级
9		雨蛙科	无斑雨蛙	*Hyla arborea*	

（三）爬行类

序号	目	科	种		保护等级
			中文名	拉丁名	
1	龟鳖目	鳖科	中华鳖	*Pelodiscus sinensis*	
2		龟科	乌龟	*Chinemys reevesii*	省级
3	蛇目	蝰科	黑眉蝮蛇	*Agkistrodon saxatilis*	省级
4		游蛇科	黄脊游蛇	*Coluber spinalis*	
5			赤链蛇	*Dinodon rufozonatum*	
6			双斑锦蛇	*Elaphe bimaculata*	
7			团花锦蛇	*Elaphe davidi*	
8			白条锦蛇	*Elaphe dione*	
9			红点锦蛇	*Elaphe rufodorsata*	
10			棕黑锦蛇	*Elaphe schrenckii*	
11			黑眉锦蛇	*Elaphe taeniura*	
12			虎斑游蛇	*Rhobdophis tigrina*	
13	蜥蜴目	壁虎科	中国壁虎	*Gekko chinensis*	省级
14		石龙子科	黄纹石龙子	*Eumeces xaethi*	
15		蜥蜴科	丽斑麻蜥	*Eremias argus*	
16			山地麻蜥	*Eremias brenchleyi*	
17			北草蜥	*Takydromus septentrionalis*	省级

（四）鸟　类

序号	目	科	种		保护等级	居留型
			中文名	拉丁名		
1	䴙䴘目	䴙䴘科	凤头䴙䴘	*Podiceps cristatus*	省级	夏候
2			小䴙䴘	*Tachybaptus ruficollis*		留
3	鹈形目	军舰鸟科	白斑军舰鸟	*Fregata ariel*		夏候
4		鸬鹚科	普通鸬鹚	*Phalacrocorax carbo*	省级	旅
5			海鸬鹚	*Phalacrocorax pelagicus*	国家Ⅱ级	旅
6			红脸鸬鹚	*Phalacrocorax urile*		留
7			鸳鸯	*Aix galericulata*	国家Ⅱ级	旅
8			绿翅鸭	*Anas crecca*		冬候
9			罗纹鸭	*Anas falcata*		冬候

（续）

序号	目	科	种 中文名	种 拉丁名	保护等级	居留型
10	鹈形目	鸬鹚科	花脸鸭	*Anas formosa*		旅
11			赤颈鸭	*Anas penelope*		旅
12			绿头鸭	*Anas platyrhynchos*		留
13			斑嘴鸭	*Anas poecilorhyncha*		留
14			白眉鸭	*Anas querquedula*		旅
15	雁形目	鸭科	灰雁	*Anser anser*	省级	冬候
16			鸿雁	*Anser cygnoides*		旅
17			豆雁	*Anser fabalis*		冬候
18			青头潜鸭	*Aythya baeri*		旅
19			红头潜鸭	*Aythya ferina*		旅
20			白眼潜鸭	*Aythya nyroca*		旅
21			鹊鸭	*Bucephala clangula*		旅
22			大天鹅	*Cygnus cygnus*	国家Ⅱ级	冬候
23			疣鼻天鹅	*Cygnus olor*	国家Ⅱ级	冬候
24			普通秋沙鸭	*Mergus merganser*	省级	冬候
25			赤麻鸭	*Tadorna ferruginca*		冬候
26			翘鼻麻鸭	*Tadorna tadorna*		旅
27	鸥形目	海雀科	扁嘴海雀	*Synthiboramphus antiquus*	省级	夏候
28		鸥科	须浮鸥	*Chlidonias hybrida*		夏候
29			白翅浮鸥	*Chlidonias leucoptera*		夏候
30			黑浮鸥	*Chlidonias niger*	国家Ⅱ级	夏候
31			鸥嘴噪鸥	*Gelochelidon nilotica*	省级	夏候
32			红嘴巨燕鸥	*Hydroprogne caspia*	省级	旅
33			银鸥	*Larus argentatus*		夏候
34			棕头鸥	*Larus brunnicephalus*		旅
35			海鸥	*Larus canus*		冬候
36			黑尾鸥	*Larus crassirostris*		冬候
37			红嘴鸥	*Larus ridibundus*		旅
38			黑嘴鸥	*Larus saundersi*		夏候
39			灰背鸥	*Larus schistisagus*		冬候
40			白鸥	*Pagophila eburnea*		冬候
41			白额燕鸥	*Sterna albifrons*		夏候
42			渔鸥	*Larus ichthyaetus*		旅
43			普通燕鸥	*Sterna hirundo*		夏候
44		贼鸥科	长尾贼鸥	*Stercorarius longicaudus*		旅

（续）

序号	目	科	种		保护等级	居留型
			中文名	拉丁名		
45	鹳形目	鹳科	东方白鹳	*Ciconia boyciana*		夏候
46			白鹳	*Ciconia ciconia*	国家Ⅰ级	夏候
47			黑鹳	*Ciconia nigra*	国家Ⅰ级	旅
48		鹮科	白琵鹭	*Platalea leucorodia*	国家Ⅱ级	旅
49			黑脸琵鹭	*Platalea minor*	国家Ⅱ级	旅
50		鹭科	苍鹭	*Ardea cinerea*	省级	留
51			草鹭	*Ardea purpurea*	省级	夏候
52			池鹭	*Ardeola bacchus*		夏候
53			大麻鳽	*Botaurus stellaris*		留
54			牛背鹭	*Bubulcus ibis*	省级	夏候
55			绿鹭	*Butorides striatus*	省级	夏候
56			大白鹭	*Egretta alba*	省级	旅
57			黄嘴白鹭	*Egretta eulophotes*	国家Ⅱ级	夏候
58			白鹭	*Egretta garzetta*	省级	夏候
59			中白鹭	*Egretta intermedia*	省级	夏候
60			栗苇鳽	*Ixobrychus cinnamomeus*	省级	夏候
61			紫背苇鳽	*Ixobrychus eurhythmus*		夏候
62			小苇鳽	*Ixobrychus minutus*	国家Ⅱ级	夏候
63			黄苇鳽	*Ixobrychus sinensis*		夏候
64			夜鹭	*Nycticorax nycticorax*		夏候
65	鹤形目	鹤科	蓑羽鹤	*Anthropoides virgo*	国家Ⅱ级	冬候
66			灰鹤	*Grus grus*	国家Ⅱ级	冬候
67			丹顶鹤	*Grus japonensis*	国家Ⅰ级	旅
68			白鹤	*Grus leucogeranus*	国家Ⅰ级	旅
69			白头鹤	*Grus monacha*	国家Ⅰ级	旅
70			白枕鹤	*Grus vipio*	国家Ⅱ级	旅
71		秧鸡科	白骨顶	*Fulica atra*		留
72			黑水鸡	*Gallinula chloropus*	省级	夏候
73			红胸田鸡	*Porzana fusca*		夏候
74			斑胁田鸡	*Porzana paykullii*	省级	旅
75			斑胸田鸡	*Porzana porzana*		旅
76			白喉斑秧鸡	*Rallina eurizonoides*		留
77			普通秧鸡	*Rallus aquaticus*	省级	冬候
78	鸻形目	彩鹬科	彩鹬	*Rostratula benghalensis*	省级	旅
79		反嘴鹬科	黑翅长脚鹬	*Himantopus himantopus*		夏候
80			反嘴鹬	*Recurvirostra avosetta*	省级	夏候

（续）

序号	目	科	种		保护等级	居留型
			中文名	拉丁名		
81	鸻形目	鸻科	环颈鸻	*Charadrius alexandrinus*		夏候
82			金眶鸻	*Charadrius dubius*		夏候
83			铁嘴沙鸻	*Charadrius leschenaultii*		旅
84			蒙古沙鸻	*Charadrius mongolus*		旅
85			长嘴剑鸻	*Charadrius placidus*		旅
86			灰斑鸻	*Pluvialis squatarola*		旅
87			灰头麦鸡	*Vanellus cinereus*		旅
88			凤头麦鸡	*Vanellus vanellus*		旅
89		蛎鹬科	蛎鹬	*Haematopus ostralegus*	省级	夏候
90		燕鸻科	普通燕鸻	*Glareola maldivarum*		夏候
91		鹬科	尖尾滨鹬	*Calidris acuminata*		旅
92			黑腹滨鹬	*Calidris alpina*		旅
93			红腹滨鹬	*Calidris canutus*		旅
94			弯嘴滨鹬	*Calidris ferruginea*		旅
95			红胸滨鹬	*Calidris ruficollis*	省级	旅
96			斑胸滨鹬	*Calidris melanotos*		旅
97			小滨鹬	*Calidris minuta*		旅
98			大滨鹬	*Calidris tenuirostris*		旅
99			大沙锥	*Gallinago megala*		旅
100			林沙锥	*Gallinago nemoricola*		旅
101			扇尾沙锥	*Gallinago gallinago*		旅
102			黑尾塍鹬	*Limosa limosa*		旅
103			姬鹬	*Lymnocryptes minimus*		旅
104			白腰杓鹬	*Numenius arquata*	省级	旅
105			红腰杓鹬	*Numenius madagascariensis*		旅
106			丘鹬	*Scolopax rusticola*		旅
107			鹤鹬	*Tringa erythropus*		旅
108			林鹬	*Tringa glareola*		旅
109			小青脚鹬	*Tringa guttifer*	国家Ⅱ级	旅
110			矶鹬	*Tringa hypoleucos*		旅
111			灰鹬	*Tringa incana*		旅
112			青脚鹬	*Tringa nebularia*		旅
113			白腰草鹬	*Tringa ochropus*		旅
114			泽鹬	*Tringa stagnatilis*		旅

（续）

序号	目	科	种		保护等级	居留型
			中文名	拉丁名		
115	鸻形目	鹬科	红脚鹬	*Tringa totanus*		旅
116			小杓鹬	*Numenius minutus*	国家Ⅱ级	旅
117			流苏鹬	*Philomachus pugnax*		旅
118			中杓鹬	*Numenius phaeopus*		旅
119			翘嘴鹬	*Xenus cinereus*		旅
120		雉鸻科	水雉	*Hydrophasianus chirurgus*	省级	夏候
121	隼形目	隼科	猎隼	*Falco cherrug*	国家Ⅱ级	旅
122			游隼	*Falco peregrinus*	国家Ⅱ级	旅
123			燕隼	*Falco subbuteo*	国家Ⅱ级	旅
124			红隼	*Falco tinnunculus*	国家Ⅱ级	留
125		鹰科	雀鹰	*Accipiter nisus*	国家Ⅱ级	旅
126			白尾鹞	*Circus cyaneus*	国家Ⅱ级	留
127			黑翅鸢	*Elanus caeruleus*	国家Ⅱ级	留
128			黑耳鸢	*Milvus lineatus*	国家Ⅱ级	留
129			鹗	*Pandion haliatus*	国家Ⅱ级	旅
130			鹊鹞	*Pied Harrier*	国家Ⅱ级	留
131	䴕形目	啄木鸟科	斑啄木鸟	*Dendrocopos major*		留
132			星头啄木鸟	*Picoides canicapillus*	省级	留
133			大斑啄木鸟	*Picoides major*		留
134			灰头啄木鸟	*Picus canus*		留
135	佛法僧目	翠鸟科	普通翠鸟	*Alcedo atthis*		留
136			冠鱼狗	*Ceryle lugubrus*	省级	旅
137		戴胜科	戴胜	*Upupa epops*		留
138		佛法僧科	三宝鸟	*Eurystomus orientalis*	省级	旅
139	鹃形目	杜鹃科	大杜鹃	*Cuculus canorus*		夏候
140			八声杜鹃	*Cuculus merulinus*		夏候
141			四声杜鹃	*Cuculus micropterus*	省级	夏候
142			中杜鹃	*Cuculus saturatus*		夏候
143	夜鹰目	夜鹰科	普通夜鹰	*Caprimulgus indicus*	省级	夏候
144	雨燕目	雨燕科	白腰雨燕	*Apus pacificus*		旅
145			黑雨燕	*Cypseloides niger*		旅
146			白腰针尾雨燕	*Zoonavena sylvatica*		旅
147	鸽形目	鸠鸽科	珠颈斑鸠	*Streptopelia chinensis*		留
148			灰斑鸠	*Streptopelia decaocto*	省级	旅
149			火斑鸠	*Oenopopelia tranquebarica*		旅
150			欧斑鸠	*Streptopelia turtur*		旅
151			山斑鸠	*Streptopelia orientalis*		旅

（续）

序号	目	科	种		保护等级	居留型
			中文名	拉丁名		
152	鸡形目	雉科	鹌鹑	*Coturnix coturnix*		留
153			鹧鸪	*Francolinus pintadeanus*		留
154			雉鸡	*Phasianus colchicus*	省级	留
155	雀形目	百灵科	云雀	*Alauda arvensis*		冬候
156		鹎科	白头鹎	*Pycnonotus sinensis*		留
157		伯劳科	红尾伯劳	*Lanius cristatus*		夏候
158			棕背伯劳	*Lanius schach*		留
159		鸫科	乌鸫	*Eurasian Thrush*		冬候
160			虎斑地鸫	*Zoothera dauma*		旅
161		黄鹂科	黑枕黄鹂	*Oriolus chinensis*	省级	夏候
162		鹡鸰科	红喉鹨	*Anthus cervinus*		旅
163			白鹡鸰	*Motacilla alba*		留
164			灰鹡鸰	*Motacilla cinerea*		旅
165			黄鹡鸰	*Motacilla flava*		旅
166		卷尾科	黑卷尾	*Dicrurus macrocercus*		夏候
167		椋鸟科	八哥	*Acridotheres cristatellus*		旅
168			灰椋鸟	*Sturnus cineraceus*		留
169			丝光椋鸟	*Sturns sericeus*		旅
170		燕雀科	金翅雀	*Carduelis sinica*		留
171			黄雀	*Carduelis spinus*	省级	旅
172			黑尾蜡嘴雀	*Eophona migratoria*		冬候
173			燕雀	*Fringilla montifringilla*		留
174		山椒鸟科	灰山椒鸟	*Pericrocotus divaricatus*		旅
175		山雀科	中华攀雀	*Aegithalus consobrinus*		留
176			沼泽山雀	*Poecile palustris*		留
177			大山雀	*Parus major*		留
178		雀科	树麻雀	*Passer montanus*		留
179			山麻雀	*Passer rutilans*		旅
180		莺科	黄尾莺	*Acanthiza chrysorrhoa*		留
181			稻田苇莺	*Acrocephalus agricola*		旅
182			大苇莺	*Acrocephalus arundinaceus*		旅
183			黑眉苇莺	*Acrocephalus bistrigiceps*		旅
184			棕扇尾莺	*Cisticola juncidis*		夏候
185			短翅树莺	*Gettia diphone*		旅
186			红点颏	*Luscinia calliope*	省级	夏候

（续）

序号	目	科	种		保护等级	居留型
			中文名	拉丁名		
187	雀形目	莺科	震旦鸦雀	*Paradoxornis heudei*		留
188			黄眉柳莺	*Phylloscopus inornatus*		旅
189			黄腰柳莺	*Phylloscopus proregulus*		旅
190			巨嘴柳莺	*Phylloscopus schwarzi*		旅
191		鹀科	三道眉草鹀	*Emberiza cioides*		留
192			黄喉鹀	*Emberiza elegans*		冬候
193			芦鹀	*Emberiza schoeniclus*		旅
194			灰头鹀	*Emberiza spodocephala*		旅
195			白眉鹀	*Emberiza tristrami*		旅
196		鸦科	乌鸦	*Corvus corax*		旅
197			大嘴乌鸦	*Corvus macrorhynchos*		旅
198			灰喜鹊	*Cyanopica cyanus*		留
199			喜鹊	*Pica pica*		留
200		燕科	金腰燕	*Hirundo daurica*		夏候
201			家燕	*Hirundo rustica*		夏候
202			楼燕	*Apus apus*		夏候

（五）哺乳类

序号	目	科	种		保护等级
			中文名	拉丁名	
1	食虫目	鼩鼱科	鼩鼱	*Sorex araneus*	
2			臭鼩	*Suncus murinus*	
3		猬科	刺猬	*Erinaceus*	
4		鼹科	麝鼹	*Scaptochirus moschatus*	省级
5	啮齿目	仓鼠科	黑线仓鼠	*Cricetulus barabensis*	
6			大仓鼠	*Cricetulus triton*	
7			东方田鼠	*Microtus fortis*	
8			东北鼢鼠	*Myospalax psilurus*	
9		鼠科	黑线姬鼠	*Apodemus agrarius*	
10			大林姬鼠	*Apodemus peninsulae*	
11			小家鼠	*Mus musculus*	
12			褐家鼠	*Rattus norvegicus*	
13	兔形目	兔科	草兔	*Lepus capensis*	
14	翼手目	蝙蝠科	家蝠	*Pipistrellus abramus*	
15			大耳蝠	*Plecotus auritus*	
16			东方蝙蝠	*Vespertilio superans*	

（续）

序号	目	科	种		保护等级
			中文名	拉丁名	
17	食肉目	猫科	豹猫	*Felis bengalensis*	省级
18		犬科	赤狐	*Vulpes vulpes*	省级
19		鼬科	猪獾	*Arctonyx collaris*	省级
20			水獭	*Lutra lutra*	
21			狗獾	*Meles meles*	省级
22			艾鼬	*Mustela eversmanni*	省级
23			黄鼬	*Mustela sibirica*	省级

附录3　山东重点调查湿地概况

1　国家重要湿地

1.1　南四湖区湿地

南四湖区湿地包括南四湖自然保护区和微山湖国家湿地公园。

1.1.1　南四湖自然保护区重点调查湿地

南四湖自然保护区重点调查湿地范围面积14.68万公顷，湿地面积为11.83万公顷，主要湿地类型为人工湿地(水产养殖场、库塘、运河/输水河)、湖泊湿地(永久性淡水湖)、河流湿地(永久性河流)和沼泽湿地(草本沼泽)。地理坐标为东经116°34′~117°24′，北纬34°27′~35°20′；位于微山县、任城区、鱼台县内。

湿地高等植物69科151属206种。国家重点保护野生植物4种，其中国家Ⅰ级保护野生植物2种，国家Ⅱ级保护野生植物2种。

湿地植被划分为5个植被型组，10个植被型，165个群系。

脊椎动物31目45科117种。其中，鱼类8目14科20种，两栖类1目3科5种，爬行类2目2科3种，鸟类14目20科81种，哺乳类6目6科8种。

国家重点保护野生动物5种。其中，国家Ⅰ级保护动物3种，国家Ⅱ级保护动物2种。在国家重点保护野生动物中，湿地鸟类1种，其中国家Ⅱ级保护鸟类1种。

于2003年建立省级自然保护区，受济宁市南四湖自然保护区管理局管理，成立了济宁市南四湖自然保护区管理委员会。

主要受到围垦、泥沙淤积、污染、过度捕捞和采集、外来物种入侵等威胁。

1.1.2　微山湖国家湿地公园重点调查湿地

微山湖国家湿地公园重点调查湿地范围面积0.18万公顷，湿地面积为0.06万公顷，主要湿地类型为人工湿地(水产养殖场)、河流湿地(永久性河流)。地理坐标为东经117°7′44″~117°10′09″，北纬34°43′32″~34°46′53″；位于微山县内。

湿地高等植物40科94属116种。国家重点保护野生植物2种，其中国家Ⅰ级保护野生植物2种。

湿地植被划分为5个植被型组，8个植被型，59个群系。

脊椎动物19目36科63种。其中，鱼类8目14科22种，两栖类1目3科5种，爬行类1目1科1种，鸟类9目18科35种。

国家重点保护野生动物1种。其中，国家Ⅱ级保护动物1种。

于2011年建立国家湿地公园，受微山县林业局管理，成立了鸟类观测站、水质监测站、湿地研究中心。

主要受到基础设施建设、泥沙淤积、外来物种入侵等威胁。

1.2 北五湖湿地

北五湖湿地包括东平湖自然保护区和梁山水泊省级湿地公园。

1.2.1 东平湖自然保护区重点调查湿地

东平湖自然保护区重点调查湿地范围面积2.63万公顷，湿地面积为1.91万公顷，主要湿地类型为沼泽湿地(草本沼泽)，人工湿地(水产养殖场、库塘)，湖泊湿地(永久性淡水湖)和河流湿地(永久性河流)。地理坐标为东经116°07′26″~116°23′14″，北纬35°54′44″~36°07′24″；位于东平县内。

湿地高等植物31科50属60种。

湿地植被划分为3个植被型组，6个植被型，23个群系。

脊椎动物17目25科33种。其中，鱼类2目4科7种，两栖类1目1科1种，爬行类1目2科2种，鸟类9目14科18种，哺乳类4目4科5种。

国家重点保护野生动物2种。其中，国家Ⅱ级保护动物2种。

于2002年建立了市级自然保护区，受东平林业局管理。

主要受到过度捕捞和采集的威胁。

1.2.2 梁山水泊省级湿地公园重点调查湿地

梁山水泊省级湿地公园重点调查湿地范围面积0.11万公顷，湿地面积为0.02万公顷，主要湿地类型为人工湿地(库塘、运河/输水河)，沼泽湿地(草本沼泽)。地理坐标为东经115°58′02″~116°58′47″，北纬35°46′27″~35°48′41″；位于梁山县内。

湿地高等植物24科43属52种。

湿地植被划分为3个植被型组，7个植被型，24个群系。

脊椎动物20目28科58种。其中，鱼类5目7科18种，两栖类1目2科5种，爬行类3目3科4种，鸟类7目11科25种，哺乳类4目5科6种。

国家重点保护野生动物3种。其中，国家Ⅱ级保护动物3种。

于2009年建立省级湿地公园，受梁山县林业局管理。

主要受到围垦和泥沙淤积、过度捕捞等威胁。

1.3 荣成湿地

荣成湿地包括荣成大天鹅自然保护区和桑沟湾国家城市湿地公园。

1.3.1 荣成大天鹅湖自然保护区重点调查湿地

荣成大天鹅湖自然保护区重点调查湿地范围面积0.13万公顷，湿地面积为0.08万公顷，主要湿地类型为近海与海岸湿地(海岸性咸水湖)。地理坐标为东经122°23′~122°35′，北纬36°58′~37°25′；位于荣成市内。

湿地高等植物11科18属18种。

湿地植被划分为2个植被型组，3个植被型，6个群系。

脊椎动物20目29科51种。其中，鱼类3目5科8种，两栖类1目3科8种，爬行类3目2

科6种，鸟类10目16科25种，哺乳类3目3科4种。

国家重点保护野生动物5种。其中，国家Ⅱ级保护动物5种。在国家重点保护野生动物中，湿地鸟类3种，其中国家Ⅱ级保护鸟类3种。

于2007年成立国家级自然保护区，受荣成大天鹅自然保护区管理处管理。

湿地保护状况良好，湿地受威胁状况为安全。

1.3.2 桑沟湾国家城市湿地公园重点调查湿地

桑沟湾国家城市湿地公园重点调查湿地范围面积0.14万公顷，湿地面积为0.08万公顷，主要湿地类型为人工湿地(库塘、水产养殖场)，河流湿地(永久性河流)，沼泽湿地(草本沼泽)。地理坐标为东经122°25′57″~122°27′20″，北纬37°06′09″~37°07′58″；位于荣成市内。

湿地高等植物8科12属12种。

湿地植被划分为2个植被型组，2个植被型，3个群系。

脊椎动物8目9科15种。其中，鱼类2目3科7种，两栖类1目1科2种，爬行类2目2科2种，鸟类2目2科3种，哺乳类1目1科1种。

国家重点保护野生动物2种。其中，国家Ⅱ级保护动物2种。

于2004年建立国家城市湿地公园，受荣成市园林局管理。

湿地保护状况良好，湿地受威胁状况为安全。

1.4 黄河三角洲和莱州湾湿地

黄河三角洲和莱州湾湿地包括黄河三角洲国家级自然保护区、莱州湾自然保护区和昌邑柽柳林省级湿地公园。

1.4.1 黄河三角洲国家级自然保护区重点调查湿地

黄河三角洲国家级自然保护区重点调查湿地范围面积15.22万公顷，湿地面积为11.17万公顷，主要湿地类型为近海与海岸湿地(浅海水域、淤泥质海滩、三角洲/沙洲/沙岛)，河流湿地(永久性河流)，沼泽湿地(潮间盐水沼泽、草本沼泽、灌丛沼泽)和人工湿地(库塘、运河/输水河、水产养殖场、盐田)。地理坐标为东经118°33′~119°20′，北纬37°35′~38°12′；位于利津县和河口区内。

湿地高等植物19科40属44种。国家重点保护野生植物1种，国家Ⅱ级保护野生植物1种。

湿地植被划分为4个植被型组，8个植被型，24个群系。

脊椎动物15目19科67种。其中，鱼类4目7科15种，两栖类1目2科2种，爬行类1目1科2种，鸟类4目5科40种，哺乳类5目4科8种。

国家重点保护野生动物18种。其中，国家Ⅰ级保护野生动物4种，国家Ⅱ级保护动物14种。在国家重点保护野生动物中，湿地鸟类15种，其中国家Ⅰ级保护鸟类4种，国家Ⅱ级保护鸟类11种。

于2003年建立国家级自然保护区，受山东黄河三角洲国家级自然保护区管理局管理。

主要受到围垦和极端自然灾害威胁。

1.4.2 莱州湾自然保护区重点调查湿地

莱州湾自然保护区重点调查湿地范围面积0.93万公顷，湿地面积为0.92万公顷，主要湿地类型为人工湿地(水产养殖场、盐田)。地理坐标为东经119°47′33″~119°56′33″，北纬37°10′38″~37°23′11″；位于莱州市内。

湿地高等植物21科38属42种。

湿地植被划分为2个植被型组，4个植被型，17个群系。

鸟类3目4科4种。

于2005年建立市级自然保护区，受莱阳市林业局管理。

主要受到生产生活污水及耕地农药化肥的使用和围垦的威胁。

1.4.3 昌邑柽柳林省级湿地公园重点调查湿地

昌邑柽柳林省级湿地公园重点调查湿地范围面积2.24万公顷，湿地面积为1.87万公顷，主要湿地类型为人工湿地(盐田)、沼泽湿地(灌丛沼泽)和近海与海岸湿地(淤泥质海滩、河口水域)。地理坐标为东经119°15′58″~119°24′54″，北纬37°01′57″~37°08′33″；位于昌邑市内。

湿地高等植物7科18属21种。

湿地植被划分为2个植被型组，3个植被型，11个群系。

脊椎动物14目20科27种。其中，鱼类4目6科7种，两栖类1目3科6种，爬行类3目3科5种，鸟类5目8科8种，哺乳类1目1科1种。

国家重点保护野生动物1种。其中，国家Ⅱ级保护动物1种。

受昌邑市海洋渔业局管理。

湿地保护状况良好，湿地受威胁状况为安全。

1.5 庙岛群岛湿地重点调查湿地

庙岛群岛湿地重点调查湿地范围面积1.81万公顷，湿地面积为1.28万公顷，主要湿地类型为近海与海岸湿地(浅海水域，淤泥质海滩，沙石海滩)。地理坐标为东经120°35′28″~120°56′36″，北纬37°53′30″~38°23′58″；位于长岛县内。

湿地高等植物24科51属57种。国家重点保护野生植物1种，其中国家Ⅰ级保护野生植物1种。

湿地植被划分为4个植被型组，6个植被型，34个群系。

鸟类13种。

国家重点保护野生动物6种。其中，国家Ⅰ级保护野生动物3种，国家Ⅱ级保护动物3种。在国家重点保护野生动物中，湿地鸟类6种，其中国家Ⅰ级保护鸟类3种，国家Ⅱ级保护鸟类3种。

于1988年建立国家级自然保护区，受长岛林业局管理。

主要受到过度捕捞威胁。

1.6 黄垒河和乳山河河口重点调查湿地

黄垒河和乳山河河口重点调查湿地范围面积0.41万公顷，湿地面积为0.26万公顷，主要湿地类型为人工湿地(水产养殖场)、河流湿地(永久性河流)、近海与海岸湿地(浅海水域)。地理坐标为东经121°26′09″~121°52′09″，北纬36°47′40″~36°55′47″；位于乳山市和文登市内。

湿地高等植物12科28属32种。国家重点保护野生植物1种，国家Ⅱ级保护野生植物1种。

湿地植被划分为2个植被型组，2个植被型，5个群系。

脊椎动物12目14科18种。其中，鱼类2目2科2种，两栖类1目2科2种，爬行类2目2科4种，鸟类3目4科6种，哺乳类4目4科4种。

国家重点保护野生动物2种。其中，国家Ⅱ级保护动物2种。

受乳山市林业局管理。

湿地保护状况良好，湿地受威胁状况为安全。

1.7　大沽夹河河口和胶州湾湿地

大沽夹河河口和胶州湾湿地包括大沽夹河自然保护区和青岛胶州湾湿地自然保护区。

1.7.1　大沽夹河自然保护区重点调查湿地

大沽夹河自然保护区重点调查湿地范围面积0.39万公顷，湿地面积为0.14万公顷，主要湿地类型为河流湿地（永久性河流）、人工湿地（库塘）。地理坐标为东经121°06′40″~121°20′15″，北纬37°08′32″~37°31′36″；位于海阳市、牟平区、栖霞市、莱山区、芝罘区、福山区内。

湿地高等植物36科64属76种。国家重点保护野生植物2种，其中国家Ⅰ级保护野生植物2种。

湿地植被划分为4个植被型组，8个植被型，40个群系。

脊椎动物16目26科62种。其中，鱼类2目3科9种，两栖类1目2科2种，爬行类3目3科5种，鸟类10目13科40种，哺乳类5目5科6种。

国家重点保护野生动物7种。其中，国家Ⅱ级保护动物7种。在国家重点保护野生动物中，湿地鸟类4种，其中国家Ⅱ级保护鸟类4种。

于2005年建立市级自然保护区，受烟台市林业局管理，成立了大沽夹河自然保护区管理处。

湿地保护状况良好，湿地受威胁状况为安全。

1.7.2　青岛胶州湾湿地自然保护区重点调查湿地

青岛胶州湾湿地自然保护区重点调查湿地范围面积3.98万公顷，湿地面积为3.19万公顷，主要湿地类型为近海与海岸湿地（淤泥质海滩、浅海水域、河口水域）、河流湿地（永久性河流）、人工湿地（水产养殖场、库塘）。地理坐标为东经120°03′36″~120°21′06″，北纬36°05′41″~36°14′18″；位于青岛市李沧区、城阳区、黄岛区、四方区、胶州市，威海市乳山市内。

湿地高等植物7科7属8种。

湿地植被划分为3个植被型组，5个植被型，9个群系。

脊椎动物21目27科40种。其中，鱼类2目4科9种，两栖类1目2科3种，爬行类3目2科3种，鸟类11目15科20种，哺乳类4目4科5种。

国家重点保护野生动物3种。其中，国家Ⅱ级保护动物3种。

于2005年建立县级自然保护区，受胶州市林业局管理。

主要受到基建、围垦、污染的威胁。

2 其他自然保护区

2.1 滨州贝壳堤岛与湿地自然保护区重点调查湿地

滨州贝壳堤岛与湿地自然保护区重点调查湿地范围面积2.88万公顷，湿地面积为2.63万公顷，主要湿地类型为近海与海岸湿地(淤泥质海滩)、河流湿地(永久性河流)、人工湿地(水产养殖场)。地理坐标为东经117°45′08″~118°05′37″，北纬37°54′30″~38°19′10″；位于无棣县内。

湿地高等植物4科6属7种。

湿地植被划分为2个植被型组，2个植被型，3个群系。

脊椎动物14目19科23种。其中，鱼类4目5科6种，两栖类1目1科1种，爬行类1目1科1种，鸟类5目9科11种，哺乳类3目3科4种。

国家重点保护野生动物2种。其中，国家Ⅱ级保护动物1种。在国家重点保护野生动物中，湿地鸟类1种，其中国家Ⅱ级保护鸟类1种。

于2006年建立国家级自然保护区，受滨州贝壳堤岛与湿地国家级自然保护区管理局管理。

主要受到污染威胁。

2.2 崆峒岛省级自然保护区重点调查湿地

崆峒岛省级自然保护区重点调查湿地范围面积0.82万公顷，湿地面积为0.04万公顷，主要湿地类型为近海与海岸湿地(浅海水域)。地理坐标为东经121°30′34″~121°32′51″，北纬37°33′32″~37°35′04″；位于烟台市芝罘区。

湿地植被划分为3个植被型组，4个植被型，18个群系。

脊椎动物8目11科12种。其中，鱼类1目1科2种，爬行类3目4科7种，鸟类6目11科11种。

国家重点保护野生动物4种。其中，国家Ⅱ级保护动物4种。在国家重点保护野生动物中，湿地鸟类4种，其中国家Ⅱ级保护鸟类4种。

于2003年建立省级自然保护区，受芝罘区人民政府管理。

湿地保护状况良好，湿地受威胁状况为安全。

2.3 银湖自然保护区重点调查湿地

银湖自然保护区重点调查湿地范围面积0.38万公顷，湿地面积为0.19万公顷，主要湿地类型为人工湿地(库塘)、河流湿地(永久性河流)。地理坐标为东经121°06′~121°15′，北纬37°19′~37°27′；位于烟台市福山区西南。

湿地高等植物14科20属23种。国家重点保护野生植物1种，其中国家Ⅰ级保护野生植物1种。

湿地植被划分为2个植被型组，6个植被型，8个群系。

脊椎动物15目22科51种。其中，鱼类5目8科21种，两栖类1目3科4种，鸟类鸟类4目5科17种，哺乳类5目6科9种。

国家重点保护野生动物7种。其中，国家Ⅱ级保护动物7种。在国家重点保护野生动物中，湿地鸟类4种，其中国家Ⅱ级保护鸟类4种。

于2008年建立省级自然保护区，受烟台市水利局、环保局管理。

湿地保护状况良好，湿地受威胁状况为安全。

2.4　黄水河河口自然保护区重点调查湿地

黄水河河口自然保护区重点调查湿地范围面积0.16万公顷，湿地面积为0.05万公顷，主要湿地类型为近海与海岸湿地(浅海水域)、人工湿地(水产养殖场)、河流湿地(永久性河流)。地理坐标为东经121°30′~121°35′，北纬37°43′41″~37°45′27″；位于龙口市境内。

湿地高等植物18科22属23种。国家重点保护野生植物1种，其中国家Ⅰ级保护野生植物1种。

湿地植被划分为5个植被型组，7个植被型，18个群系。

鸟类3目7科11种。

于2009年建立省级自然保护区，受龙口市政府管理，成立了黄水河河口湿地自然保护区管理处。

主要受到污染及城市基建等几个方面的威胁。

2.5　沾化海岸带自然保护区重点调查湿地

沾化海岸带自然保护区重点调查湿地范围面积3.87万公顷，湿地面积为1.87万公顷，主要湿地类型为人工湿地(水产养殖场、运河/输水河、盐田)、河流湿地(永久性河流)、沼泽湿地(草本沼泽)和近海与海岸湿地(淤泥质海滩、河口水域)。地理坐标为东经117°45′~118°21′，北纬37°34′~38°11′；位于沾化县内。

湿地高等植物14科21属22种。

湿地植被划分为2个植被型组，2个植被型，3个群系。

脊椎动物16目20科26种。其中，鱼类3目5科8种，两栖类1目2科3种，爬行类1目1科1种，鸟类5目5科7种，哺乳类6目7科7种。

国家重点保护野生动物1种。其中，国家Ⅱ级保护动物1种。

于2001年建立市级自然保护区，受沾化县林业局管理。

主要受到围垦、过度捕捞和采集，盐碱化和外来物种入侵等几个方面的威胁。

3　湿地公园

3.1　济西湿地重点调查湿地

济西湿地重点调查湿地范围面积0.19万公顷，湿地面积为0.09万公顷，主要湿地类型为人工湿地(库塘)、沼泽湿地。地理坐标为东经116°46′30″~116′49′41″，北纬36′37′46″~36°41′13″；位于长清区内。

湿地高等植物45科79属95种。

湿地植被划分为5个植被型组，10个植被型，68个群系。

脊椎动物13目18科31种。其中鱼类1目2科4种，两栖类1目2科4种，爬行类3目2科

4 种，鸟类 8 目 12 科 18 种，哺乳类 1 目 1 科 1 种。

国家重点保护野生动物 1 种。其中，国家Ⅱ级保护动物 1 种。

于 2011 年建立国家级湿地公园，受济南市林业局管理，成立了济南西城投资开发集团有限公司。

受威胁状况为安全。

3.2 平阴玫瑰湖湿地重点调查湿地

平阴玫瑰湖湿地重点调查湿地范围面积 0.10 万公顷，湿地面积为 0.06 万公顷，主要湿地类型为人工湿地(库塘、水产养殖场)。地理坐标为东经 116°25′11″~116°26′25″，北纬 36°16′52″~36°19′44″；位于平阴县内。

湿地高等植物 49 科 85 属 100 种。国家重点保护野生植物 4 种，其中国家Ⅰ级保护野生植物 1 种，国家Ⅱ级保护野生植物 3 种。

湿地植被划分为 5 个植被型组，11 个植被型，60 个群系。

脊椎动物 15 目 20 科 27 种。其中鱼类 2 目 4 科 7 种，两栖类 2 目 3 科 5 种，爬行类 2 目 2 科 2 种，鸟类 5 目 7 科 9 种，哺乳类 4 目 4 科 4 种。

国家重点保护野生动物 3 种。其中，国家Ⅱ级保护动物 3 种。

于 2010 年建立国家级湿地公园，受平阴县林业局管理，成立了平阴县玫瑰湖湿地建设服务中心。

湿地受威胁状况等级为安全。

3.3 青岛少海国家湿地公园重点调查湿地

青岛少海国家湿地公园重点调查湿地范围面积 0.13 万公顷，湿地面积为 0.06 万公顷，主要湿地类型为人工湿地(库塘)。地理中心坐标为东经 120°05′03″，北纬 36°15′20″；位于胶州市境内。

湿地高等植物 7 科 7 属 8 种。

湿地植被划分为 5 个植被型组，5 个植被型，6 个群系。

脊椎动物 11 目 12 科 21 种。其中两栖类 1 目 3 科 3 种，爬行类 4 目 3 科 4 种，鸟类 5 目 5 科 13 种，哺乳类 1 目 1 科 1 种。

国家重点保护野生动物 2 种。其中，国家Ⅱ级保护动物 2 种。

于 2011 年建立国家级湿地公园，受胶州市林业局管理，成立了胶州市少海发展管理处。

主要受基建、城市化、围垦和泥沙淤积的威胁。

3.4 马踏湖湿地重点调查湿地

马踏湖湿地重点调查湿地范围面积 0.13 万公顷，湿地面积为 0.12 万公顷，主要湿地类型为沼泽湿地(草本沼泽)。地理坐标为东经 117°58′54″~118°09′10″，北纬 37°01′37″~37°06′37″；位于桓台县内。

湿地高等植物 18 科 33 属 34 种。

湿地植被划分为 3 个植被型组，4 个植被型，7 个群系。

脊椎动物19目29科39种。其中鱼类2目3科6种，两栖类1目2科2种，爬行类4目4科6种，鸟类10目17科23种，哺乳类2目2科2种。

国家重点保护野生动物3种。其中，国家Ⅱ级保护动物3种。

于2011年建立国家级湿地公园，受马踏湖湿地保护区管理局管理。

湿地保护状况良好，湿地受威胁状况为安全。

3.5　枣庄九龙湾国家湿地公园重点调查湿地

枣庄九龙湾国家湿地公园重点调查湿地范围面积0.10万公顷，湿地面积为0.01万公顷，主要湿地类型为河流湿地(永久性河流)。地理坐标为东经117°30′56″~117°35′42″，北纬34°47′03″~34°55′08″之间；位于枣庄市中区内。

湿地高等植物11科14属14种。

湿地植被划分为3个植被型组，5个植被型，10个群系。

脊椎动物4目8科12种。其中鱼类1目1科3种，两栖类1目2科4种，鸟类2目5科5种。

国家重点保护野生动物1种。其中，国家Ⅱ级保护动物1种。

于2012年建立国家级湿地公园，受枣庄市中区林业局管理，成立了枣庄九龙湾国家湿地公园管理委员会。

主要受基建和城市化，以及城市生活垃圾污染和外来种入侵等威胁。

3.6　蟠龙河国家湿地公园重点调查湿地

蟠龙河国家湿地公园重点调查湿地范围面积0.11万公顷，湿地面积为0.05万公顷，主要湿地类型为湿地河流(永久性河流)。地理坐标为东经117′15′5″~117′27′31″，北纬34′44′39″~34′53′07″；位于薛城区内。

湿地高等植物40科83属90种。

湿地植被划分为3个植被型组，6个植被型，29个群系。

脊椎动物6目6科11种。其中鱼类2目2科7种，鸟类3目3科3种，哺乳类1目1科1种。

于2011年建立国家级湿地公园，受薛城区林业局管理，成立了枣庄蟠龙河湿地公园管理委员会。

主要受到围垦、污染和过度捕捞的威胁。

3.7　台儿庄运河国家湿地公园重点调查湿地

台儿庄运河国家湿地公园重点调查湿地范围面积0.37万公顷，湿地面积为0.04万公顷，主要湿地类型为河流湿地(洪泛平原湿地)、人工湿地(运河/输水河)。地理坐标为东经117°37′47″~117°47′50″，北纬34°31′12″~34°36′50″；位于台儿庄城区内。

湿地高等植物32科59属64种。国家重点保护野生植物1种，其中国家Ⅰ级保护野生植物1种。

湿地植被划分为3个植被型组，5个植被型，17个群系。

脊椎动物15目17科32种，其中鱼类4目5科15种，两栖类1目1科1种，爬行类1目1科

1种，鸟类5目6科11种，哺乳类4目4科4种。

国家重点保护野生动物2种。其中，国家Ⅱ级保护动物1种。在国家重点保护野生动物中，湿地鸟类1种，其中国家Ⅱ级保护鸟类1种。

于2009年建立国家级湿地公园，受台儿庄区林业局管理，成立了台儿庄运河湿地管理委员会。

主要受到污染威胁。

3.8 枣庄月亮湾国家湿地公园重点调查湿地

枣庄月亮湾国家湿地公园重点调查湿地范围面积0.03万公顷，湿地面积为0.03万公顷，主要湿地类型为河流湿地（永久性河流）。地理坐标为东经117°21′58″~117°27′40″，北纬35°11′27″~35°10′42″；位于山亭区内。

湿地高等植物38科70属82种。国家重点保护野生植物2种，其中国家Ⅰ级保护野生植物2种。

湿地植被划分为3个植被型组，6个植被型，24个群系。

脊椎动物17目31科54种。其中，鱼类4目6科23种，两栖类1目4科5种，鸟类8目17科21种，哺乳类4目4科5种。

国家重点保护野生动物1种。其中，国家Ⅱ级保护动物1种。

于2011年建立国家级湿地公园，受山亭区林业局管理，成立了山东月亮湾国家湿地公园管理委员会。

湿地保护状况良好，湿地受威胁状况为安全。

3.9 滕州滨湖国家湿地公园重点调查湿地

滕州滨湖国家湿地公园重点调查湿地范围面积0.83万公顷，湿地面积为0.06万公顷，主要湿地类型为人工湿地（库塘、水产养殖场）。地理坐标为东经116°49′33.47″~116°54′41.16″、北纬35°02′52.92″~35°08′25.79″；位于滕州境内。

湿地高等植物66科144属191种。国家重点保护野生植物2种，其中国家Ⅰ级保护野生植物1种，国家Ⅱ级保护野生植物1种。

湿地植被划分为5个植被型组，8个植被型，48个群系。

脊椎动物19目29科32种。其中，鱼类3目4科5种，两栖类1目2科3种，爬行类3目3科3种，鸟类7目14科14种，哺乳类5目6科7种。

国家重点保护野生动物5种。其中，国家Ⅰ级保护野生动物1种，国家Ⅱ级保护动物4种。在国家重点保护野生动物中，湿地鸟类3种，其中国家Ⅰ级保护鸟类1种，国家Ⅱ级保护鸟类2种。

于2007年建立国家级湿地公园，受滕州市林业局管理，成立了山东滕州微山湖湿地红荷风景区管理委员会。

湿地保护状况良好，湿地受威胁状况为安全。

3.10　寿光滨海公园重点调查湿地

寿光滨海公园重点调查湿地范围面积0.14万公顷，湿地面积为0.07万公顷，主要湿地类型为人工湿地、沼泽湿地。地理坐标为东经118°43′59.70″~118°45′22.01″，北纬37°08′35.61″~37°11′6.27″；位于寿光内。

湿地高等植物36科53属57种。国家重点保护野生植物1种，其中国家Ⅰ级保护野生植物1种。

湿地植被划分为4个植被型组，7个植被型，14个群系。

脊椎动物13目18科26种。其中，鱼类1目1科3种，两栖类1目2科2种，爬行类1目1科1种，鸟类7目12科17种，哺乳类3目3科3种。

国家重点保护野生动物2种。其中，国家Ⅱ级保护动物2种。

于2011年建立国家级湿地公园，受寿光市林业局管理，成立了寿光滨海公园管理委员会。

主要受到盐碱化威胁。

3.11　安丘拥翠湖国家湿地公园重点调查湿地

安丘拥翠湖国家湿地公园重点调查湿地范围面积0.30万公顷，湿地面积为0.20万公顷，主要湿地类型为人工湿地(库塘)。地理坐标为东经119°03′25.23″~119°08′53.89″，北纬36°21′52.83″~36°25′37.34″；位于安丘市凌河镇境内。

湿地高等植物22科41属46种。

湿地植被划分为3个植被型组，6个植被型，24个群系。

脊椎动物15目19科29种。其中，鱼类2目2科7种，两栖类1目2科2种，爬行类2目1科2种，鸟类9目12科13种，哺乳类1目1科1种。

国家重点保护野生动物4种。其中，国家Ⅱ级保护动物2种。在国家重点保护野生动物中，湿地鸟类2种，其中国家Ⅱ级保护鸟类2种。

于2011年建立国家级湿地公园，受安丘市林业局管理。

主要受到围垦、过度捕捞和泥沙淤积的威胁。

3.12　潍坊峡山湖国家湿地公园重点调查湿地

潍坊峡山湖国家湿地公园重点调查湿地范围面积1.41万公顷，湿地面积为1.12万公顷，主要湿地类型为人工湿地(库塘)、河流湿地(永久性河流)、沼泽湿地(草本沼泽)。地理坐标为东经119°24′28.87″~119°28′49.19″，北纬36°19′19.30″~36°29′37.35″；位于昌邑市和安丘市交界处。

湿地高等植物25科35属35种。

湿地植被划分为3个植被型组，5个植被型，12个群系。

脊椎动物11日12科18种。其中，鱼类3目3科9种，两栖类1目1科1种，爬行类1目1科1种，鸟类4日4科4种，哺乳类2目3科3种。

国家重点保护野生动物3种。其中，国家Ⅱ级保护动物3种。

于2011年建立国家级湿地公园，受潍坊市峡山区农林水利局管理，成立了潍坊市峡山湖湿地公园管理委员会。

湿地保护状况良好，湿地受威胁状况为安全。

3.13 临沂武河国家湿地公园重点调查湿地

临沂武河国家湿地公园重点调查湿地范围面积0.08万公顷，湿地面积为0.01万公顷，主要湿地类型为河流湿地（永久性河流）。地理坐标为东经118°19′19″~118°21′47″，北纬34°49′50″~34°52′40″；位于罗庄区内。

湿地高等植物38科75属84种。

湿地植被划分为3个植被型组，7个植被型，43个群系。

脊椎动物13目16科19种。其中，两栖类1目2科2种，爬行类2目2科3种，鸟类6目7科9种，哺乳类4目4科4种。

国家重点保护野生动物2种。其中，国家Ⅱ级保护动物2种。

于2011年建立国家级湿地公园，受临沂武河国家湿地公园管委会管理。

主要受到泥沙淤积和污染威胁。

3.14 济南遥墙清荷省级湿地公园重点调查湿地

济南遥墙清荷省级湿地公园重点调查湿地范围面积0.08万公顷，湿地面积为0.02万公顷，主要湿地类型为人工湿地（库塘）。地理中心坐标为东经117°09′27″，北纬36°48′26″；位于历城区内。

湿地高等植物11科15属15种。

湿地植被划分为3个植被型组，3个植被型，4个群系。

脊椎动物8目11科12种。其中，鱼类1目2科2种，两栖类1目2科2种，爬行类1目1科1种，鸟类4目5科6种，哺乳类1目1科1种。

国家重点保护野生动物1种。其中，国家Ⅱ级保护动物1种。

于2011年建立省级湿地公园，受历城区人民政府管理，成立了专门的管理机构。

湿地保护状况良好，湿地受威胁状况为安全。

3.15 济南白云湖省级湿地公园重点调查湿地

济南白云湖省级湿地公园重点调查湿地范围面积0.24万公顷，湿地面积为0.23万公顷，主要湿地类型为人工湿地（水产养殖场）、湖泊湿地（永久性淡水湖）。地理坐标为东经117°18′48″~117°27′04″，北纬36°49′00″~36°56′21″；位于章丘市白云湖镇境内。

湿地高等植物17科22属23种。国家重点保护野生植物1种，其中国家Ⅰ级保护野生植物1种。

湿地植被划分为3个植被型组，6个植被型，9个群系。

脊椎动物13目16科23种。其中，鱼类4目5科9种，两栖类2目2科2种，爬行类1目1科1种，鸟类3目5科8种，哺乳类3目3科3种。国家重点保护野生动物3种。其中，国家Ⅱ级保护动物3种。

于2011年建立省级湿地公园，于2013年建立国家级湿地公园，受章丘市林业局管理，经营部门白云湖镇政府。

主要受到围垦威胁。

3.16 济阳澄波湖省级湿地公园重点调查湿地

济阳澄波湖省级湿地公园重点调查湿地范围面积0.03万公顷，湿地面积为0.008万公顷，主要湿地类型为人工湿地(库塘)。地理中心坐标为东经117°08′16″，北纬36°58′27″；位于济阳县内。

湿地高等植物13科17属18种。

湿地植被划分为4个植被型组，8个植被型，14个群系。

脊椎动物6目9科10种。其中，鱼类2目3科4种，两栖类1目1科1种，鸟类1目3科3种，哺乳类2目2科2种。

国家重点保护野生动物1种。其中，国家Ⅱ级保护动物1种。

于2010年建立省级湿地公园，受济阳县林业局管理，成立了澄波湖建设指挥办公室。

湿地保护状况良好，湿地受威胁状况为安全。

3.17 济阳燕子湾省级湿地公园重点调查湿地

济阳燕子湾省级湿地公园重点调查湿地范围面积0.01万公顷，湿地面积为0.003万公顷，主要湿地类型为河流湿地(永久性河流)。地理中心坐标为东经117°05′00″，北纬36°03′37″；位于济阳县内。

湿地高等植物10科16属17种。

湿地植被划分为3个植被型组，5个植被型，12个群系。

脊椎动物6目8科11种。其中，鱼类2目2科3种，鸟类2目4科6种，哺乳类2目2科2种。

国家重点保护野生动物1种。其中，国家Ⅱ级保护动物1种。

于2011年建立省级湿地公园，受济阳县林业局管理，成立了燕子湾湿地公园建设服务中心。

湿地保护状况良好，湿地受威胁状况为安全。

3.18 商河大沙河省级湿地公园重点调查湿地

商河大沙河省级湿地公园重点调查湿地范围面积0.12万公顷，湿地面积为0.02万公顷，主要湿地类型为河流湿地(永久性河流)。地理中心坐标为东经117°10′11″，北纬37°24′50″；位于商河县内。

湿地高等植物34科66属76种。

湿地植被划分为4个植被型组，8个植被型，27个群系。

脊椎动物8目10科14种。其中，鱼类2目2科4种，两栖类1目2科4种，爬行类1目1科1种，鸟类3目3科3种，哺乳类1目2科2种。

国家重点保护野生动物1种。其中，国家Ⅱ级保护动物1种。

于2010年建立省级湿地公园，受商河县林业局管理，成立了林业局资源管理处。

主要受到基建和城市化建设、泥沙淤积、污染、过度捕捞的威胁。

3.19 峄城古运荷乡省级湿地公园重点调查湿地

峄城古运荷乡省级湿地公园重点调查湿地范围面积0.12万公顷，湿地面积为0.05万公顷，主要湿地类型为人工湿地(运河/输水河)。地理坐标为东经117°22′~117°49′，北纬34°35′~34°41′之间；位于峄城区。

湿地高等植物8科15属15种。

湿地植被划分为1个植被型组，1个植被型，3个群系。

脊椎动物10目12科19种。其中，鱼类1目1科4种，两栖类1目3科5种，鸟类3目3科4种，哺乳类5目5科6种。

国家重点保护野生动物2种。其中，国家Ⅱ级保护动物2种。

于2009年建立省级湿地公园，受峄城区林业局管理，成立了峄城区湿地公园管理委员会。

主要受到泥沙淤积威胁。

3.20 牟平区养马岛湿地公园重点调查湿地

牟平区养马岛湿地公园重点调查湿地范围面积0.36万公顷，湿地面积为0.16万公顷，主要湿地类型为人工湿地(水产养殖场)、河流湿地(永久性河流)。地理坐标为东经121°33′44″~121°37′33″，北纬57″~37°27′40″；位于牟平区内。

湿地高等植物19科18属19种。

湿地植被划分为3个植被型组，6个植被型，11个群系。

脊椎动物10目12科19种。其中，鱼类1目1科4种，两栖类2目2科2种，爬行类2目2科2种，鸟类3目5科7种，哺乳类2目2科2种。

国家重点保护野生动物1种。其中，国家Ⅱ级保护动物1种。

于2006年建立省级湿地公园，于2013年建立国家级湿地公园，受牟平林业局管理，成立了湿地公园管理处。

主要受到基建和城市化威胁。

3.21 龙口市王屋水库湿地公园重点调查湿地

龙口市王屋水库湿地公园重点调查湿地范围面积0.16万公顷，湿地面积为0.09万公顷，主要湿地类型为人工湿地(库塘)、河流湿地(永久性河流)。地理坐标为东经121°07′~121°09′，北纬37°31′02″~37°32′39″；位于龙口市境内。

湿地高等植物11科14属15种。

湿地植被划分为4个植被型组，5个植被型，11个群系。

脊椎动物6目8科12种。其中，鱼类3目3科7种，两栖类1目1科1种，鸟类2目4科4种。

于2012年建立省级湿地公园，于2013年建立国家级湿地公园，受龙口市林业局管理，成立了公园管理处。

主要受到污染威胁。

3.22　五龙河省级湿地公园重点调查湿地

五龙河省级湿地公园重点调查湿地范围面积0.59万公顷，湿地面积为0.18万公顷，主要湿地类型为近海与海岸湿地(河口水域)、河流湿地(永久性河流)。地理中心坐标为东经120°42′55″，北纬36°45′27″；位于莱阳市内。

湿地高等植物20科37属38种。

湿地植被划分为4个植被型组，7个植被型，25个群系。

脊椎动物10目16科21种。其中，鱼类2目2科3种，两栖类1目3科4种，爬行类2目3科4种，鸟类4目6科8种，哺乳类2目2科2种。

国家重点保护野生动物1种。其中，国家Ⅱ级保护动物1种。

于2006年建立省级湿地公园，受莱阳市林业局管理，成立了莱阳五龙河省级湿地公园管理处。

湿地保护状况良好，湿地受威胁状况为安全。

3.23　蓬莱平畅河省级湿地公园重点调查湿地

蓬莱平畅河省级湿地公园重点调查湿地范围面积0.09万公顷，湿地面积为0.04万公顷，主要湿地类型为人工湿地(库塘)、河流湿地(永久性河流)。地理坐标为东经120°54′57″~120°59′56″，北纬37°35′41″~37°40′43″；位于蓬莱市。

湿地高等植物19科42属49种。国家重点保护野生植物1种，其中国家Ⅱ级保护野生植物1种。

湿地植被划分为3个植被型组，5个植被型，26个群系。

脊椎动物10目14科23种。其中，鱼类1目1科4种，两栖类1目2科2种，爬行类2目2科2种，鸟类4目7科13种，哺乳类2目2科2种。

国家重点保护野生动物2种。其中，国家Ⅱ级保护动物2种。在国家重点保护野生动物中，湿地鸟类1种，其中国家Ⅱ级保护鸟类1种。

于2007年建立省级湿地公园，受蓬莱市林业局管理。

湿地保护状况良好，湿地受威胁状况为安全。

3.24　栖霞白洋河省级湿地公园重点调查湿地

栖霞白洋河省级湿地公园重点调查湿地范围面积0.19万公顷，湿地面积为0.09万公顷，主要湿地类型为湖泊湿地(永久性淡水湖)、河流湿地(永久性河流)。地理坐标为东经120°49′01″~121°06′36″，北纬37°17′33″~37°27′39″；位于栖霞市。

湿地高等植物18科32属36种。国家重点保护野生植物1种，其中国家Ⅰ级保护野生植物1种。

湿地植被划分为3个植被型组，7个植被型，26个群系。

脊椎动物8目12科20种。其中，鱼类1目2科7种，两栖类1目3科3种，爬行类1目1科

1种，鸟类4目6科9种，哺乳类2目2科2种。

国家重点保护野生动物3种。其中，国家Ⅱ级保护动物3种。在国家重点保护野生动物中，湿地鸟类2种，其中国家Ⅱ级保护鸟类2种。

于2007年建立省级湿地公园，受栖霞林业局管理。

主要受到污染威胁。

3.25 海阳小孩儿口省级湿地公园重点调查湿地

海阳小孩儿口省级湿地公园重点调查湿地范围面积0.07万公顷，湿地面积为0.03万公顷，主要湿地类型为河流湿地(永久性河流)。地理中心坐标为东经121°11′42″，北纬36°42′47″；位于海阳市开发区境内。

湿地高等植物15科24属28种。

湿地植被划分为3个植被型组，4个植被型，12个群系。

脊椎动物12目14科19种。其中，鱼类3目3科6种，两栖类1目2科2种，爬行类2目2科2种，鸟类4目5科6种，哺乳类2目2科3种。

国家重点保护野生动物2种。其中，国家Ⅱ级保护动物2种。

于2006年建立省级湿地公园，受海阳市林业局管理。

湿地保护状况良好，湿地受威胁状况为安全。

3.26 寒亭禹王省级湿地公园重点调查湿地

寒亭禹王省级湿地公重点调查湿地范围面积0.13万公顷，湿地面积为0.004万公顷，主要湿地类型为人工湿地(运河/输水河)、河流湿地(永久性河流)。地理坐标为东经119°05′19″~119°06′07″，北纬36°56′18″~36°57′12″；位于寒亭区。

湿地高等植物28科50属54种。国家重点保护野生植物1种，其中国家Ⅱ级保护野生植物1种。

湿地植被划分为4个植被型组，8个植被型，31个群系。

脊椎动物10目13科20种。其中，鱼类1目2科3种，两栖类1目2科2种，爬行类1目1科3种，鸟类5目8科10种，哺乳类2目2科2种。

国家重点保护野生动物3种。其中，国家Ⅱ级保护动物3种。在国家重点保护野生动物中，湿地鸟类2种，其中国家Ⅱ级保护鸟类2种。

于2008年建立省级湿地公园，于2013年建立国家级湿地公园，受高里街办管理，成立了公园管理处。

湿地保护状况良好，湿地受威胁状况为安全。

3.27 昌乐仙月湖省级湿地公园重点调查湿地

昌乐仙月湖省级湿地公园重点调查湿地范围面积0.10万公顷，湿地面积为0.08万公顷，主要湿地类型为湖泊湿地(永久性淡水湖)。地理中心坐标为东经118°46′45″，北纬36°20′53″；位于昌乐县内。

湿地高等植物13科26属30种。

湿地植被划分为3个植被型组，5个植被型，14个群系。

脊椎动6目6科12种。其中，鱼类1目1科3种，两栖类1目1科1种，鸟类2目2科6种，哺乳类2目2科2种。

国家重点保护野生动物3种。其中，国家Ⅰ级保护野生动物1种，国家Ⅱ级保护动物2种。在国家重点保护野生动物中，湿地鸟类3种，其中国家Ⅰ级保护鸟类1种，国家Ⅱ级保护鸟类2种。

于2011年建立省级湿地公园，受高崖水库库区管委会管理，成立了湿地公园公管理处。

主要受到泥沙淤积和污染威胁。

3.28 临朐巨洋湖省级湿地公园重点调查湿地

临朐巨洋湖省级湿地公园重点调查湿地范围面积0.18万公顷，湿地面积为0.13万公顷，主要湿地类型为人工湿地(库塘)。地理坐标为东经118°29′~118°34′，北纬36°21′~36°27′；位于临朐县内。

湿地高等植物21科36属41种。

湿地植被划分为3个植被型组，4个植被型，13个群系。

脊椎动物8目11科16种。其中，鱼类2目2科6种，两栖类1目2科2种，鸟类3目5科6种，哺乳类2目2科2种。

国家重点保护野生动物1种。其中，国家Ⅱ级保护动物1种。

于2011年建立省级湿地公园，受临朐县水利局管理，成立了冶源水库管理局。

湿地保护状况良好，湿地受威胁状况为安全。

3.29 鱼台鹿洼省级湿地公园重点调查湿地

鱼台鹿洼省级湿地公园重点调查湿地范围面积0.07万公顷，湿地面积为0.05万公顷，主要湿地类型为人工湿地(库塘)、河流湿地(永久性河流)。地理坐标为东经116°33′16″~116°35′19″，北纬35°06′32″~35°08′03″；位于鱼台县内。

湿地高等植物18科28属30种。

湿地植被划分为3个植被型组，4个植被型，13个群系。

脊椎动物12目16科31种。其中，鱼类2目2科3种，两栖类1目3科4种，爬行类2目2科3种，鸟类4目5科12种，哺乳类3目4科7种。

国家重点保护野生动物4种。其中，国家Ⅱ级保护动物4种。在国家重点保护野生动物中，湿地鸟类1种，其中国家Ⅱ级保护鸟类1种。

于2009年建立省级湿地公园，受鹿洼林业局管理。

湿地保护状况良好，湿地受威胁状况为安全。

3.30 金乡彭越湖省级湿地公园重点调查湿地

金乡彭越湖省级湿地公园重点调查湿地范围面积0.06万公顷，湿地面积为0.008万公顷，主要湿地类型为人工湿地(库塘)、河流湿地(永久性河流)。地理坐标为东经 116°13′24″~116°15′20″,北纬 35°10′00″~35°11′02″;位于金乡县内。

湿地高等植物 17 科 25 属 26 种。

湿地植被划分为 4 个植被型组,6 个植被型,14 个群系。

脊椎动物 10 目 14 科 18 种。其中,鱼类 2 目 3 科 5 种,两栖类 1 目 1 科 2 种,鸟类 4 目 6 科 6 种。哺乳类 3 目 4 科 5 种。

国家重点保护野生动物 1 种。其中,国家Ⅱ级保护动物 1 种。

于 2011 年建立省级湿地公园,受金乡林业局管理。

湿地保护状况良好,湿地受威胁状况为安全。

3.31 汶上大汶河省级湿地公园重点调查湿地

汶上大汶河省级湿地公园重点调查湿地范围面积 0.35 万公顷,湿地面积为 0.09 万公顷,主要湿地类型为河流湿地(永久性河流、洪泛平原湿地)、人工湿地(库塘)。地理坐标为东经 116°32′48″~116°37′29″,北纬 35°52′33″~35°55′22″;位于汶上县内。

湿地高等植物 19 科 28 属 28 种。

湿地植被划分为 3 个植被型组,6 个植被型,17 个群系。

脊椎动物 8 目 12 科 16 种。其中鱼类 3 目 4 科 6 种,鸟类 5 目 8 科 10 种。

国家重点保护野生动物 4 种。其中,国家Ⅱ级保护动物 4 种。在国家重点保护野生动物中,湿地鸟类 1 种,其中国家Ⅱ级保护鸟类 1 种。

于 2010 年建立省级湿地公园,受军屯乡政府管理,成立了大汶河湿地管理委员会。

主要受到围垦威胁。

3.32 汶上莲花湖省级湿地公园重点调查湿地

汶上莲花湖省级湿地公园重点调查湿地范围面积 0.11 万公顷,湿地面积为 0.02 万公顷,主要湿地类型为湖泊湿地(永久性淡水湖)、河流湿地(永久性河流)。地理坐标为东经 116°27′57″~116°30′33″,北纬 35°42′34″~35°45′40″;位于汶上县内。

湿地高等植物 16 科 28 属 29 种。

湿地植被划分为 3 个植被型组,5 个植被型,13 个群系。

脊椎动物 15 目 17 科 29 种。其中,鱼类 4 目 6 科 12 种,两栖类 1 目 2 科 4 种,爬行类 3 目 3 科 3 种,鸟类 5 目 6 科 7 种,哺乳类 2 目 2 科 3 种。

国家重点保护野生动物 5 种。其中,国家Ⅱ级保护动物 5 种。在国家重点保护野生动物中,湿地鸟类 2 种,其中国家Ⅱ级保护鸟类 2 种。

于 2009 年建立省级湿地公园,受莲花湖湿地公园建设指挥部管理。

湿地保护状况良好,湿地受威胁状况为安全。

3.33 泗水青源省级湿地公园重点调查湿地

泗水青源省级湿地公园重点调查湿地范围面积 0.04 万公顷,湿地面积为 0.005 万公顷,主要湿地类型为人工湿地(库塘)。地理中心坐标为东经117°24′33″，北纬35°29′37″；位于泗水县内。

湿地高等植物21科34属3种。

湿地植被划分为2个植被型组，4个植被型，18个群系。

脊椎动物17目22科41种。其中，鱼类3目5科18种，两栖类1目3科5种，爬行类3目3科3种，鸟类6目6科10种，哺乳类4目5科5种。

国家重点保护野生动物3种。其中，国家Ⅱ级保护动物3种。

于2011年建立省级湿地公园，受泗水县林业局管理。

主要受到污染和泥沙淤积、过过度捕捞等威胁。

3.34 泗水尹城省级湿地公园重点调查湿地

泗水尹城省级湿地公园重点调查湿地范围面积0.19万公顷，湿地面积为0.02万公顷，主要湿地类型为人工湿地(库塘)、湖泊湿地(永久性淡水湖)。地理中心坐标为东经117°11′48″，北纬35°37′06″；位于泗水县内。

湿地高等植物20科41属45种。

湿地植被划分为3个植被型组，5个植被型，15个群系。

脊椎动物16目22科31种。其中，鱼类1目2科5种，两栖类1目3科5种，爬行类3目3科3种，鸟类7目9科12种，哺乳类4目5科6种。

国家重点保护野生动物3种。其中，国家Ⅱ级保护动物3种。

于2010年建立省级湿地公园，受泗水县林业局管理，成立了泗水尹城省级湿地公园管委会。

主要受到污染和泥沙淤积、过度捕捞等威胁。

3.35 曲阜崇文湖省级湿地公园重点调查湿地

曲阜崇文湖省级湿地公园重点调查湿地范围面积0.19万公顷，湿地面积为0.04万公顷，主要湿地类型为人工湿地(库塘与水产养殖场)。地理坐标为东经116°51′~116°53′，北纬35°29′~35°31′；位于曲阜市境内。

湿地高等植物24科47属59种。国家重点保护野生植物1种，其中国家Ⅰ级保护野生植物1种。

湿地植被划分为5个植被型组，8个植被型，34个群系。

脊椎动物9目11科18种。其中，鱼类4目5科8种，两栖类1目2科3种，鸟类3目3科6种，哺乳类1目1科1种。

国家重点保护野生动物1种。其中，国家Ⅱ级保护动物1种。

于2010年建立省级湿地公园，受曲阜市林业局管理，成立了曲阜市湿地公园管理委员会。

湿地保护状况良好，湿地受威胁状况为安全。

3.36 曲阜孔子湖省级湿地公园重点调查湿地

曲阜孔子湖省级湿地公园重点调查湿地范围面积0.32万公顷，湿地面积为0.18万公顷，主要湿地类型为河流湿地(永久性河流、季节性或间歇性河流、洪泛平原湿地)和湖泊湿地(永久性淡水湖泊)。地理坐标为东经 116°58′~117°12′,北纬 35°28′~35°34′;位于曲阜市境内。

湿地高等植物 41 科 76 属 89 种。国家重点保护野生植物 2 种,其中国家Ⅰ级保护野生植物 2 种。

湿地植被划分为 5 个植被型组,9 个植被型,52 个群系。

脊椎动物 8 目 10 科 19 种。其中,鱼类 3 目 4 科 8 种,两栖类 1 目 2 科 3 种,鸟类 3 目 3 科 6 种,哺乳类 1 目 1 科 1 种。

国家重点保护野生动物 1 种。其中,国家Ⅱ级保护动物 1 种。

于 2010 年建立省级湿地公园,于 2013 年建立国家级湿地公园,受曲阜市林业局管理,成立了曲阜市湿地公园管理委员会。

主要受到围垦、污水等威胁。

3.37 兖州兴隆省级湿地公园重点调查湿地

兖州兴隆省级湿地公园重点调查湿地范围面积 0.41 万公顷,湿地面积为 0.14 万公顷,主要湿地类型为人工湿地(库塘)、河流湿地(永久性河流)。地理坐标为东经 116°48′02″~116°51′53″,北纬 35°26′21″~35°32′27″;位于兖州市内。

湿地高等植物 12 科 22 属 23 种。国家重点保护野生植物 2 种,其中国家Ⅰ级保护野生植物 2 种。

湿地植被划分为 3 个植被型组,5 个植被型,19 个群系。

脊椎动物 18 目 24 科 31 种,其中,鱼类 2 目 3 科 6 种,两栖类 1 目 3 科 5 种,爬行类 1 目 1 科 1 种,鸟类 9 目 12 科 13 种,哺乳类 5 目 5 科 6 种。

国家重点保护野生动物 3 种。其中,国家Ⅱ级保护动物 3 种。在国家重点保护野生动物中,湿地鸟类 1 种,其中国家Ⅱ级保护鸟类 1 种。

于 2009 年建立省级湿地公园,受兖州市林业局管理。

湿地保护状况良好,湿地受威胁状况为安全。

3.38 邹城北宿省级湿地公园重点调查湿地

邹城北宿省级湿地公园重点调查湿地范围面积 0.90 万公顷,湿地面积为 0.05 万公顷,主要湿地类型为人工湿地(库塘)、河流湿地(永久性河流)。地理中心坐标为东经 116°51′20″,北纬 35°23′02″;位于邹城市。

湿地高等植物 23 科 39 属 46 种。

湿地植被划分为 4 个植被型组,6 个植被型,25 个群系。

脊椎动物 17 目 28 科 49 种。其中,鱼类 4 目 9 科 20 种,两栖类 1 目 3 科 5 种,爬行类 2 目 2 科 3 种,鸟类 6 目 9 科 15 种,哺乳类 4 目 5 科 6 种。

国家重点保护野生动物 2 种。其中,国家Ⅱ级保护动物 2 种。

于 2009 年建立省级湿地公园,受邹城市林业局管理,成立了邹城北宿省级湿地公园管委会。

主要受到污染和泥沙淤积、外来种入侵等威胁。

3.39 邹城太平省级湿地公园重点调查湿地

邹城太平省级湿地公园重点调查湿地范围面积0.18万公顷，湿地面积为0.05万公顷，主要湿地类型为人工湿地(库塘)、河流湿地(永久性河流)。地理中心坐标为东经116°48′，北纬35°14′；位于邹城市太平镇境内。

湿地高等植物39科83属99种。

湿地植被划分为4个植被型组，8个植被型，50个群系。

脊椎动物19目30科52种。其中，鱼类4目9科19种，两栖类1目3科5种，爬行类3目3科3种，鸟类7目10科19种，哺乳类4目5科6种。

国家重点保护野生动物3种。其中，国家Ⅱ级保护动物3种。

于2011年建立省级湿地公园，于2013年建立国家级湿地公园，受邹城市林业局管理，成立了邹城太平省级湿地公园管委会。

主要受到外来种入侵、泥沙淤积和污染等威胁。

3.40 邹城香城省级湿地公园重点调查湿地

邹城香城省级湿地公园重点调查湿地范围面积0.09万公顷，湿地面积为0.01万公顷，主要湿地类型为人工湿地(库塘)。位于邹城市东部山区。

湿地高等植物17科34属34种。

湿地植被划分为3个植被型组，5个植被型，8个群系。

脊椎动物17目24科39种。其中，鱼类4目8科17种，两栖类1目3科5种，爬行类2目2科3种，鸟类6目7科10种，哺乳类4目4科4种。

国家重点保护野生动物3种。其中，国家Ⅱ级保护动物3种。

于2009年建立省级湿地公园，受邹城市林业局管理，成立了邹城香城省级湿地公园管委会。

主要受到过度捕捞采集和污染等威胁。

3.41 临沂祊河省级湿地公园重点调查湿地

临沂祊河省级湿地公园重点调查湿地范围面积0.07万公顷，湿地面积为0.03万公顷，主要湿地类型为河流湿地(永久性河流)。地理中心坐标为东经118°21′37″，北纬35°08′56″；位于兰山区。

湿地高等植物40科84属96种。国家重点保护野生植物1种，其中国家Ⅱ级保护野生植物1种。

湿地植被划分为3个植被型组，7个植被型，29个群系。

脊椎动物17目25科43种。其中，鱼类4目8科21种，两栖类1目3科4种，爬行类1目1科1种，鸟类6目7科9种，哺乳类5目6科8种。

国家重点保护野生动物2种。其中，国家Ⅱ级保护动物2种。

于2011年建立省级湿地公园，受临沂市兰山区林业局管理，成立了临沂祊河省级湿地公园管理所。

湿地保护状况良好，湿地受威胁状况为安全。

3.42 临沂沭河省级湿地公园重点调查湿地

临沂沭河省级湿地公园重点调查湿地范围面积0.21万公顷，湿地面积为0.07万公顷，主要湿地类型为人工湿地(库塘)、河流湿地(永久性河流)。地理坐标为东经118°29′16″~118°37′57″，北纬34°45′50″~34°49′03″；位于临沂市临沭县内。

湿地高等植物45科93属116种。

湿地植被划分为3个植被型组，7个植被型，46个群系。

脊椎动物15目23科43种。其中，鱼类4目8科21种，两栖类1目2科3种，爬行类2目2科2种，鸟类3目5科9种，哺乳类5目6科8种。

国家重点保护野生动物2种。其中，国家Ⅱ级保护动物2种。

于2011年建立省级湿地公园，于2013年建立国家级湿地公园，受临沭县林业局管理。

湿地保护状况良好，湿地受威胁状况为安全。

3.43 博兴麻大湖省级湿地公园重点调查湿地

博兴麻大湖省级湿地公园重点调查湿地范围面积0.13万公顷，湿地面积为0.07万公顷，主要湿地类型为沼泽湿地(草本沼泽)。地理坐标为东经118°03′43″~118°06′53″，北纬37°05′03″~37°06′19″；位于博兴县内。

湿地高等植物17科29属30种。

湿地植被划分为3个植被型组，4个植被型，10个群系。

脊椎动物14目20科24种。其中，鱼类2目3科5种，两栖类1目2科3种，爬行类2目2科2种，鸟类5目9科9种，哺乳类4目4科5种。

国家重点保护野生动物2种。其中，国家Ⅱ级保护动物2种。

于2009年建立省级湿地公园，2013年建立国家级湿地公园，受锦秋街道办事处管理，成立了麻大湖湿地公园管理办公室。

主要受到基建和城市化、围垦、泥沙淤积、污染及外来物种入侵等威胁。

3.44 曹县黄河故道省级湿地公园重点调查湿地

曹县黄河故道省级湿地公园重点调查湿地范围面积0.32万公顷，湿地面积为0.06万公顷，主要湿地类型为人工湿地(库塘、输水河、水产养殖场)。地理坐标为东经115°19′47″~115°25′46″，北纬34°48′49″~34°51′50″；位于曹县内。

湿地高等植物24科38属39种。国家重点保护野生植物1种，其中国家Ⅰ级保护野生植物1种。

湿地植被划分为3个植被型组，5个植被型，13个群系。

脊椎动物21目30科41种。其中，鱼类4目6科9种，两栖类1目2科4种，爬行类3目3科3种，鸟类8目13科17种，哺乳类5目6科8种。

国家重点保护野生动物7种。其中，国家Ⅰ级保护野生动物1种，国家Ⅱ级保护动物6种。

在国家重点保护野生动物中，湿地鸟类3种，其中国家Ⅰ级保护鸟类1种，国家Ⅱ级保护鸟类2种。

于2010年建立省级湿地公园，于2013年建立国家级湿地公园，受曹县林业局管理，成立了曹县黄河故道湿地公园管理委员会。

主要受到城建和外来种入侵威胁。

3.45　东明黄河省级湿地公园重点调查湿地

东明黄河省级湿地公园重点调查湿地范围面积0.04万公顷，湿地面积为0.02万公顷，主要湿地类型为人工湿地(库塘)、沼泽湿地(草本沼泽)、湖泊湿地(永久性淡水湖)。地理坐标为东经114°55′14″~114°56′03″，北纬34°59′37″~34°59′56″；位于东明县内。

湿地高等植物14科25属25种。国家重点保护野生植物1种，其中国家Ⅰ级保护野生植物1种。

湿地植被划分为3个植被型组，3个植被型，5个群系。

脊椎动物11目13科14种。其中，两栖类1目2科2种，爬行类2目2科2种，鸟类4目5科6种，哺乳类4目4科4种。

国家重点保护野生动物1种。其中，国家Ⅱ级保护动物1种。

于2011年建立省级湿地公园，于2013年建立国家级湿地公园，受东明县林业局管理。

主要受到围垦、基建城市化威胁。

3.46　东明庄子湖省级湿地公园重点调查湿地

东明庄子湖省级湿地公园重点调查湿地范围面积0.02万公顷，湿地面积为0.01万公顷，主要湿地类型为人工湿地(库塘、水产养殖场)、沼泽湿地(草本沼泽)。地理坐标为东经115°06′53″~115°08′00″，北纬35°22′59″~35°23′15″；位于东明县内。

湿地高等植物7科14属14种。

湿地植被划分为3个植被型组，3个植被型，4个群系。

脊椎动物13目15科18种。其中，鱼类2目2科2种，两栖类1目2科2种，爬行类2目2科2种，鸟类3目3科6种，哺乳类5目6科6种。

于2011年建立省级湿地公园，受东明县林业局管理。

主要受到城乡污水排放，农业污染威胁。

4　其他重点调查湿地

4.1　济南名泉源头重点调查湿地

济南名泉源头重点调查湿地范围面积0.15万公顷，湿地面积为0.06万公顷，主要湿地类型为人工湿地(库塘)、河流湿地(永久性河流)。地理坐标为东经116°58′27″~117°09′32″，北纬36°27′13″~36°30′36″；位于济南市历城区内。

湿地高等植物18科28属32种。

湿地植被划分为3个植被型组，5个植被型，8个群系。

脊椎动物14目14科22种。其中，鱼类5目4科9种，两栖类1目2科2种，爬行类2目2科2种，鸟类6目6科9种。

国家重点保护野生动物4种。其中，国家Ⅱ级保护动物3种。在国家重点保护野生动物中，湿地鸟类1种，其中国家Ⅱ级保护鸟类1种。

受卧虎山水库管理处、锦绣川水库管理处管理。

湿地保护状况良好，湿地受威胁状况为安全。

4.2 会宝岭水库重点调查湿地

会宝岭水库重点调查湿地范围面积0.47万公顷，湿地面积为0.20万公顷，主要湿地类型为人工湿地（库塘）、河流湿地（永久性河流）。地理坐标为东经117°44′57″~117°48′16″，北纬34°53′39″~34°58′23″；位于苍山县内。

湿地高等植物37科82属98种。国家重点保护野生植物1种，其中国家Ⅰ级保护野生植物1种。

湿地植被划分为4个植被型组，8个植被型，39个群系。

脊椎动物15目23科38种。其中，鱼类4目8科21种，两栖类1目1科1种，爬行类1目1科1种，鸟类5目8科11种，哺乳类4目4科4种。

国家重点保护野生动物2种。其中，国家Ⅱ级保护动物2种。

受苍山县会宝岭水库管理处管理。

湿地保护状况良好，湿地受威胁状况为安全。

4.3 沂河重点调查湿地

沂河重点调查湿地范围面积0.82万公顷，湿地面积为0.40万公顷，主要湿地类型为人工湿地（库塘）、河流湿地（永久性河流）。地理坐标为东经118°25′49″~118°35′20″，北纬35°46′30″~35°57′56″；位于蒙阴县内。

湿地高等植物41科95属129种。国家重点保护野生植物1种，其中国家Ⅰ级保护野生植物1种。

湿地植被划分为3个植被型组，5个植被型，51个群系。

脊椎动物15目22科51种。其中，鱼类5目8科21种，两栖类1目3科4种，鸟类4目5科17种，哺乳类5目6科9种。

国家重点保护野生动物3种。其中，国家Ⅱ级保护动物3种。

受沂水县人民政府、沂南县人民政府管理。

主要受到污染、泥沙淤积、过度捕捞、水利工程威胁。

4.4 岸堤水库重点调查湿地

岸堤水库重点调查湿地范围面积0.74万公顷，湿地面积为0.46万公顷，主要湿地类型为人工湿地（库塘）。地理中心坐标为东经118°04′29″，北纬35°40′42″；位于沂水县和沂南县内。

湿地高等植物29科59属76种。

湿地植被划分为3个植被型组，5个植被型，26个群系。

脊椎动物20目31科52种。其中，鱼类4目9科21种，两栖类1目2科3种，爬行类2目2科2种，鸟类8目11科18种，哺乳类5目6科8种。

国家重点保护野生动物2种。其中，国家Ⅱ级保护动物2种。

受云蒙湖生态区管委会管理。

主要受到污染威胁。

参考文献

[1]白军红，余国营，叶宝莹，等．黄河三角洲湿地资源及可持续利用对策[J]．水土保持通报，2000，20(6)：6~9.

[2]岑仲勉．黄河变迁史[M]．北京：中华书局，2004.

[3]柴岫．泥炭地学[M]．北京：地质出版社，1990.

[4]常军，刘高焕，刘庆生．黄河口海岸线演变时空特征及其与黄河来水来沙关系[J]．地理研究，2004，23(5)：339~346.

[5]陈汉斌，郑亦津，李法曾，等．山东植物志(上，下)[M]．青岛：青岛出版社，1994.

[6]陈克林．中国的湿地与水鸟[J]．生物学通报，1998，33(4)：2~4.

[7]陈小英，陈沈良，于洪军，等．黄河三角洲海岸剖面类型与演变规律[J]．海洋科学进展，2005，23(4)：438~445.

[8]陈宜瑜，等．中国动物志 硬骨鱼纲 鲤形目（中卷)[M]．北京：科学出版社，1998.

[9]褚新洛，等．中国动物志 硬骨鱼纲 鲇形目[M]．北京：科学出版社，1999.

[10]崔保山．湿地生态系统生态特征变化及其可持续性问题[J]．生态学杂志，1999，18(2)：43~49.

[11]房用，慕宗昭，孟振农，等．黄河三角洲湿地生态系统保育及恢复技术研究展望[J]．水土保持研究，2004，11(2)：183~186.

[12]房用，王淑军，刘月良，等．现代黄河三角洲的植被群落演替阶段[J]．东北林业大学学报．2008，36(9)：89~93.

[13]费梁，胡淑琴，叶昌媛等．中国动物志两栖纲（中）无尾目[M]．北京：科学出版社，2009.

[14]费梁．中国动物志两栖纲（下）无尾目[M]．北京：科学出版社，2009.

[15]葛秀丽，王仁卿，刘建，等．山东湿地高等植物研究[J]．山东林业科技，2002(5)：3~6.

[16]侯春玲．基于BP神经网络的黄河三角洲典型盐渍区遥感监测研究[D]．北京：中国石油大学，2010．

[17]贾少波，贾鲁，陈建秀．山东聊城水鸟组成及其生态分布[J]．动物学杂志，2003，38(5)：91~94.

[18]乐佩琦，等．中国动物志 硬骨鱼纲 鲤形目（下卷)[M]．北京：科学出版社，2000.

[19]李伯衡．关于国家土地资源信息系统的建立和发展[J]．解放军测绘学院学报，1986(2)，56~63.

[20]李福林，庞家珍，姜明星．黄河三角洲海岸线变化及其环境地质效应[J]．海洋地质与第四纪地质，2000，20(4)：17~21.

[21]李胜男，王根绪，邓伟，等．水沙变化对黄河三角洲湿地景观格局演变的影响[J]．水科学进展，2009，20(3)：325~331.

[22]李希宁，刘曙光，李从先．黄河三角洲冲淤平衡的来沙量临界值分析[J]．人民黄河，2001，23(3)：20~22.

[23]李元芳．废黄河三角洲的演变[J]．地理研究，1991，10(4)：29~39.

[24]梁国付．近20年来豫境沿黄湿地景观格局变化研究[D]．开封：河南大学，2004．

[25]辽宁省海洋与渔业厅．辽宁省水生经济动植物图鉴[M]．沈阳：辽宁科学技术出版社，2011.

[26]林辉平．湿地区域生态系统服务价值评估——以黄河三角洲为例[D]．北京：北京大学，2001.

[27]刘汝海，王起超．小兴安岭泥炭藓沼泽生态系统中的汞[J]．环境科学，2002，23(4)：102~106.

[28]刘曙光，李从先，丁坚．黄河三角洲整体冲淤平衡及其地质意义[J]．海洋地质与第四纪地质，2001，21(4)：13～17.

[29]刘永，郭怀成，戴永立．湖泊生态系统健康评价方法研究[J]．环境科学学报，2004，24(4)：723～729.

[30]陆健健．中国滨海湿地的分类[J]．环境导报，1996(1)：1～2.

[31]马欣，夏孟婧，陆兆华．造纸废水灌溉黄河三角洲重度退化滨海盐碱湿地对土壤化学性质的影响[J]．生态学报，2010，30(11)：3001～3009.

[32]孟伟，刘征涛，范薇．渤海主要河口污染特征研究[J]．环境科学研究，2004，17(6)：66～69.

[33]穆从如，杨林生，王景华，等．黄河三角洲湿地生态系统的形成及其保护[J]．应用生态学报，2000，11(1)：123～126.

[34]庞家珍，司书亨．黄河河口演变——Ⅰ. 近代历史变迁[J]．海洋与湖沼．1979，1(01)：136－141.

[35]山东省地方史志编纂委员会．山东省志自然地理志[M]．济南：山东人民出版社，1996.

[36]山东省统计局，国家统计局山东调查总队．2013 年山东省国民经济和社会发展统计公报[EB/OL]．(2014-06-12). Http://www. stats-sd. gov. cn/art/2014/3/art_ 158676. html.

[37]山东省统计局，国家统计局山东调查总队．山东统计年鉴(2013)[M]．北京：中国统计出版社，2013.

[38]孙娟．南四湖湿地功能变化及评价分析研究[D]．济南：山东师范大学，2002．

[39]孙永军．黄河流域湿地遥感动态监测研究[D]．北京：北京大学，2008．

[40]唐小平，黄桂林．中国湿地分类系统的研究[J]．林业科学研究，2003，16(5)：531～539.

[41]田家怡，贾文泽，窦洪云，等．黄河三角洲生物多样性研究[M]．青岛：青岛出版社，1999.

[42]王茂军，栾维新．中国黄海近岸海域污染分区调控研究[J]．海洋通报，2000，19(6)：50～56.

[43]王岐山，马鸣，高育仁．中国动物志 鸟纲 第五卷 鹤形目 鸻形目 鸥形目[M]．北京：科学出版社，2005.

[44]王薇．黄河三角洲湿地生态系统健康综合评价研究[D]．泰安：山东农业大学，2007.

[45]伍汉霖，钟俊生，等．中国动物志 硬骨鱼纲 鲈形目 虾虎鱼亚目[M]．北京：科学出版社，2008.

[46]郗金标，宋玉民，邢尚军，等．黄河三角洲生态系统特征与演替规律[J]．东北林业大学学报，2002，30(6)：111～114.

[47]辛远征．黄河三角洲退化湿地微生物群落特性及影响因素初探[D]．青岛：中国海洋大学，2009.

[48]许学工．黄河三角洲生态环境的评估和预警研究[J]．生态学报，1996，16(5)：461～68.

[49]许学工，林辉平，付在毅．黄河三角洲湿地区域生态风险评价[J]．北京大学学报，2001，37(1)：111～120.

[50]杨伟．现代黄河三角洲滨海湿地时空演变分析[D]．上海：华东师范大学．2010.

[51]杨永兴．国际湿地科学研究的主要特点、进展与展望[J]．地理科学进展．2002，21(2)：111～120.

[52]叶庆华，田国良，刘高焕，等．黄河三角洲新生湿地土地覆被演替图谱[J]．地理研究，2004，23(2)：257～265.

[53]殷康前，倪晋仁．湿地研究综述[J]．生态学报，1998，18(5)：539～546．

[54]于祥，刘香华．基于神经网络的黄河三角洲土地利用遥感获取技术研究[J]．安徽农业科学，2009，37(04)：1841～1842.

[55]张承惠，付守强．鹤对生境变化的适应性选择及其生境的恢复与重建[J]．山东林业科技，2010(4)：16～19.

[56]张高生，王立成，刘大胜．黄河三角洲自然保护区生物多样性及其保护[J]．农村生态环境，1998，14(4)：16～18.

[57]张俊．黄河三角洲自然保护区原生湿地生态系统演化规律研究[J]．山东林业科技，2006(3)：88～89.

[58]张忍顺，苏北黄河三角洲及滨海平原的成陆过程[J]．地理学报，1984，39(2)；173～184，39.

[59]赵德祥．我国历史上沼泽的名称、分类及描述[J]．地理科学，1982，2(1)：83～86.

[60]赵尔宓等．中国动物志 爬行纲 第3卷 有鳞目 蛇亚目[M]．北京：科学出版社，1998.
[61]赵建成，吴越峰．生物资源学[M]．北京：科学出版社，2002.
[62]赵俊，易祖盛，周先叶，等．广州市水生动植物本底资源[M]．北京：科学出版社．2010.
[63]赵肯堂，等．中国动物志 爬行纲 第2卷 有鳞目 蜥蜴亚目[M]．北京：科学出版社，1999.
[64]赵善伦，吴志芬，张伟，等．山东植物区系地理[M]．济南：山东省地图出版社，1997.
[65]赵遵田，曹同．山东苔藓植物志[M]．济南：山东科学技术出版社，1998.
[66]郑碧军．大亚湾海域石油污染的危害及防范措施[J]．惠州学院学报，2002，22(3)：78~81.
[67]郑作新．中国动物志 鸟纲 第12卷 雀形目鹟科[M]．北京：科学出版社，2009.
[68]郑作新．中国动物志 鸟纲 第2卷 雁形目[M]．北京：科学出版社，1979.
[69]中国科学院中国植物志编辑委员会．中国植物志(各卷册)[M]．北京：科学出版社，1959~2004.

附　件

山东省湿地资源调查主要参加人员

省级队伍(23 人)：

山东省野生动植物保护站(5 人)：

孙玉刚　韩云池　闫理钦　耿德江　乔显娟

山东省林业科学研究院(4 人)：

房　用　梁　玉　范小莉　王卫东

山东大学(6 人)：

张治国　孟振农　周　琦　郭宪友　武　晶　林乐乐

山东师范大学(4 人)：

付荣恕　隋　群　谢杨杨　杨海棠

清华大学 3S 中心(4 人)：

马洪兵　王　侠　李树伟　谢磊

市级队伍(601 人)：

济南市(32 人)：

王良庆　王德君　范志强　王景生　于秋祥　李玉荣　孙　燕　李新奇　安明珠
韩　兵　崔传顺　周传平　杨　霞　王延平　洪　海　周传泽　葛桂华　李　新
王守华　孙其君　闫家河　王海咏　李　娜　朱海宏　郭　毅　张　新　姜富林
郭承富　李居涛　李增峰　郭厚利　孟京莲

青岛市(31 人)：

王玉祥　迟仁平　王希明　王宝斋　逄东杰　刘丰团　张　培　曹　鹏　王婷婷
孙思清　刘鸿岩　徐延祝　于倩倩　丁风武　耿志强　陈　慧　李学良　薛连智
刘新伟　刘　涛　于卫国　栾立军　黄昌新　郑　红　高贵明　吴晓芹　高振梅
陆忠洋　杨艳武　文育波　傅建文

淄博市(41 人)：

王允刚　王俊亮　赵　杨　姚志诚　于爱萍　刘建强　李　杨　曹婷婷　孟庆华
赵文汀　张建福　庞延东　崔焕萍　刘玉亭　王　斌　蔡会春　高　冲　王庆德
李凌云　朱卫国　高秀美　李俊霞　李艳霞　王桂平　彭红英　高明青　姜静静
李　恒　杜　强　马朝纲　田永峰　刘明海　苏茂生　郑森森　刘　晓　隽金忠
彭　伟　刘书永　宗　正　宋振鹏　韩　冰

枣庄市(29 人)：

黄书涛　朱思庆　王　亮　刘　雯　任思伦　姬　明　张　宾　孙华彩　张延全
左建辉　李艳秋　李晓辉　尹旭飞　李春艳　孙言峰　裴厚传　靳　永　谢　玉

孟繁焕 王 燕 孔 青 张晓华 徐芳芳 周 璇 张长普 赵洋民 韩 亮
龙滕周 刘菀菀

东营市(24 人):

陈占强 景志高 张艳茹 孙燕燕 白 莉 郭安芳 张培锋 毕曙光 郑丰行
袁义杰 刘宗卫 逯飞飞 房振东 贾红梅 张宏杰 王明金 任培丽 汪孟军
王洪敏 张守营 李兆庆 郭 刚 高海波 赵 炜

烟台市(51 人):

李洪涛 迟宗钦 于培湖 李玉春 刘瑞珍 姜善海 李秀娜 唐俪溶 韩沂颖
王光辉 刘艳雪 王瑞祺 栾炳祥 常宗涛 王晓萍 魏景松 杜中修 孙寿波
乔洪锐 张 静 杨 鹏 王明竹 王玉明 李晓荣 曲 法 初立良 于学宁
王 辰 刘新文 李少华 马士玲 林 健 张源洋 崔进国 高菊玲 杨 平
范强军 傅兆武 赵 方 于国祥 孟凡来 张海彦 孙小珺 周传真 修文红
孙建辉 姚林梅 蔡德万 郭永强 谢林忠 王 东

潍坊市(53 人):

贺同聚 朱九军 刘 杰 王树芳 兴振宇 柳吉春 王江涛 王春林 吴清玲
马锡明 王福源 丁剑明 马金科 王中林 徐晓凤 张 伟 王爱丽 王昌洋
郭成吉 王会国 李建州 刘斌杰 王新中 赵金斌 张存文 吴洪芬 李 彬
曾光成 信善林 王 勇 林 萍 杨丕俊 王克枚 宋金欣 白佃林 孙淑英
高洪葵 林海礼 李雪峰 刘继合 张本强 马海燕 王春海 齐伟婧 杨从坤
张国祥 迟焕忠 李忠伟 刘西娟 王仲峰 王 伟 赵勇刚 黄博伟

济宁市(55 人):

姚树东 孔维健 周广明 宋印刚 侯端环 李彦连 戎 茜 徐爱东 张红梅
马光春 高敬红 李胜国 代长宾 刘 苗 刘晓东 庞国伟 徐艳芳 高春梅
谢洪军 邢殿菊 孔祥海 薛玉燕 宫玉峰 王均国 乔 龙 高志勇 韩玲玲
张昭喜 黄 鑫 张明青 张正猛 刘显保 刘书荣 李厚冰 满守民 张洪河
随永兰 张成山 鹿陈陈 卢振行 刘 湘 隋亚东 白 梅 郑广省 李士存
王如社 吴秀环 蔡玉芝 李士金 武桂玲 王安静 姬脉芝 李含昌 张楠楠
张亚红

泰安市(29 人):

李 波 杨 龙 项颖颖 姜 莉 张洪叶 杨宪栋 徐 慧 尹 鹏 王晓臣
郭 涛 赵永军 董海峰 赵 勇 秦成亮 李光辉 秦承来 赵贝贝 肖明泉
张绪明 周传统 郭启明 魏正连 孟香玲 张 凯 柳 斌 杨家彦 李茂民
张树江 杨 军

威海市(20 人):

李延茂 刘海云 李 强 于荣舵 王钰洁 李晓宁 姜 滨 单冬肖 姜喜军
徐金华 姜晓斐 秦道战 杨晓晖 张 健 王昌军 于燕波 刘 欣 李 进
石 强 李韶阳

日照市(19 人):

郑泽玉 张守富 闫丰军 郑召坤 马春艳 荣生道 郭建和 涂加文 刘国梁

刘 峰　安佰国　李凤英　徐敏田　刘加坤　谢广东　纪元堂　刘 浩　黄子秀
张守贵

莱芜市(2 人):

李成凯　亓军忠

临沂市(65 人):

孟庆庭　孟庆兰　杨怀光　刘 阳　王晓翠　王自良　曹 志　王原野　孙艳丽
房绍坤　闫克岚　刘鲁伟　张明军　魏效德　朱 楷　任媛媛　张珊珊　张守宽
王建春　赵玉龙　梁付杰　肖景义　邵士娟　戴海峰　宗学美　黄兆义　刘 吉
陈文周　王家双　刘合菊　孙永兰　范凤娟　梁立爱　王克东　李敦献　孟小娟
孙满芝　张 永　张西秀　华 涛　李 涛　王新媛　沈冠华　任红坤　王家新
张 军　王 凯　赵洪省　李 京　赵 娜　云成文　陈凯华　陈守清　王 宇
季政宇　李 楠　孙常进　薄夫彬　蔡立华　张 涛　鲁守国　李 东　李 哲
陈成果　钟建德

德州市(46 人):

吴兆齐　韩兴光　王如刚　王金梅　周建申　张宪让　商宪松　吕永军　张学义
司庆正　贾 丽　潘宁宁　崔恩泉　孔胜利　王德坤　石站新　王延顺　张立红
李萍萍　王 宁　郝胜海　李 辉　陈英杰　于海涛　郑宝强　李翠萍　刘健花
杨玲玲　崔广华　郭娟娟　张瑞芝　周孟良　高贞友　付长山　张 浩　刘新军
李红静　马 蕾　梁文娟　刘长英　张红英　牛子龙　焦丽敏　刘铁亮　张嗣臣
方真真

聊城市(27 人):

郭书生　王 涛　孙序磊　孙秋耕　张发明　王华娜　张彩云　杨乃丰　孙雪晗
范春秋　夏润飞　赵元芹　冯 娟　陈 盟　王 丽　彭家彦　张金元　张海强
李建稳　崔 娟　宁传磊　刘志勇　王德才　徐林生　王吉贵　李 健　马晓雷

滨州市(28 人):

李永红　曾现春　李文娟　吴强民　孟向东　柳桂林　胡焕平　吴建军　薛成光
王德国　柴俊青　杨 勇　林长青　韩振虎　刘继娥　杜秀琴　李海宁　刘振斌
罗增涛　李新颖　戴凤菊　黎 宁　宫朝霞　程国旗　孙延兵　董富俊　石东文
车林洋

菏泽市(43 人):

李庆展　牛迎福　王海明　祁建华　吴福荣　秦志强　杨庆兰　赵翠华　张和平
王永立　李 峰　付洪涛　刘胜利　朱瑞强　谢吉龙　高照礼　谢孔安　张忠民
刘贵东　陈 松　王迎春　刘增金　樊庆勇　刘 爽　刘 浩　蒋海申　薛永华
郑彦民　马晓慧　刘保东　周 蓓　闫晓苏　陈 陆　李学俊　朱效伟　蔡忠南
李 翔　任鲁伟　顿香艳　赵艳萍　张晓红　张承稳　刘考真

黄河三角洲国家级自然保护区(6 人):

刘月良　朱书玉　单 凯　王玉珍　王伟华　刘 静

后　记

山东省1996~2000年进行了全省第一次湿地资源调查，调查统计了单块面积100公顷以上湿地的基本情况。从开展第一次全省湿地资源调查至今，我省的湿地资源受多重因素的影响，面积、类型、分布等都发生了较大变化，为准确了解我省湿地资源的总体状况，掌握湿地资源动态变化情况，有针对性地强化湿地保护政策，按照国家林业局和省政府的统一部署，山东省于2011~2013年开展并完成了第二次湿地资源调查工作。

本次调查运用"3S"技术与现地调查相结合的方法，按照遥感数据室内判读、现地验证和实地调查、室内修正的工作流程，重点调查湿地1184处，布设植物调查样方7978个，动物调查样带和样方306个，获取调查数据623万个，包括湿地类型、面积、分布、受威胁情况和生态状况等方面的信息。国家湿地调查成果鉴定委员会评定，我省调查成果科学、准确、真实、可靠，达到"优秀"等级。

调查结果显示，我省已初步建立了以湿地自然保护区为主体，湿地公园和自然保护小区并存，其他保护形式为补充的湿地保护体系。纳入保护体系的湿地面积63.10万公顷，湿地保护率36.32%。其中，自然湿地保护面积34.54万公顷，自然湿地保护率31.32%。

《中国湿地资源·山东卷》在编写过程中，成立了编辑委员会和编写组，编辑委员会主要由林业厅相关处室负责人组成；编写组由山东省野生动植物保护站、山东省林业科学研究院、山东大学和山东师范大学参加过湿地调查的专家和技术人员组成。在编委会的指导下，根据参加单位、人员的专业特点和编写提纲，编写组成员分工合作，由山东省林业科学研究院负责统稿。书稿经编委会成员审阅、修改后，聘请山东大学王仁卿教授作为书稿主审，形成终稿。

《中国湿地资源·山东卷》是第一部全面系统地介绍山东省湿地资源的研究专著，内容包括山东省湿地类型、资源现状、湿地分布及其动态变化和湿地生物多样性等，系统、全面地介绍了我省湿地结构、现状、资源分布、功能等内容，准确反应了我省湿地变化动态及趋势，是一部集科学性、学术性和说明性于一体的著作，同时填补了山东省湿地研究领域的多项空白。这不仅仅是一部著作，它更集中体现了全省林业工作者的工作足迹，是其共同智慧的结晶。同时也将为湿地科研、管理等相关人员开展适度保护、管理及科研提供重要的参考价值，将在我省湿地保护和科研工作中发挥积极作用！

编写期间，得到了国家林业局湿地保护管理中心、山东省林业厅、山东省发改委、山东省财政厅、各级政府、中国林业出版社领导和专家的关心和帮助。在此谨向参与和支持关心该著作编写工作的部门、单位、领导、专家和同事表示衷心的感谢！

由于水平有限，著作中难免有不妥之处，敬请专家学者和业内人士批评指正。

《中国湿地资源·山东卷》编写组

2015 年 6 月